全国高职高专院校装备制造大类专业规划教材
National Planning Textbook for Equipment Manufacturing
Majors in Higher Vocational and Technical Colleges

“互联网+”新形态信息化教材
“Internet Plus” New-form Informatization Textbook

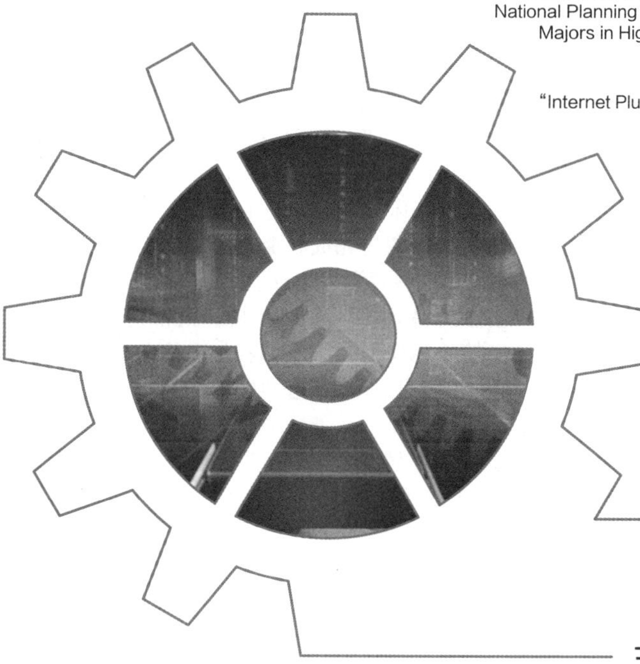

U0959954

主编／薛嘉鑫　赵　寒　黄劲松

数控车床编程与加工

SHUKONG CHECHUANG
BIANCHENG YU JIAGONG

天津大学出版社
TIANJIN UNIVERSITY PRESS

内容简介

本教材按照数控车床加工零件的工作过程进行系统化设计，采用火箭模型和宝塔摆件作为学习载体，设计了五个项目，其中前四个项目采用手工编程，并操作机床进行零件加工，完成后拼装成一个完整的火箭模型；项目五是数控技能竞赛中的组合件加工，形状较复杂，需采用自动编程。每个零件都承载着一定的知识学习内容、技能训练内容和素质培养内容，每个零件都按照数控车床加工零件的工作过程（工艺编制→程序编制→机床操作→零件检验→过程评价）安排有五个工作任务，通过完成五个工作任务来实现学习，体现了“做中学”“学中做”和“学生为主体，教师为主导”的高等职业教育课程改革思想。五个工作任务重复的是步骤而不是内容，通过步骤的重复来让学生牢牢掌握数控车床加工零件的工作过程，帮助学生逐步提升技能水平，同时在实践操作中培养学生的劳动意识和工匠精神，使学生在掌握数控加工技术的同时，树立正确的劳动价值观和精益求精的职业态度。五个项目由简单到复杂，循序渐进，基本涵盖了数控车床的加工范围，也符合学生的认知规律和职业成长规律。

本教材适合在数控加工实训车间进行理实一体化教学，建议课时为 72 学时。

本教材可作为高等职业院校机械类专业数控车床编程与加工的教材，也可作为数控车工职业资格培训或岗位培训教材，同时还可作为数控车床编程和操作人员的参考用书。

图书在版编目（CIP）数据

数控车床编程与加工 / 薛嘉鑫，赵寒，黄劲松主编. 天津 ： 天津大学出版社，2025. 4. -- （全国高职高专院校装备制造大类专业规划教材）（“互联网+”新形态信息化教材）. -- ISBN 978-7-5618-7972-6

Ⅰ. TG519.1

中国国家版本馆CIP数据核字第2025DQ8860号

出版发行	天津大学出版社
地　　址	天津市卫津路92号天津大学内（邮编：300072）
电　　话	发行部：022-27403647
网　　址	www.tjupress.com.cn
印　　刷	北京盛通印刷股份有限公司
经　　销	全国各地新华书店
开　　本	787mm×1092mm　1/16
印　　张	13.5
字　　数	340千
版　　次	2025年4月第1版
印　　次	2025年4月第1次
定　　价	49.80元

凡购本书，如有缺页、倒页、脱页等质量问题，烦请与我社发行部门联系调换

版权所有　　侵权必究

本书编委会

主　编　薛嘉鑫　赵　寒　黄劲松

副主编　黄雪晴　孙日霞　许鹏宇

　　　　雷少梁　张明杨

前言

Preface

为贯彻落实《教育强国建设规划纲要（2024—2035 年）》中关于加快建设现代职业教育体系、培养大国工匠和高技能人才的要求，本教材紧密结合高职高专教育教学特点和实际需求，以数控车床加工零件的工作过程为蓝本进行系统化设计，致力于培养学生的综合职业能力，为我国制造业高质量发展提供坚实的人才支撑。

本教材以火箭模型和宝塔摆件为载体，设计了五个项目，将知识学习、技能训练和素质培养深度融合于课程教学过程中。通过“做中学”“学中做”的教学模式，充分体现“学生为主体，教师为主导”的高等职业教育课程改革理念，助力学生在实践中提升专业技能和综合素质。

在知识传授方面，本教材详细介绍了华中数控系统，并在附录中提供了法那科（FANUC）、西门子（SIEMENS）等其他常用数控系统的指令表，以满足学生拓展学习的需要。同时，为帮助学生快速掌握 G 代码的用法，本教材安排了大量示例，引导学生边看示例边学编程，并在机床上试加工。针对教学重点和难点，本教材在知识学习环节设置了“想一想”环节，帮助学生加深理解；在技能训练环节设置了“练一练”环节，帮助学生巩固所学知识；在每个工作任务后设置了“做一做”环节，让学生自己完成工作任务，切实提升技能水平。此外，每个项目还配有相似零件的强化训练题，培养学生举一反三的能力。

本教材选用的载体造型优美，成品不仅可以作为学生的纪念品，还能激励优秀学生采用铝、铜等材质进行加工，作为来访宾客的赠品或学生创新创业项目的产品。在零件加工过程中，完全按照企业生产工艺流程进行，真正实现产教融合，为学生未来的职业发展奠定坚实基础。

需要指出的是，在本教材中，除表面粗糙度 *Ra* 的单位为 μm 外，其他未加标注的尺寸，其单位均为 mm，为简便起见，不再一一注出。

本教材由薛嘉鑫、赵寒、黄劲松担任主编，黄雪晴、孙日霞、许鹏宇、雷少梁、张明杨担任副主编。具体编写分工如下：项目一的任务一和任务二由湖北工业职业技术学院黄雪晴编写；项目一的任务三至任务五由湖北汉江技师学院孙日霞编写；项目二由湖北工业职业技术学院赵寒编写;项目三的任务一和任务二由湖北工业职业技术学院许鹏宇编写;项目三的任务三至任务五由湖北职业技术学院黄劲松编写;项目四的任务一和任务二由湖北工业职业技术学院雷少梁编写;项目四的任务三至任务五由湖北工业职业技术学院张明杨编写;项目五及附录由湖北工业职业技术学院薛嘉鑫编写。全书由薛嘉鑫统稿,由湖北工业职业技术学院严航主审。

本教材提供相关的配套资源,详见下方二维码。

教学资源包

鉴于编者水平有限,书中若有疏漏和不妥之处,敬请广大读者批评指正。

编者

2025 年 1 月

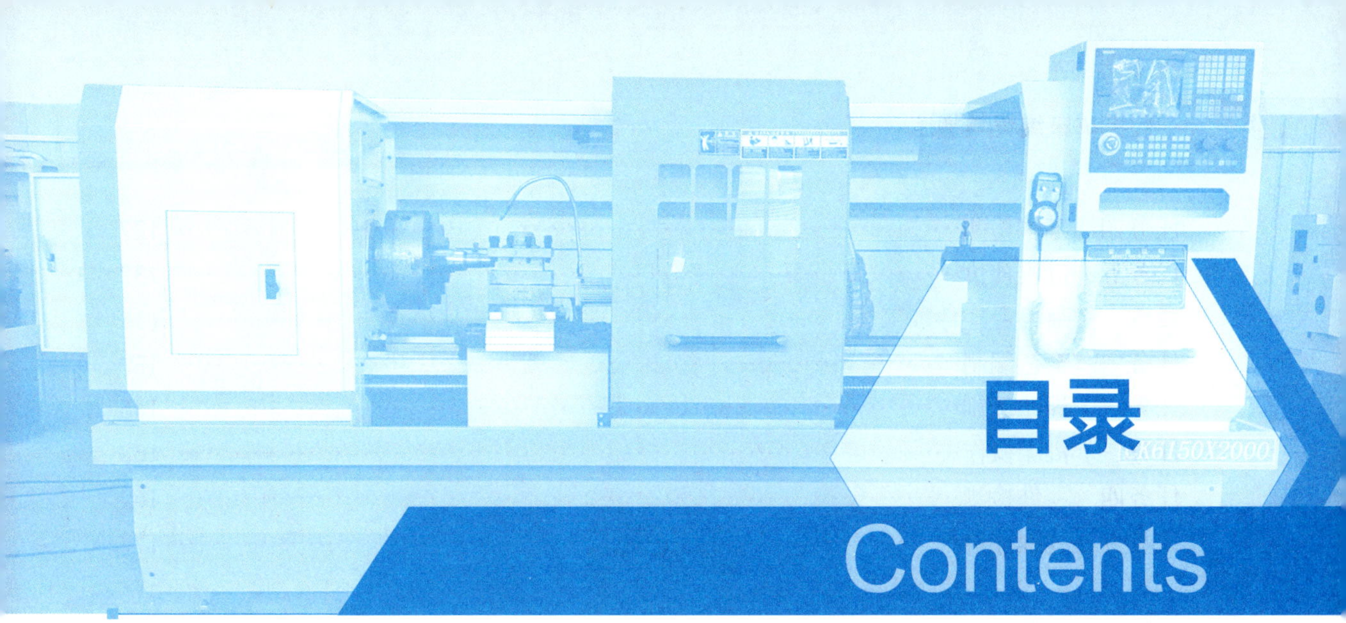

目录

Contents

课程任务

Course Task

本课程共设计了五个项目，其中前四个项目采用手工编程，要求完成下图各零件的加工，然后将它们拼装成一个完整的火箭模型；项目五采用自动编程，要求完成数控技能大赛中的组合件加工。五个项目基本涵盖数控车床编程与加工的所有知识与技能。

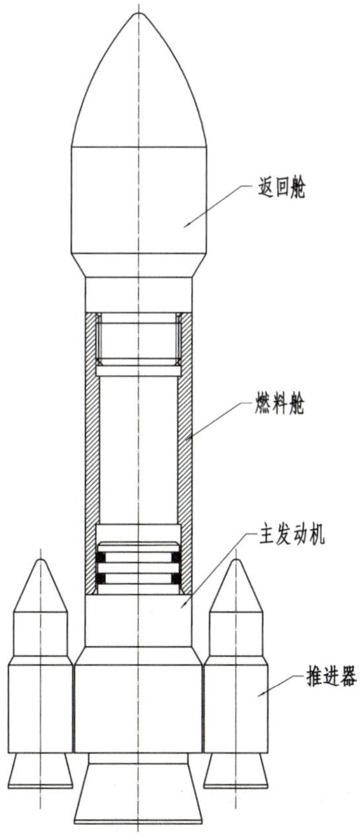

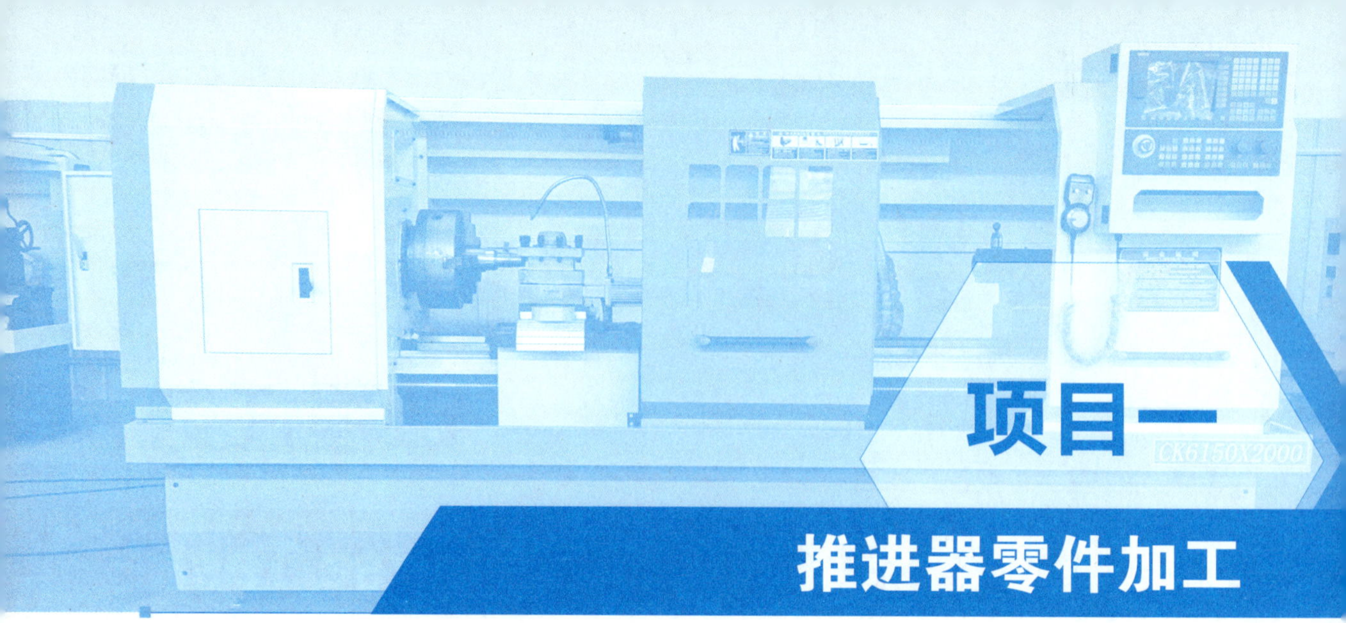

项目一 推进器零件加工

学习目标

完成图 1-1 所示推进器零件的编程与加工。

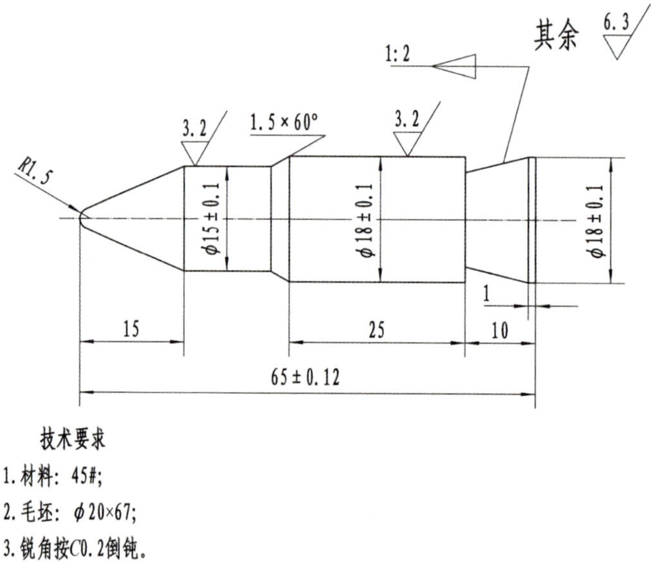

图 1-1　推进器零件

知识目标

（1）了解数控车床的分类、结构、坐标系、工艺范围及技术参数；

（2）掌握简单轴类零件的工艺方案编制知识；

（3）掌握数控加工程序的结构、编程的方法和步骤；

（4）掌握常用 M、S、T 指令，基本指令 G00、G01、G02、G03 及简单循环指令 G80、G81 的编程；

（5）熟悉机床操作，掌握正确操作机床的方法。

能力目标

（1）能分析简单轴类零件图，制定合理的加工工艺，填写工艺卡；

（2）能熟练应用基本指令 G00、G01、G02、G03 及简单循环指令进行编程；

（3）能较熟练操作数控车床加工出合格的简单轴类零件；

（4）能使用相关量具测量零件的加工精度；

（5）能使用现代化工具进行信息查找和自主学习。

素质目标

（1）培养学生的安全意识、纪律意识、责任意识、团队意识；

（2）引导学生养成自觉遵守操作规范的习惯，培育爱岗敬业的职业精神，树立良好的职业道德；

（3）培养学生科学、认真、严谨的工作态度。

工作任务

（1）填写引导文；

（2）在给定的毛坯上完成图 1-1 所示零件的加工；

（3）提交引导文、加工工艺文件、零件评分表和过程评价表。

课程思政

中国航天大事记

创业起步阶段

1956 年 4 月，中华人民共和国航空工业委员会成立，标志着中国航天事业正式开始。

1960 年 11 月 5 日，中国第一枚近程导弹“1059”（后命名为“东风一号”）点火发射成功。

1964 年 6 月，“东风二号”导弹发射成功。

1966 年 10 月 27 日，中国首次发射导弹核武器试验获得成功，核弹头精确命中目标，实现核爆炸；同年 12 月 26 日，中国研制的中程火箭首次飞行试验基本成功。

1968 年 2 月 20 日，中国空间技术研究院宣告成立，首任院长是钱学森。

1970 年 4 月 24 日，“东方红一号”人造地球卫星发射成功，这是中国发射的第一颗人造卫星,标志着中国航天时代的开始。

1975 年 11 月 26 日,中国首颗返回式卫星发射成功, 3 天后顺利返回,中国成为世界上第三个掌握卫星返回技术的国家。

发展探索阶段

1981 年 9 月 20 日,中国用一枚运载火箭同时将三颗卫星送入轨道,成为世界上第三个掌握一箭多星技术的国家。

1984 年 4 月,中国第一颗试验通信卫星——“东方红二号”定点在东经 125° 的赤道上空,所有仪器工作正常。

1986 年 2 月 1 日,中国发射一颗实用通信广播卫星;同年 2 月 20 日,卫星定点成功。

1987 年 8 月,中国在酒泉卫星发射中心发射了第九颗返回式卫星,中国返回式卫星为法国搭载试验装置,这是中国打入世界航天市场的首次尝试。

1990 年 4 月 7 日,中国自行研制的长征三号运载火箭把美国制造的“亚洲一号”通信卫星送入预定的轨道,首次为国外用户发射卫星取得圆满成功。

1992 年 9 月 21 日,中央政治局常委会批准我国载人航天工程按“三步走”发展战略实施。

1998 年 5 月 2 日,中国自行研制生产的长二丙改进型运载火箭在太原卫星发射中心发射成功,为载人航天打下技术基础。

1999 年 11 月 20 日,中国第一艘试验飞船神舟一号首发成功,中国成为继美、俄之后世界上第三个拥有载人航天技术的国家。

载人航天与深空探测阶段

2000 年 10 月 31 日,中国自行研制的第一颗导航定位卫星——“北斗导航试验卫星”在西昌卫星发射中心发射成功,中国成为继美、俄之后世界上第三个拥有自主卫星导航系统的国家。

2003 年 10 月 15 日,神舟五号载人飞船升空,杨利伟成为中国首位进入太空的航天员,中国首次载人航天飞行获得圆满成功。

2005 年 10 月 12 日,神舟六号搭载费俊龙、聂海胜两位航天员升空,实现了多人多天飞行。

2007 年 10 月 24 日,搭载着中国首颗探月卫星“嫦娥一号”的长征三号甲运载火箭在西昌卫星发射中心三号塔架点火发射,标志着中国深空探测事业正式起步。

2008 年 9 月 25 日,神舟七号搭载翟志刚、景海鹏、刘伯明三位航天员升空,翟志刚进行出舱活动,完成中国人首次太空行走。

2011 年 11 月 1 日,神舟八号由改进型长征二号 F 遥八火箭顺利发射升空;11 月 3 日,与天宫一号成功实施首次交会对接任务。

2012 年 6 月 16 日,神舟九号搭载景海鹏、刘旺和刘洋三位航天员升空,与天宫一号目标飞行器实现自动交会对接,刘旺操作飞船完成天宫一号的手控交会对接。这一事件表明中国已完全掌握载人交会对接技术。

2013 年 6 月 11 日,神舟十号搭载聂海胜、张晓光、王亚平三位航天员飞向太空,在轨飞行 15 天,并首次开展中国航天员太空授课活动。

2016 年 10 月 17 日，神舟十一号搭载航天员景海鹏、陈冬升空，与天宫二号自动交会对接成功。

2017 年 4 月 20 日，天舟一号进入太空，与天宫二号空间实验室完成交会对接，实施推进剂在轨补加，突破和掌握了推进剂在轨补加等关键技术。

2019 年 1 月 3 日，嫦娥四号探测器自主着陆在月球背面南极-艾特肯盆地内的冯·卡门撞击坑内，实现了人类探测器首次在月球背面软着陆，并通过“鹊桥”中继星传回了世界第一张近距离拍摄的月背影像图。

2020 年 7 月 23 日，中国首次火星探测任务天问一号探测器成功在中国文昌航天发射场升空，正式开启了中国人自主探测火星之旅。

2021 年 5 月 15 日，中国首辆火星车祝融号成功登陆火星，中国成为第二个登陆火星的国家；同年 6 月 17 日，神舟十二号载人飞船发射成功，聂海胜、刘伯明、汤洪波三位航天员先后进入天和核心舱，中国人首次进入自己的空间站；同年 10 月 16 日，神舟十三号载人飞船发射成功，翟志刚、王亚平、叶光富三位航天员进入太空。

2022 年 4 月 16 日，神舟十三号载人飞船首次采用快速返回模式成功着陆，刷新了中国航天员单次飞行任务太空驻留时间的纪录；同年 11 月 30 日，神舟十四号、神舟十五号两个航天员乘组首次实现“天空会师”。

2024 年，中国累计发射运载火箭 68 次，创历史新高；天舟七号首次成功在轨验证 3 小时交会对接模式，天舟八号增加了装载空间和载货量；嫦娥六号在月球背面采样，带回 1 935.3 克月背样品；神舟十八号乘组完成多项空间科学实验，神舟十九号刷新中国航天员单次出舱活动时间纪录；海南商业航天发射场首次成功发射；长征六号 C、长征十二号成功首飞。

任务一　工艺编制

一、数控车床的分类及结构

1. 数控车床的分类

数控车床的外形与普通车床相似，其品种繁多、规格不一，分类方法也较多，常用的分类方法是按车床主轴位置进行分类，数控车床可分为卧式和立式两大类。

1）卧式数控车床

卧式数控车床（图 1-2）又分为数控水平导轨卧式车床和数控倾斜导轨卧式车床。数控水平导轨卧式车床的导轨为水平的，这类数控车床最为常见。数控倾斜导轨卧式车床的导轨为倾斜的，倾斜的导轨结构可以使车床具有更大的刚性，并易于排出切屑。

2）立式数控车床

立式数控车床（图 1-3）简称“数控立车”，其车床主轴垂直于水平面，并有一个工作台用于装夹工件。这类车床主要用于加工径向尺寸较大、轴向尺寸较小的复杂零件。

图 1-2　卧式数控车床

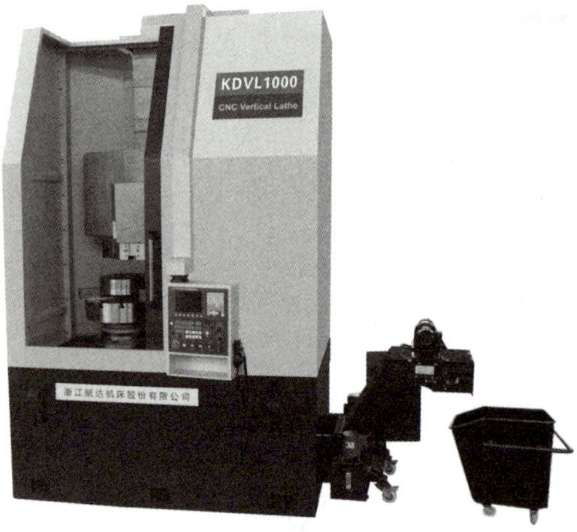

图 1-3　立式数控车床

2. 数控车床的结构及特点

数控车床由床身、主轴箱、刀架、进给系统、冷却和润滑系统等部分组成。数控车床的进给系统与普通车床有质的区别，传统普通车床有进给箱和交换齿轮架，而数控车床直接用伺服电机通过滚珠丝杠驱动溜板和刀架实现进给运动，因而进给系统的结构大为简化。

与普通车床相比，除具有数控系统外，数控车床的结构还具有以下特点。

（1）运动传动链短。车床上沿纵、横两个坐标轴方向的运动是通过伺服系统完成的，即由驱动电机→进给丝杠→床鞍及中滑板，免去了原来的从主轴电机→主轴箱→挂轮箱→进给箱→溜板箱→床鞍及中滑板的冗长传动过程。

（2）总体结构刚性好，抗振性好。数控车床的总体结构主要指机械结构，如床身、溜板、刀架等部件。刚性好，才能与数控系统的高精度控制功能相匹配，否则数控系统的优势将难以发挥。

(3)运动副的耐磨性好,摩擦损失小,润滑条件好。要实现高精度的加工,各运动部件在频繁的运行过程中必须动作灵敏,且在低速运行时无爬行,因此,对其移动副和螺旋副的结构、材料等方面均有较高要求,并多采用油雾自动润滑形式。

(4)冷却效果好于普通车床。

(5)配有自动排屑装置。

(6)装有半封闭式或全封闭式防护装置。

想一想:结合实习所用的数控车床,比较数控车床和普通车床结构的异同点。

二、数控车床的工艺范围及常见应用

数控车床一般用于加工精度较高、批量生产的零件。在数控车床上可以加工具有回转体表面的轴、盘、套类零件,如能加工端面、内外圆柱表面、内外圆锥表面、内外螺纹、内外成形表面、内外多次曲线表面、内外沟槽以及切断、滚花等。图 1-4 所示为数控车床常见应用。

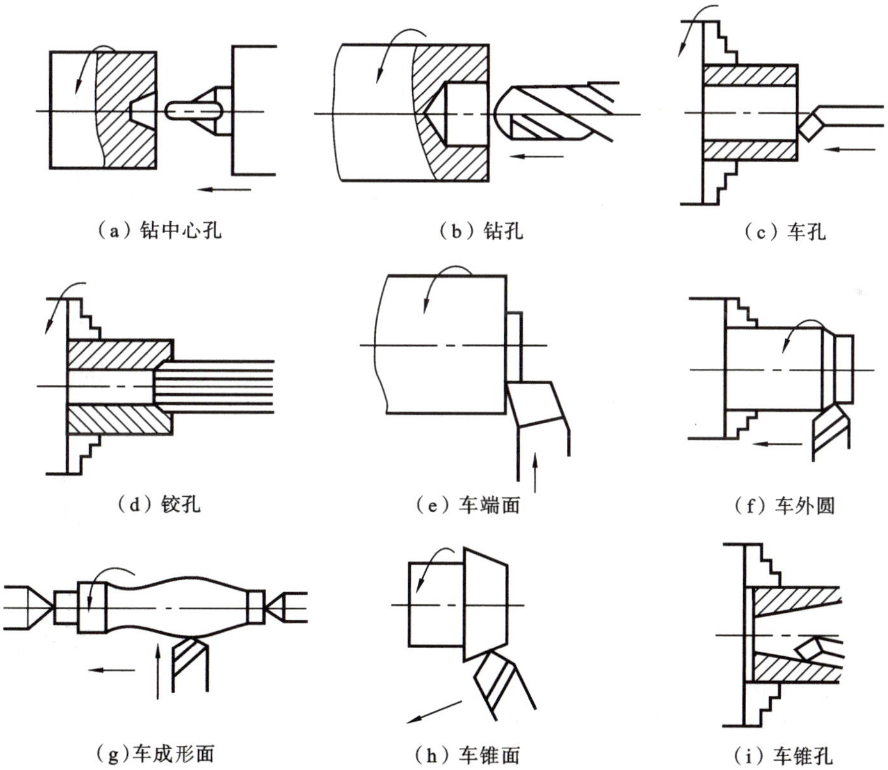

(a) 钻中心孔　(b) 钻孔　(c) 车孔

(d) 铰孔　(e) 车端面　(f) 车外圆

(g)车成形面　(h) 车锥面　(i) 车锥孔

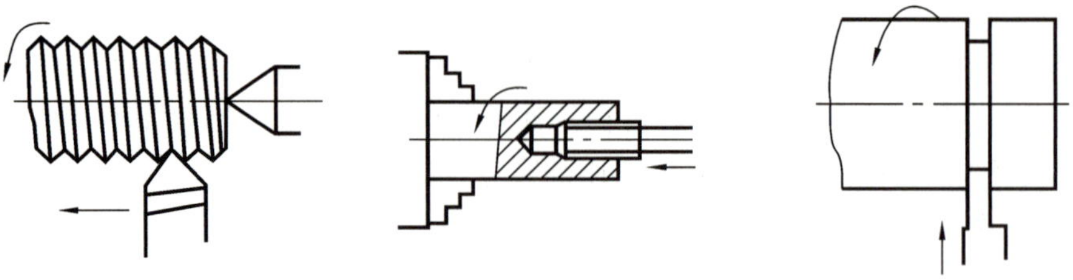

（j）车螺纹　　（k）攻螺纹　　（1）割槽切断

图 1-4　数控车床常见应用

三、数控车床的技术参数

与普通车床相同，数控车床的主参数是最大车削直径。下面以配备 HNC-818DiT 的 CK6140 型数控车床为例进行介绍。其主要技术参数如表 1-1 所示。

表 1-1　CK6140 型数控车床主要技术参数

项目名称	单位	参数	项目名称	单位	参数
车身上最大工件回转直径	mm	400	快速移动速度，X 轴/Z 轴	mm/min	6 000/8 000
滑板上最大工件回转直径	mm	245	工作进给速度，X 轴/Z 轴	mm/min	3~2 500/6~3 000
最大工件长度	mm	1 000	最小设定单位，X 轴/Z 轴	mm	0.001/0.001
主轴通孔直径	mm	58	回转刀架工位数	—	4
主轴孔莫氏锥度	—	No.5	主电机功率	kW	7.5
主轴转速范围，无级变速	r/min	120~2 000	数控系统	—	HNC-818DiT

练一练：列出你所用的数控车床的主要技术参数。

四、分析零件图样

分析零件图样是制定加工工艺的首要工作，直接影响零件加工程序的编制及加工结果。此项工作包括以下内容。

1. 分析构成加工轮廓的几何条件是否正确、充分

由于设计等多方面的原因，可能在图样上出现构成加工轮廓的数据不充分、尺寸模糊不清及尺寸封闭等缺陷，增加了编程工作的难度，有时甚至无法编程。

（1）图样上的图线位置模糊或尺寸标注不清，使编程工作无从下手。

如图 1-5（a）所示，两圆弧的圆心位置是不确定的，不同的理解将得到完全不同的结果。

再如图 1-5（b）所示，圆弧与斜线的关系要求为相切，但经仔细计算后却为相交（割）关系，而并非相切。

（2）图样上漏掉某尺寸，使其几何条件不充分，影响到图样轮廓的构成。例如，在图 1-5（c）中，漏掉了倒角尺寸就属于这种缺陷。

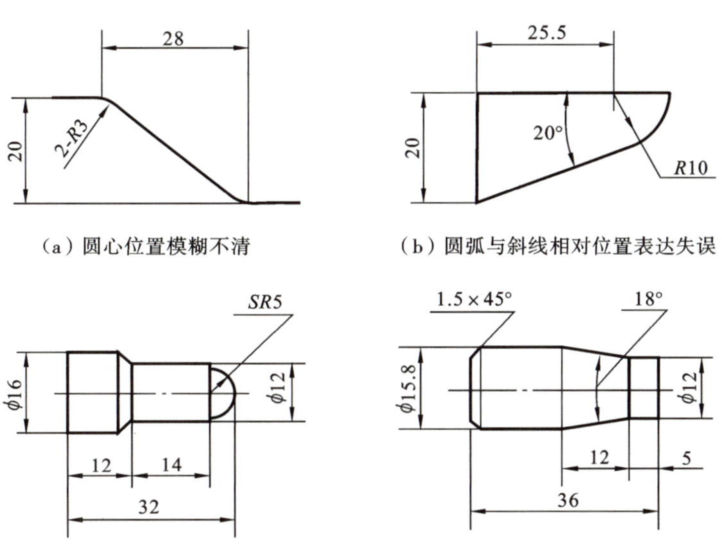

（a）圆心位置模糊不清　（b）圆弧与斜线相对位置表达失误

（c）各段长度之和不等于总长　（d）尺寸链封闭

图 1-5　图样几何条件缺陷

（3）图样上给定的几何条件不合理，造成数学处理困难。

（4）图样上给定的几何条件自相矛盾。例如，在图 1-5（c）中，所示出的各段长度之和不等于其总长尺寸即为这种缺陷。

（5）图样上给定的几何条件造成尺寸链封闭，这不仅给数学处理造成困难，还可能产生不必要的计算误差。例如，在图 1-5（d）中，圆锥体的各构成尺寸已经封闭。

当发现以上各项缺陷时，应向图样的设计人员或技术管理人员反映，解决后方可进行程序编制工作。图 1-6（a）~（d）分别表示对图 1-5（a）~（d）所示缺陷进行处理后的结果。

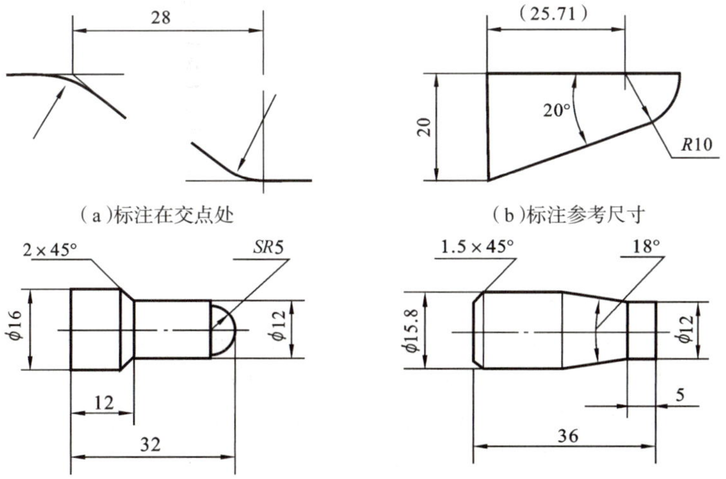

（a）标注在交点处　（b）标注参考尺寸

（c）留出封闭环　（d）删除过约束尺寸

图 1-6　图样几何条件缺陷处理结果示例

2. 分析尺寸公差要求

分析零件图样（如图 1-7 所示轴的零件图）的公差要求，以确定控制其尺寸精度的加工工艺要求（如选择刀具、确定切削用量等）。

在分析过程中，可以同时进行一些编程尺寸的简单换算，如增量尺寸与绝对尺寸及尺寸链解算等。在数控车削实践中，常常对零件要求的尺寸取其最大和最小极限尺寸的平均值作为编程的尺寸依据，见图 1-7、图 1-8。

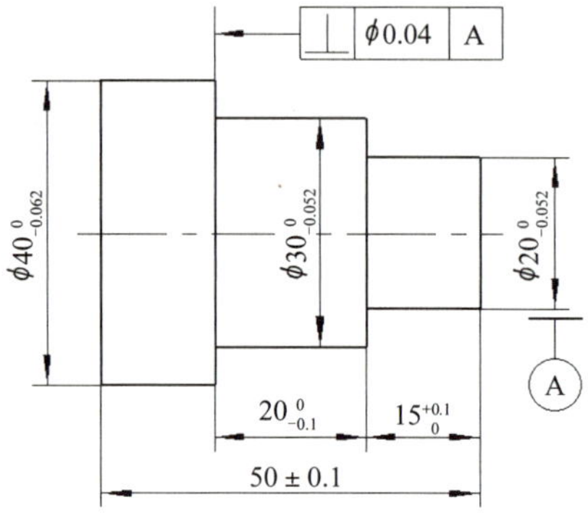

图 1-7　图样要求

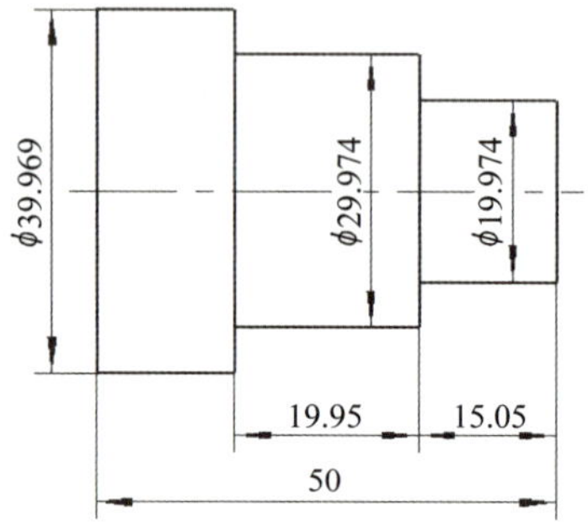

图 1-8　取中值后的尺寸

3. 分析形状和位置公差要求

图样上给定的形状和位置公差是保证零件精度的重要依据。在确定工艺方案过程中，除了按要求确定零件的定位基准和检测基准，并满足其设计基准的规定外，还可以根据机床的特殊需要进行一些技术处理，以便有效地控制其形状和位置误差。

4. 分析表面粗糙度要求

表面粗糙度（*Ra*）是保证零件表面微观精度的重要要求，也是合理选择机床、刀具及确定切削用量的重要依据。

5. 分析材料与热处理要求

图样上给出的零件材料与热处理要求是选择刀具（材料、几何参数及耐用度）、机床型号及确定有关切削用量等的重要依据。

6. 分析毛坯要求

零件的毛坯要求主要指对坯件形状和尺寸的要求，如棒材、管材或铸、锻坯件的形状及尺寸等。分析上述要求，对确定数控机床的加工工序，选择机床型号、刀具材料及几何参数、走刀路线和切削用量等，都是必不可少的。

例如，当铸、锻坯件的加工余量过大或很不均匀时，若采用最大余量编程，可能会导致较多空行程，影响加工效率，也可能会遇到余量过大的工件，引起撞刀事故。这时一般做法是根据余量人工对工件进行分类，将余量接近的分在同一批次加工，避免空行程和撞刀事故的发生。

7. 分析批量要求

零件的加工件数、装夹与定位、刀具选择、工序安排及走刀路线的确定等都是不可忽视的事项。

五、制定工艺方案

在数控机床加工过程中，由于加工对象复杂多样，特别是轮廓曲线的形状及位置千变万化，加上材料、批量等多方面因素的影响，在对具体零件制定加工方案时，应该具体问题具体分析，进行区别对待和灵活处理。只有这样，才能制定合理的加工方案，从而达到质量优、效率高和成本低的目的。制定工艺方案遵循的原则如下。

1. 基面先行

用作基准的表面（即基面）应优先加工出来，因为定位基准的表面越精确，装夹误差就越小。故第一道工序一般是进行定位面的粗加工和半精加工（有时包括精加工），然后再以精基准加工其他表面。安排加工顺序遵循的原则是上道工序的加工能为后面的工序提供精基准和合适的夹紧表面。

2. 先粗后精

在切削加工时，应先安排粗加工工序，在较短的时间内，将精加工前大量的加工余量（如图 1-9 所示虚线内部分）去掉，同时尽量满足精加工的余量均匀性要求。

当粗加工后所留余量的均匀性满足不了精加工要求时，则可安排半精加工作为过渡性工序，以使精加工余量小而均匀。

在安排可以一刀或多刀进行的精加工工序时，其零件的完工轮廓应由最后一刀连续加工而成。这时，加工刀具的进、退刀位置要考虑妥当，尽量不要在连续的轮廓中安排切入和切出，也不要换刀及停顿，以免因切削力突然变化而造成弹性变形，致使光滑连接的轮廓上产生表面划伤、形状突变或滞留刀痕等疵病。

3. 先近后远

这里所说的远与近，是指加工部位相对于对刀点的距离。在一般情况下，特别是在粗加工时，通常安排离对刀点近的部位先加工，离对刀点远的部位后加工，以便缩短刀具移动距离，节省空行程时间。对于车削加工，先近后远还有利于保持坯件或半成品件的刚性，改善其切削条件，如图 1-10 所示。

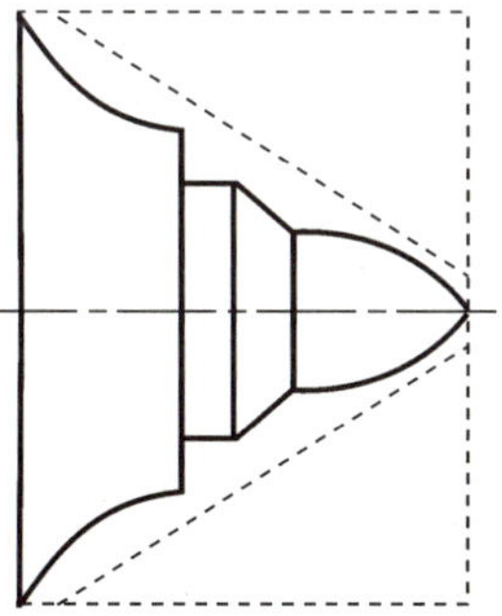

图 1-9　先粗后精示例

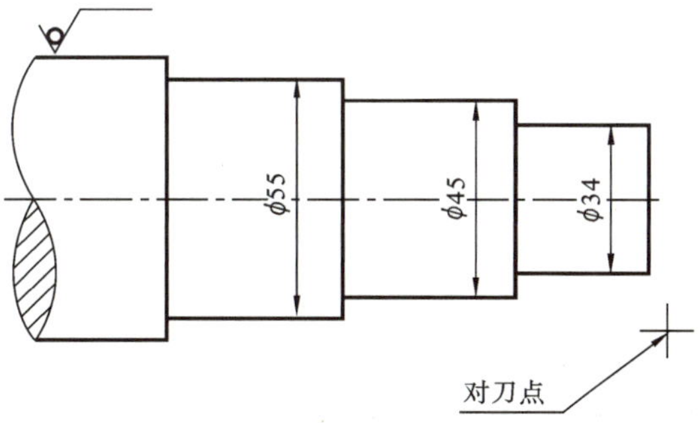

图 1-10　先近后远示例

4. 先内后外，内外交叉

对既有内表面（内型、腔）又有外表面的零件，在制定其加工方案时，应先进行内外表面的粗加工，后进行内外表面的精加工。切不可将零件上一部分表面（外表面或内表面）加工完毕后，再加工其他表面（内表面或外表面），要内外表面交叉加工。

5. 走刀路线最短

走刀路线泛指刀具从对刀点（或机床固定原点）开始运动起，直至返回该点并结束加工程序所经过的路径，包括切削加工的路径及刀具引入、切出等非切削空行程。

确定走刀路线的重点在于确定粗加工及空行程的走刀路线，因精加工的走刀基本上都是沿着零件轮廓顺序进行的。

在保证加工质量的前提下，选择最短的走刀路线，不仅可以节省整个加工过程的执行时间，还能减少一些不必要的刀具消耗及机床进给机构滑动部件的磨损等。

要实现最短的走刀路线，除了依靠大量的实践经验外，还应善于分析，必要时可辅以一些简单计算。

想一想：关于生产效率，同学们可以计算一下，如果一个工件加工时间为 5 min，因为工艺做了调整，加工时间节省 30 s，节省出的时间每天可以多加工多少件呢？

六、选择车刀

1. 刀具的种类

在车削加工中，各种类型的车刀所能完成的切削工作基本上是特定的，数控车床常用车刀类型如图 1-11 所示。这些类型的车刀都可分为焊接式和机夹可转位式刀具，在数控车床的实际生产中大多采用机夹可转位式刀具。

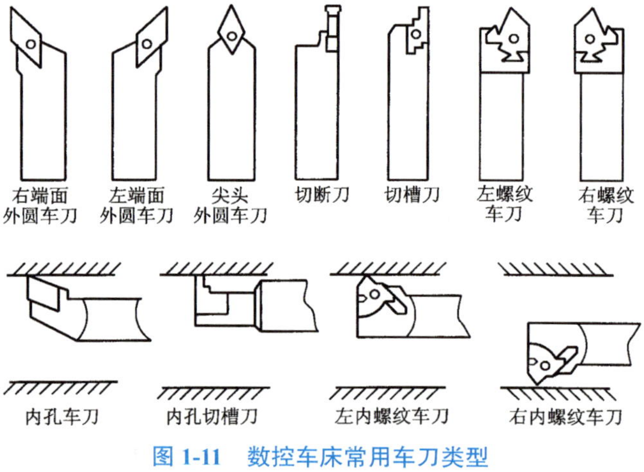

图 1-11 数控车床常用车刀类型

如图 1-12 所示，机夹可转位式刀具一般由刀片、刀垫、夹紧元件和刀体组成，其刀片和刀体都有标准。其中各部分的作用如下。

（1）刀片：承担切削工作，形成被加工表面。

（2）刀垫：保护刀体，确定刀片（切削刃）位置。

（3）夹紧元件：夹紧刀片和刀垫。

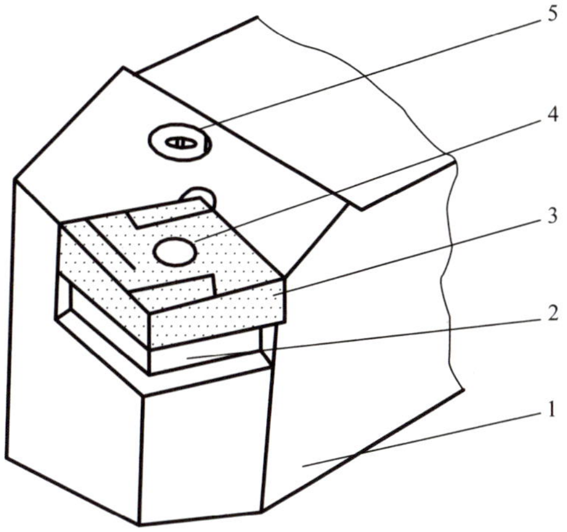

1—刀体；2—刀垫；3—刀片；4、5—夹紧元件

图 1-12　机夹可转位式刀具的结构组成

（4）刀体：作为夹紧元件及刀垫的载体，承担和传递切削力及切削扭矩，完成刀片与机床的连接。

2. 刀具的材料

常用的车削刀具有高速钢和硬质合金两大类。

高速钢通常是型坯材料，韧性较硬质合金好，硬度、耐磨性和红硬性较硬质合金差，不适于切削硬度较高的材料，也不适于进行高速切削。高速钢刀具使用前需生产者自行刃磨，且刃磨方便，适用于有各种特殊需要的非标准刀具。高速钢刀具过去是切削工具的主流，随着数控机床等现代制造设备的广泛应用，大力开发了各种带涂层和不带涂层的高性能、高效率的高速钢刀具，高速钢凭借其在强度、韧性、热硬性及工艺性等方面优良的综合性能，在某些难加工材料的切削工艺中以及在复杂刀具（特别是切齿刀具、拉刀和立铣刀）制造中仍占有一席之地。但经过市场探索，一些高端产品已逐步被硬质合金代替。

硬质合金是由难熔金属的硬质化合物和黏结金属通过粉末冶金工艺制成的一种合金材料。硬质合金具有硬度高、耐磨、强度和韧性较好、耐热、耐腐蚀等一系列优良性能。硬质合金广泛用作刀具材料，如车刀、铣刀、刨刀、钻头、镗刀等，这些刀具既可用于切削铸铁、有色金属和普通钢材，也可用来切削耐热钢、不锈钢、高锰钢、工具钢等难加工的材料。

3. 刀具的选用

（1）应尽可能选择通用的标准刀具，不用或少用特殊的非标准刀具；

（2）尽量使用不重磨刀片，少用焊接式刀片；

（3）尽量使用标准的模块化刀夹（刀柄和刀杆等）；

（4）尽量使用可调式刀具（如浮动可调镗刀头）。

七、选择夹具

在机械制造中，为完成所需的加工工序、装配工序及检验工序等，需要使用大量的夹具。利用夹具，可以提高劳动生产率和加工精度，减少废品；可以扩大机床的工艺范围，改善操作的劳动条件。因此,夹具是机械制造中一项重要的工艺装备。机床夹具是在机床上用以装夹工件的一种装置,其作用是使工件相对于机床或刀具有一个正确的位置,并在加工过程中保持这个位置不变。在数控车床上最常用的夹具是三爪自定心卡盘,如图 1-13(a)所示,有时根据需要也会使用四爪单动卡盘,如图 1-13(b)所示。

(a)三爪自定心卡盘　　(b)四爪单动卡盘

图 1-13　数控车床上常用的夹具

1. 三爪自定心卡盘装夹

常见的三爪自定心卡盘有机械式和液压式两种。机械式三爪自定心卡盘的结构如图 1-14(a)所示,当用卡盘扳手转动小锥齿轮时,大锥齿轮也随之转动,在大锥齿轮背面平面螺纹的作用下,三个卡爪同时向中心移动或退出,以夹紧或松开工件。其特点是对中性好,夹持范围大,装夹速度快,但自动定心精度仅可达到 0.05~0.15 mm,不适于同轴度要求较高工件的二次装夹。其不仅可以装夹直径较小的工件,如图 1-14(b)所示,而且可以装夹直径较大的外圆工件,此时可用三个反爪夹持,如图 1-14(c)所示。但机械式三爪自定心卡盘由于夹紧力不大,所以一般只适于装夹重量较轻的工件。液压式三爪自定心卡盘装夹迅速、方便,但夹持范围小,尺寸变化大时需重新调整卡爪位置。数控车床经常采用液压式三爪自定心卡盘。

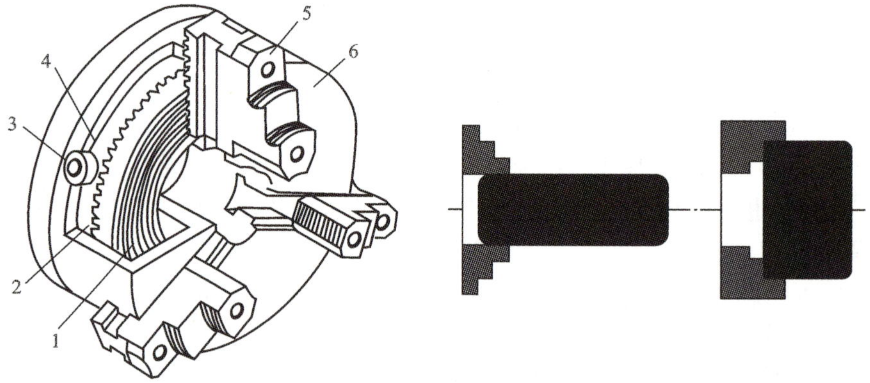

(a)结构　　(b)夹持小棒料　　(c)反爪夹持大棒料

1—螺旋槽;2—大锥齿轮;3—扳手方孔;4—小锥齿轮;5—卡爪;6—卡盘体

图 1-14　三爪自定心卡盘结构和工件装夹

2. 四爪单动卡盘装夹

四爪单动卡盘全称是机床用手动四爪单动卡盘,它由一个盘体、四个丝杠、一副卡爪组成。工作时用四个丝杠分别带动四爪，因此常见的四爪单动卡盘没有自动定心的作用，但可以通过调整四爪位置，装夹各种矩形的、不规则的工件，每个卡爪都可单独运动。

它的特点是能装夹形状比较复杂的非回转体零件，如方形、长方形零件等，而且夹紧力大。由于其装夹后不能自动定心，所以装夹效率较低，装夹时必须用划线盘或百分表找正，使工件回转中心与车床主轴中心对齐。

使用四爪单动卡盘装夹工件时的找正：找正装夹时必须将工件的加工表面回转轴线（同时也是工件坐标系 Z 轴）找正到与车床主轴回转中心重合。一般为打表找正，通过调整卡爪，使工件坐标系 Z 轴与车床主轴回转中心重合，如图 1-15 所示。

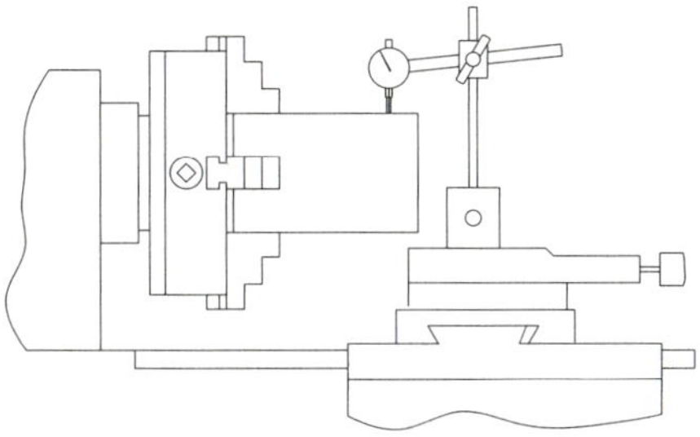

图 1-15　用百分表找正外圆

八、选择切削用量

数控机床加工中的切削用量是表示机床主运动和进给运动速度大小的重要参数，包括切削深度、主轴转速和进给速度。在加工程序的编制工作中，选择好切削用量，使切削深度、主轴转速和进给速度三者能互相适应，以形成最佳切削参数，是工艺处理的重要内容之一。

1. 切削深度（a_p）的确定

在车床主体、夹具、刀具和零件等工艺系统刚性允许的条件下，尽可能选取较大的切削深度，以减少走刀次数，提高生产率。当零件的精度要求较高时，则应考虑适当留出精车余量，通常取 0.1~0.5 mm。

2. 主轴转速（n）的确定

除螺纹加工外，主轴转速的确定方法与普通车削加工一致，需根据工件加工部位的直径、工件与刀具材料及加工性质等允许的切削速度确定。在实际生产中，主轴转速可用下式计算：

$$n=\frac{1\,000v}{\pi d}$$

式中　n——主轴转速（r/min）；

v——切削速度（m/min）；

d——零件待加工表面的直径（mm）。

在确定主轴转速时，需要首先确定其切削速度，而切削速度又与切削深度和进给量有关。

1）进给量（f）

进给量是指工件每转一周，车刀沿进给方向移动的距离（mm/r），它与切削深度有着较密切的关系。粗车时 f 一般取 0.3~0.8 mm/r，精车时常取 0.1~0.3 mm/r，切断时宜取 0.05~0.2 mm/r，具体选择时可参考表 1-2。

表 1-2　切削用量参考表

零件材料	刀具材料	a_p/mm			
		0.13~0.38	0.38~2.40	2.40~4.70	4.70~9.50
		f/（mm/r）			
		0.05~0.13	0.13~0.38	0.38~0.76	0.76~1.30
		v/（m/min）			
低碳钢	高速钢 硬质合金	— 215~365	70~90 165~215	45~60 120~165	20~40 90~120
中碳钢	高速钢 硬质合金	— 130~165	45~60 100~130	30~40 75~100	15~20 55~75
灰铸铁	高速钢 硬质合金	— 135~185	35~45 105~135	25~35 75~105	20~25 60~75
黄　铜 青　铜	高速钢 硬质合金	— 215~245	85~105 185~215	70~85 150~185	45~70 120~150
铝合金	高速钢 硬质合金	105~150 215~300	70~105 135~215	45~70 90~135	30~45 60~90

2）切削速度（v）

切削时，车刀切削刃上某一点相对于待加工表面在主运动方向上的瞬时速度称为切削速度，又称为线速度。

加工时的切削速度可参考表 1-2 列出的数值，但主要根据实践经验进行确定。

3. 进给速度的确定

进给速度主要指在单位时间里刀具沿进给方向移动的距离（mm/min）。也可以用进给量（mm/r）来表示进给速度。

1）确定进给速度的原则

（1）当工件的质量要求能够得到保证时，为提高生产效率，可选择较高的进给速度，一般在 100~200 m/min 范围内选取。

（2）切断、车削深孔或用高速钢刀具车削时，宜选择较低的进给速度。

（3）刀具空行程，特别是远距离“回零”时，可以设定尽量高的进给速度。

（4）进给速度应与主轴转速和切削深度相适应。

2）单向进给速度的确定

Ⅰ. 单向每分钟进给速度（mm/min）的计算

单向进给速度（F）包括纵向进给速度（F_Z）和横向进给速度（F_X），其计算式为

$$F=nf$$

式中进给量 f 可参考表 1-2 选择。

Ⅱ. 单向每转进给速度的换算

单向每转进给速度（mm/r）与每分钟进给速度（mm/min）可以相互进行换算，其换算式为

$$mm/r = \frac{mm/min}{r/min}$$

九、编制数控加工工艺文件

编制数控加工工艺文件是数控加工工艺设计的重要内容之一。数控加工工艺文件既是数控加工、产品验收的依据，又是机床操作者要遵守和执行的规程，有时也作为加工程序的附加说明，使操作者更加明确程序的内容、安装及定位方式。数控加工工艺文件的编制质量直接影响零件的加工质量和生产效率，因此在编制文件之前，要全面了解工件毛坯质量、刀辅具系统、夹具及机床性能，熟悉和掌握数控加工的技术信息，从而编制出高质量的数控加工工艺文件。

数控加工工艺文件主要包括数控加工刀具使用卡、数控加工工艺规程卡和数控加工工序卡。

1. 数控加工刀具使用卡

数控加工刀具使用卡反映完成一个零件加工所需要的全部刀具，主要包括刀具型号、规格、名称和用途等内容，如表 1-3 所示。

表 1-3　数控加工刀具使用卡

<table>
<tr><td>班级</td><td></td><td colspan="2">组号</td><td></td><td>零件名称</td><td></td><td>零件型号</td><td></td></tr>
<tr><td colspan="5">数控加工刀具卡片</td><td>编制</td><td></td><td>校核</td><td></td></tr>
<tr><td>序号</td><td>刀具号</td><td colspan="4">刀具型号、规格、名称</td><td>用途</td><td colspan="2">备注</td></tr>
<tr><td></td><td></td><td colspan="4"></td><td></td><td colspan="2"></td></tr>
<tr><td></td><td></td><td colspan="4"></td><td></td><td colspan="2"></td></tr>
<tr><td></td><td></td><td colspan="4"></td><td></td><td colspan="2"></td></tr>
<tr><td></td><td></td><td colspan="4"></td><td></td><td colspan="2"></td></tr>
<tr><td></td><td></td><td colspan="4"></td><td></td><td colspan="2"></td></tr>
</table>

2. 数控加工工艺规程卡

数控加工工艺规程卡是数控加工工艺文件的重要组成部分。它规定了工序内容、加工顺序、使用设备、刀辅具的型号和规格等，描述了从毛坯到产品的整个工艺过程，如表 1-4 所示。

表 1-4　数控加工工艺规程卡

零件名称	零件材料	毛坯种类	毛坯硬度	班级	编制	
工序号	工序名称	工序内容	车间	设备名称	夹具	备注

3. 数控加工工序卡

数控加工工序卡是编制数控加工程序的重要依据之一，应按正确的工步顺序编写。工序卡的内容包括工步号、工步内容、刀具名称和切削用量等，如表 1-5 所示。

表 1-5　数控加工工序卡

班级		编制			零件号		
数控加工工序卡片		零件名称			程序号		
		材料			使用设备		
工序号		夹具编号			车间		
工步号	工步内容	刀具名称		切削用量			备注
		编号	规格	转速/(r/min)	进给速度/(mm/min)	背吃刀量/mm	

4. 工艺编制示例

如图 1-16 所示，零件毛坯选用 $\phi40$ 的 45#钢棒料，试进行该零件单件生产的工艺编制。

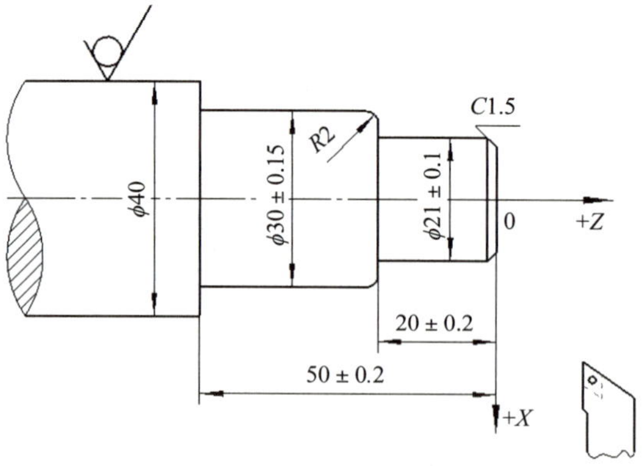

图 1-16　台阶轴

1）刀具选择

因该零件为单件生产，精度不高，为减少辅助时间，所以粗、精车削采用同一把车刀。根据图纸要求，选用 90° 的硬质合金外圆车刀，该车刀可进行外圆的粗、精加工以及端面加工。

2）数控加工刀具使用卡

数控加工刀具使用卡如表 1-6 所示。

表 1-6　数控加工刀具使用卡

<table>
<tr><td>班级</td><td colspan="2"></td><td>组号</td><td></td><td>零件名称</td><td>台阶轴</td><td>零件型号</td><td></td></tr>
<tr><td colspan="5">数控加工刀具卡片</td><td>编制</td><td></td><td>校核</td><td></td></tr>
<tr><td colspan="2">序号</td><td>刀具号</td><td colspan="3">刀具型号、规格、名称</td><td>用途</td><td colspan="2">备注</td></tr>
<tr><td colspan="2">1</td><td>T01</td><td colspan="3">90° 外圆车刀</td><td>车外圆，平端面</td><td colspan="2"></td></tr>
</table>

3）数控加工工艺规程卡

数控加工工艺规程卡如表 1-7 所示。

表 1-7　数控加工工艺规程卡

<table>
<tr><td>零件名称</td><td>零件材料</td><td>毛坯种类</td><td>毛坯硬度</td><td>班级</td><td colspan="2">编制</td></tr>
<tr><td>台阶轴</td><td>45#钢</td><td>圆棒料</td><td></td><td></td><td colspan="2"></td></tr>
<tr><td>工序号</td><td>工序名称</td><td>工序内容</td><td>车间</td><td>设备名称</td><td>夹具</td><td>备注</td></tr>
<tr><td>10</td><td>车台阶轴</td><td>粗、精加工台阶轴</td><td>数控车间</td><td>数控车床</td><td>三爪卡盘</td><td></td></tr>
</table>

4）数控加工工序卡

数控加工工序卡如表 1-8 所示。

表 1-8　数控加工工序卡

<table>
<tr><td>班级</td><td></td><td colspan="2">编制</td><td></td><td>零件号</td><td colspan="2"></td></tr>
<tr><td colspan="2" rowspan="2">数控加工工序卡片</td><td colspan="2">零件名称</td><td>台阶轴</td><td>程序号</td><td colspan="2">O1010</td></tr>
<tr><td colspan="2">材料</td><td>45#钢</td><td>使用设备</td><td colspan="2">CA6140</td></tr>
<tr><td>工序号</td><td>10</td><td colspan="2">夹具编号</td><td></td><td>车间</td><td colspan="2">数控车间</td></tr>
<tr><td rowspan="2">工步号</td><td rowspan="2">工步内容</td><td colspan="2">刀具名称</td><td colspan="3">切削用量</td><td rowspan="2">备注</td></tr>
<tr><td>编号</td><td>规格</td><td>转速/（r/min）</td><td>进给速度/（mm/min）</td><td>背吃刀量/mm</td></tr>
<tr><td>1</td><td>平端面</td><td>T01</td><td>90°</td><td>500</td><td>50</td><td>—</td><td></td></tr>
<tr><td>2</td><td>粗车 $\phi 30$、$\phi 21$ 外圆</td><td>T01</td><td>90°</td><td>500</td><td>100</td><td>1.5</td><td></td></tr>
<tr><td>3</td><td>精车</td><td>T01</td><td>90°</td><td>600</td><td>90</td><td>0.5</td><td></td></tr>
</table>

做一做：编写图 1-1 所示推进器零件的工艺文件。

任务二　程序编制

数控车床的坐标系

一、数控车床的坐标系

1. 机床坐标系的确定

1）关于机床坐标系的规定

在数控机床上，机床的动作是由数控装置控制的。为了确定数控机床上的成形运动和辅助运动，必须先确定机床上运动的位移和方向，这就需要通过坐标系来实现，这个坐标系被称为机床坐标系，它是机床固有的坐标系，在数控机床出厂时已确定，通常不允许改变，可以在机床使用说明书或机床标牌上找到。

国际标准 ISO 841：2001 和我国标准 GB/T 19660—2005 规定机床坐标系采用右手笛卡儿直角坐标系，如图 1-17 所示。

（1）机床基本坐标轴为 X、Y、Z 轴，它们与机床的主要导轨平行。X、Y、Z 轴的关系及其正方向用右手定则判定：伸出右手的大拇指、食指和中指，并互为 90°，则大拇指代表 X 轴，大拇指的指向为 X 轴的正方向；食指代表 Y 轴，食指的指向为 Y 轴的正方向；中指代表 Z 轴，中指的指向为 Z 轴的正方向，如图 1-17 所示。

（2）围绕 X、Y、Z 轴的旋转坐标分别用 A、B、C 表示，用右手螺旋定则判定：大拇指的指向为 X、Y、Z 轴中任意轴的正向，则其余四指的旋转方向即为对应旋转坐标 A、B、C 的正向，如图 1-17 所示。

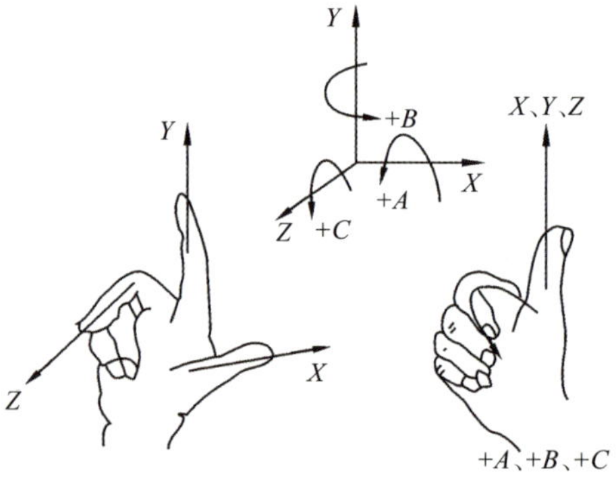

图 1-17　右手笛卡儿直角坐标系

2）关于运动方向的规定

数控机床的进给运动，有的由主轴带动刀具运动来实现，有的由工作台带着工件运动来实现。上述坐标轴正方向，是假定工件不动，刀具相对于工件做进给运动的方向。如果是工件移动，则用加“′”的字母表示工件运动的方向，按相对运动的关系，工件运动的正方向恰好与刀具运动的正方向相反，即有

$$+X=-X',+Y=-Y',+Z=-Z'$$

$$+A=-A',+B=-B',+C=-C'$$

同理，两者运动的负方向也彼此相反。

统一规定编程时一律采用假定工件不动、刀具运动的坐标系，即用 *X*、*Y*、*Z*、*A*、*B*、*C* 坐标来编程。统一规定增大刀具与工件距离的方向为各坐标轴运动的正方向。

对数控车床而言，*Z* 轴与主轴轴线重合，正方向指向尾座；*X* 轴为水平方向，垂直于 *Z* 轴，对应于转塔刀架的径向移动，正方向指向操作者；*Y* 轴（通常是虚设的）与 *X* 轴和 *Z* 轴一起构成遵循右手定则的坐标系。

数控车床坐标轴及其方向如图 1-18 所示。

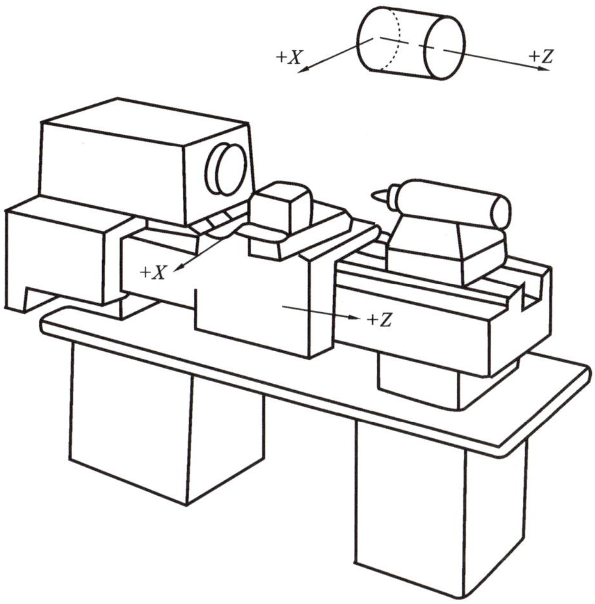

图 1-18　数控车床坐标轴及其方向

想一想：判断图 1-18 所示数控车床 *Y* 轴的指向，并指出数控车床在该方向上有无运动的部件。

2. 机床原点的设置

机床原点是指在机床上设置的一个固定点，即机床坐标系的原点。它在装配、调试机床时就已确定下来，是数控机床进行加工运动的基准参考点。其位置是由机床设计和制造单位确定的，通常不允许用户改变。

1）机床原点

在数控车床上，机床原点一般取在卡盘端面与主轴中心线的交点处，如图 1-19 所示。同时，通过设置参数的方法，也可将机床原点设定在 *X*、*Z* 坐标的正方向极限位置上。

2）机床参考点

机床参考点是用于对机床运动进行检测和控制的固定位置点。

机床参考点的位置是由机床制造厂家在每个进给轴上用限位开关精确调整好的，坐标值已输入数控系统中，因此参考点对机床原点的坐标是一个已知数，如图 1-20 所示。

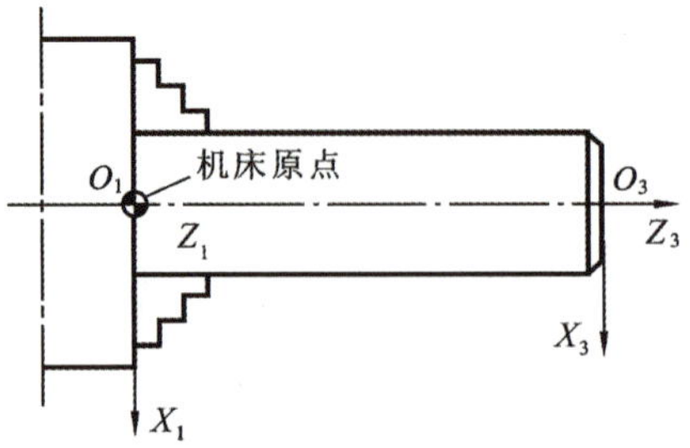

图 1-19　机床原点的位置

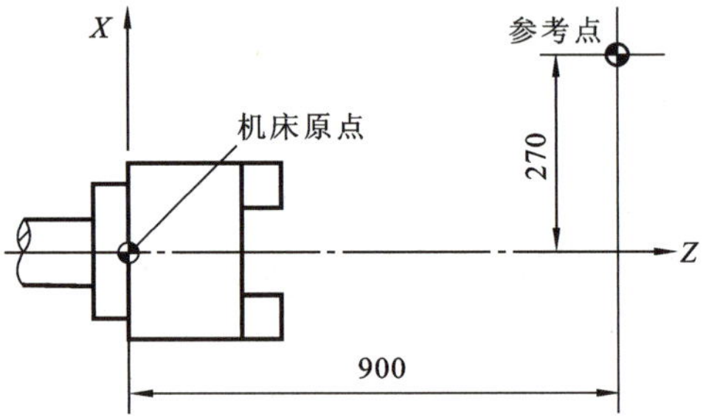

图 1-20　机床参考点的位置

3. 工件坐标系

工件坐标系(亦称编程坐标系)是编程人员在编程时使用的坐标系。编程人员选择工件上的某一已知点为原点(即工件原点,也称程序原点),建立一个坐标系,该坐标系称为工件坐标系。工件坐标系一旦建立便一直有效,直到被新的工件坐标系所取代。

在实际生产中,编程坐标系与机床坐标系一般不重合,工件安装后,先测得工件原点在机床坐标系中的位置(如图 1-21 所示的 ΔX、ΔZ),并将该位置坐标值预存到数控系统中,数控系统即可按机床坐标系来确定加工零件的相应坐标值,它相当于使工件坐标系的原点偏移到了机床原点。

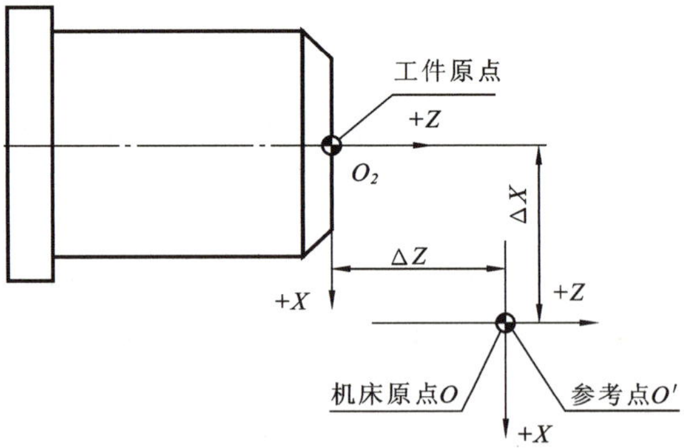

图 1-21　工件原点与机床原点的关系

选择工件原点的一般原则是:① 工件原点应选在工件图样的基准上,以利于编程;② 工件原点应尽量选在尺寸精度高、粗糙度值低的工件表面上；③ 工件原点最好选择在工件的对称中心上；④ 要便于测量和检验。对车床编程而言，工件原点一般选在工件轴线与工件的前端面、后端面、卡爪前端面的交点上。

想一想：在编程时，不同的编程员选择的工件原点可能不同，所建立的工件坐标系也就不同，工件在所建立的工件坐标系中的尺寸数据也不同，而在数控车床上加工后所得到的尺寸数据却是一样的，为什么？

二、数控加工程序格式

1. 程序的结构

一个完整的加工程序由若干个程序段组成，一个程序段由若干个代码字组成，每个代码字由文字（地址符）和数字（有些数字还带有符号）组成。字母、数字、符号统称字符。以下面的程序为例：

%1000;	程序名
N1　T0101;	调用 1 号刀具、1 号刀补
N2　M03 S500;	主轴正转
N3　G00 X50 Z1;	快速定位
N4　G01 Z-20 F75;	车外圆
N5　X55;	退刀
N6　G00 X100 Z100;	回换刀点
N7　M05;	冷却液关
N8　M30;	程序结束

上述程序中，%1000 为程序号，%为程序号地址符，不同数控系统的程序号地址符有所不同，一般用 O、P、%等。编程时要按说明书规定的符号编写程序指令，否则系统不会执行。

上述程序共由八个程序段组成，每个程序段以“N”开头，以“; ”结束。一个程序段表示一个完整的加工动作，或表示一个独立的操作或功能，一般要单独书写一行。最后一个程序段用“M30”表示程序结束。

2. 程序段的格式

程序段的格式即一个程序段中字的排列、书写方式和顺序，以及每个字和整个程序段的长度限制和规定。不同的数控系统往往有不同的程序段格式，程序段格式不符合规定，数控系统便不能接受。

目前较常用的程序段格式是字地址程序段格式，如前面举例介绍的程序段格式。程序段中每个字都以地址符开始，其后为符号和数字，代码字的排列顺序没有严格的要求，不需要的代码字以及与上段相同的续效代码可以不写。每个程序段都有一个程序段结束符，在 ISO 标准中用“LF”或“NL”表示，有些数控系统的程序段结束符用“; ”或“*”表示。各个数控系统对程序段格式的要求不一样，比如华中数控系统的程序段号可以省略，程序段结束符号也可以省略，直接回车即可，但如果需要在程序段后增加注释，则不能省略“; ”，如上面程序中的中文注释，这些注释仅仅是为了方便操作机床的人员识读。

字地址程序段格式的特点是程序简单明了、可读性强、易于检查。因此，现代数控机床广泛运用这种格式。

3. 常用地址符及其含义

程序字通常由地址符、数字和符号组成，字的功能类别由地址符决定。常用地址符及其含义如表 1-9 所示。

表 1-9　常用地址符及其含义

功能	地址符	含义
文件名	O	文件名，仅华中数控系统采用
程序号	O、P、%	子程序编号
程序段号	N	程序段顺序号
准备功能	G	机床动作方式指令
尺寸字	X、Y、Z	坐标轴地址
	A、B、C；U、V、W	附加轴地址
	R	圆弧的半径，固定循环的参数
	I、J、K	圆心相对于起点的坐标，固定循环的参数
进给速度	F	进给速度指令
主轴功能	S	主轴转速指令
刀具功能	T	刀具编号指令
辅助功能	M	机床侧开/关控制的指令
补偿号	H、D	刀具长度、半径补偿号的指令
暂停	P、X	暂停时间指令
程序号的指定	P	子程序号的指定
重复次数	L	子程序的重复次数，固定循环的重复次数
参数	P、Q、R、U、W、I、K、C、A	车削复合循环参数
倒角控制	C、R	倒角参数

三、G 指令

准备功能 G 指令由 G 及其后一或二位数字组成，用来规定刀具和工件的相对运动轨迹、机床坐标系、坐标平面、刀具补偿、坐标偏置等多种加工操作。

G 功能根据功能的不同分成若干组，其中 00 组的 G 功能称为非模态 G 功能，其余组的称为模态 G 功能。非模态 G 功能只在规定的程序段中有效，程序段结束时被注销；模态 G 功能是一组可相互注销的 G 功能，这些功能一旦被执行，则一直有效，直到被同一组的 G 功能注销为止，故也称其为续效代码。模态 G 功能组中包含一个缺省 G 功能，当数控系统上电时，这个缺省 G 功能将被激活并生效，直到被同组的 G 功能注销为止。

没有共同地址符的不同组 G 代码可以放在同一程序段中，而且与顺序无关。例如，G90、G17 可与 G01 放在同一程序段。

HNC-818DiT 数控装置准备功能 G 指令见表 1-10。

表 1-10　准备功能 G 指令一览表

G 代码	组	功能	参数（后续地址字）
G00 G01 ► G02 G03	01	快速定位 直线插补 顺时针圆弧插补 逆时针圆弧插补	X、Z 同上 X、Z、I、K、R 同上
G04	00	暂停	P
G20 ► G21	08	英寸输入 毫米输入	X、Z 同上
G28 G29	00	返回参考点 由参考点返回	
G32	01	螺纹切削	X、Z、R、E、P、F
► G36 G37	17	直径编程 半径编程	
► G40 G41 G42	09	刀尖半径补偿取消 左偏刀具半径补偿 右偏刀具半径补偿	
G53	00	直接机床坐标系编程	
► G54 G55 G56 G57 G58 G59	11	坐标系选择	
G65		宏指令简单调用	P、A~Z
G71 G72 G73 G76	06	外/内径车削复合循环 端面车削复合循环 闭环车削复合循环 螺纹切削复合循环	X、Z、U、W、C、P、Q、R、E
G80 G81 G82	01	内/外径车削固定循环 端面车削固定循环 螺纹切削固定循环	X、Z、I、K、C、P、R、E
► G90 G91	13	绝对编程 相对编程	
G92	00	工件坐标系设定	X、Z
► G94 G95	14	每分钟进给 每转进给	
G96 ► G97	16	恒线速度有效 取消恒线速度	S

注：① 00 组中的 G 代码是非模态的，其他组中的 G 代码是模态的；②►标记者为缺省值。

1. 有关单位设定的 G 功能

1）尺寸单位选择 G20、G21

格式：G20

　　G21

说明：G20——英制输入制式；

　　G21——公制输入制式。

两种制式下线性轴、旋转轴的尺寸单位如表 1-11 所示。

表 1-11　尺寸输入制式及其单位

输入制式	线性轴	旋转轴
英制（G20）	英寸（in）	度（°）
公制（G21）	毫米（mm）	度（°）

注：1 in=25.4 mm。

G20、G21 为模态功能，可相互注销；G21 为缺省值。

2）进给速度单位的设定 G94、G95

格式：G94 F_；

　　G95 F_；

说明：G94——每分钟进给；

　　G95——每转进给。

在每分钟进给设定下，对于线性轴，F 的单位依 G20 或 G21 的设定为 in/min 或 mm/min；对于旋转轴，F 的单位为° /min。

在每转进给设定下，F 的单位依 G20 或 G21 的设定为 in/r 或 mm/r。这个功能只在主轴装有编码器时才能使用。

G94、G95 为模态功能，可相互注销；G94 为缺省值。

2. 有关坐标系和坐标的 G 功能

1）绝对编程 G90 与相对编程 G91

格式：G90

　　G91

说明：G90——绝对编程，即每个编程坐标轴上的编程值都是相对于程序原点的；

　　G91——相对编程，即每个编程坐标轴上的编程值都是相对于前一位置而言的，该值等于沿轴移动的距离。

绝对编程时，用 G90 指令后面的 X、Z 表示 X 轴、Z 轴的坐标值；相对编程时，用 U、W 或 G91 指令后面的 X、Z 表示 X 轴、Z 轴的增量值。

G90、G91 为模态功能，可相互注销；G90 为缺省值。

例 1　如图 1-22 所示，使用 G90、G91 编程，要求刀具由原点按顺序移动到 1、2、3 点，然后回到原点。

选择合适的编程方式可使编程简化。当图纸尺寸由一个固定基准给定时，采用绝对编程较为方便；而当图纸尺寸是以轮廓顶点之间的间距给出时，采用相对编程较为方便。

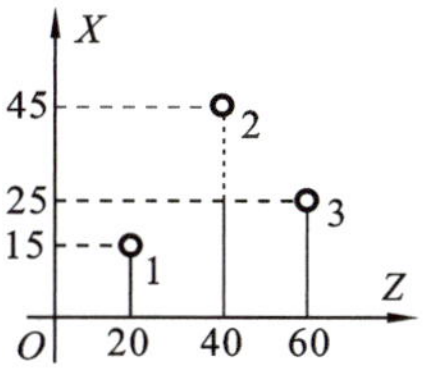

G90 编程	G91 编程
%1001	%1001
N1 G92 X0 Z0	N1 G90 G92 X0 Z0
N2 G01 X15 Z20	N2 G91 G01 X15 Z20
N3 X45 Z40	N2 X30 Z20
N4 X25 Z60	N3 X-20 Z20
N5 X0 Z0	N4 X-25 Z-60
N6 M30	N5 M30

图 1-22　G90/G91 编程

在数控车床编程中，一般不采用 G91 相对编程指令，而采用 U、W 来进行增量坐标的指定。因此，在数控车床编程中，用 X、Z 表示绝对坐标，用 U、W 表示增量坐标，在一个程序段中，可以用绝对编程，也可以用相对编程，也可以二者混合编程。例 1 采用 U、W 编程和采用混合编程见图 1-23。

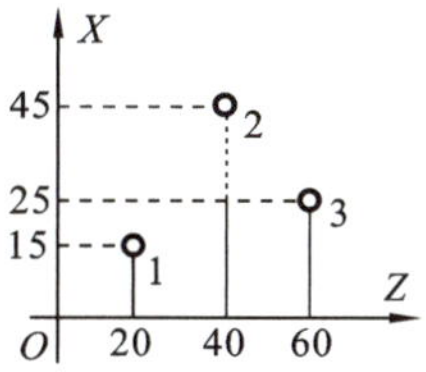

U、W 编程	混合编程
%1001	%1001
N1 G92 X0 Z0	N1 G92 X0 Z0
N2 G01 U15 W20	N2 G01 X15 Z20
N3 U30 W20	N3 U30 Z40
N4 U-20 W20	N4 X25 W20
N5 U-25 W-60	N5 X0 Z0
N6 M30	N6 M30

图 1-23　数控车床相对编程和混合编程

2）坐标系设定 G92

格式：G92 X_ Z_;

说明：X、Z——对刀点到工件坐标系原点的有向距离。

当执行 G92 Xα Zβ 指令后，系统内部即对（α, β）进行记忆，并建立一个使刀具当前点坐标值为（α,β）的坐标系，系统控制刀具在此坐标系中按程序进行加工。执行该指令只建立一个坐标系，刀具并不产生运动。G92 指令为非模态指令。执行该指令时，若刀具当前点恰好在工件坐标系的 α 和 β 坐标值上，即刀具当前点在对刀点位置上，此时建立的坐标系即工件坐标系，工件原点与程序原点重合。若刀具当前点不在工件坐标系的 α 和 β 坐标值上，则工件原点与程序原点不一致，加工出的产品就会产生误差或报废，甚至出现危险。因此执行该指令时，刀具当前点必须恰好在对刀点（即工件坐标系的 α 和 β 坐标值）上。故 G92 指令一般用于程序和工艺装备调试，如用于卡爪修整时，可根据刀尖点的位置建立临时坐标系。

由上可知，要正确加工，工件原点与程序原点必须一致，故编程时工件原点与程序原点考虑为同一点。实际操作时怎样使两点一致，由操作时对刀完成。

例 2 如图 1-24 所示，用 G92 指令设立坐标系，当以工件左端面为工件原点时，应按下行建立工件坐标系：

G92 X180 Z254;

当以工件右端面为工件原点时，应按下行建立工件坐标系：

G92 X180 Z44;

显然，当执行 G92 Xα Zβ 指令时，如果 α、β 不同，或改变刀具位置，即刀具当前点不在对刀点位置上，则工件原点与程序原点不一致。因此，在执行程序段 G92 Xα Zβ 前，必须先对刀。

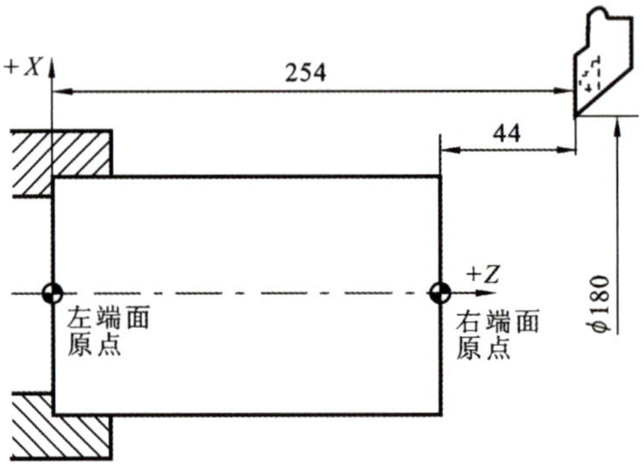

图 1-24 用 G92 指令设立坐标系

对刀点，也称起刀点，是程序起点，也是程序终点，选择对刀点的一般原则为：

(1)方便数学计算和简化编程；

(2)容易找正对刀；

(3)便于加工检查；

(4)引起的加工误差小；

(5)不会与机床、工件发生碰撞；

(6)方便拆卸工件；

(7)空行程不会太长。

3)坐标系选择 G54~G59

格式：

G54

G55

G56

G57

G58

G59

说明：G54~G59——系统预定的六个坐标系（图 1-25），可根据需要任意选择。

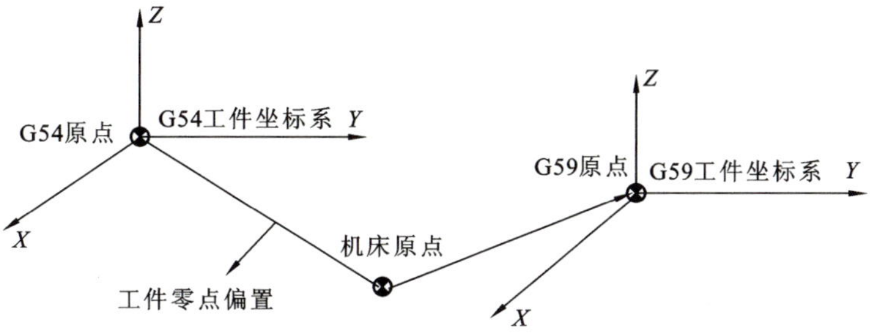

图 1-25　工件坐标系选择（G54~G59）

加工时坐标系的原点必须设为工件坐标系的原点在机床坐标系中的坐标值，否则加工出的产品就会产生误差或报废，甚至出现危险。

这六个预定工件坐标系的原点在机床坐标系中的值（工件零点偏置值）可用 MDI 方式输入，系统自动记忆。

工件坐标系一旦选定，后续程序段中绝对编程时的指令值均为相对于此工件坐标系原点的值。

G54~G59 为模态功能，可相互注销；G54 为缺省值。

例 3　如图 1-26 所示，使用工件坐标系编程，要求刀具从当前点移动到 *A* 点，再从 *A* 点移动到 *B* 点。

```
当前点→A 点→B 点
%1005
N01 G54 G00 G90 X40 Z30
N02 G59
N03 G00 X30 Z30
N04 M30
```

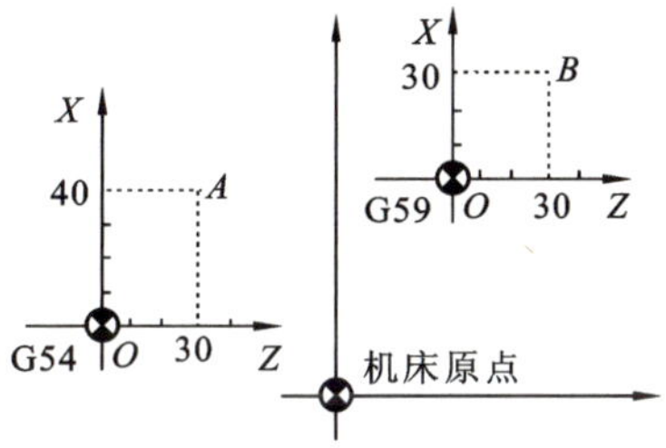

图 1-26　使用工件坐标系编程

注意：

（1）使用该组指令前，先用 MDI 方式输入各坐标系的坐标原点在机床坐标系中的坐标值；

（2）使用该组指令前，必须先回参考点。

4）直径和半径编程 G36、G37

格式：G36

　　　G37

说明：G36——直径编程；

　　　G37——半径编程。

数控车床的工件外形通常是回转体，其 *X* 轴尺寸可以用两种方式加以指定：直径方式和半径方式。由于 *X* 方向的图纸标示值和测量值均为直径值，因此数控车床 *X* 方向常用直径值编程，G36 为缺省值，机床出厂一般设为直径编程。

本书例题,未经说明均为直径编程。

例 4 按同样的轨迹分别用直径、半径编程,加工图 1-27 所示工件。

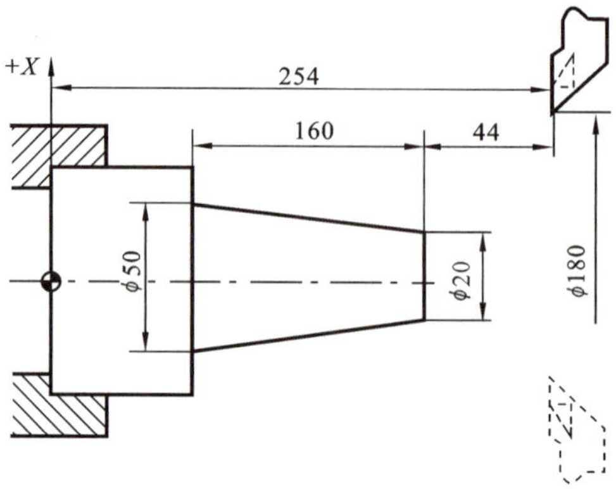

图 1-27 直径/半径编程

直径编程	半径编程
%1006	%1007
N1 G92 X180 Z254	N1 G37 G92 X90 Z254
N2 G01 X20 W-44	N2 G01 X10 W-44
N3 U30 Z204	N3 U15 Z204
N4 G00 X180 Z254	N4 G00 X90 Z254
N5 M30	N5 M30

注意:因为零件图纸的标注以及加工零件的测量均采用直径值,所以在数控车床编程中大多采用直径编程。

5)坐标平面选择 G17~G19

格式:G17

G18

G19

说明:G17——选择 *XY* 平面;

G18——选择 *XZ* 平面;

G19——选择 *YZ* 平面。

该组指令用于选择圆弧插补和刀具半径补偿的平面。

G17、G18、G19 为模态功能,由于数控车床有两个坐标轴,仅构成 *XZ* 平面,故在实际编程中无须选择,机床默认为 G18。

3. 进给控制指令

1)快速定位 G00

格式:G00 X(U)_ Z(W)_;

快速定位 G00

说明:X、Z——绝对编程时,快速定位终点在工件坐标系中的坐标;

U、W——相对编程时,快速定位终点相对于起点的位移量;

G00 指令刀具相对于工件以各轴预先设定的速度,从当前位置快速移动到程序段指令的定位目标点。

G00 指令中的快移速度由机床参数"快移进给速度"对各轴分别设定,不能用 F_规定。

G00 一般用于加工前快速定位、加工后快速退刀或加工过程中的空行程。

快移速度可由机床面板上的快速修调按钮修正。

G00 为模态功能,可由 G01、G02、G03 或 G32 功能注销。

注意:在执行 G00 指令时,由于各轴以各自的速度移动,不能保证各轴同时到达终点,因而联动直线轴的合成轨迹不一定是直线,如图 1-28 所示。操作者必须格外小心,以免刀具与工件发生碰撞。

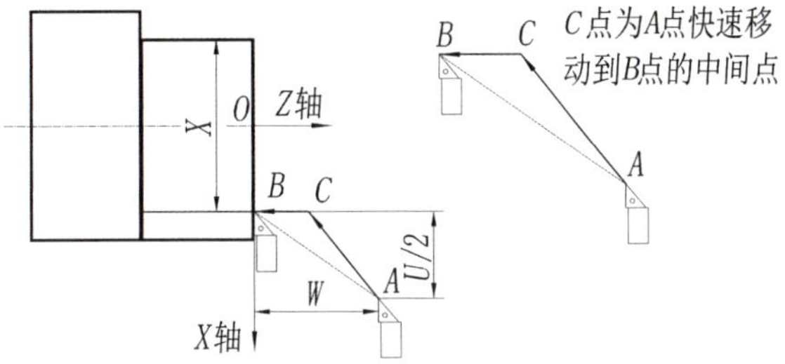

图 1-28　G00 快速定位路线图

2)直线插补 G01

格式:G01 X(U)_ Z(W)_ F_;

说明:X、Z——绝对编程时终点在工件坐标系中的坐标;

U、W——相对编程时终点相对于起点的位移量;

F——合成进给速度。

直线插补 G01

G01 指令刀具以联动的方式,按 F 规定的合成进给速度,从当前位置按线性路线(联动直线轴的合成轨迹为直线)移动到程序段指令的终点。

例 5　如图 1-29 所示为 G01 编程实例,用直线插补指令编程。

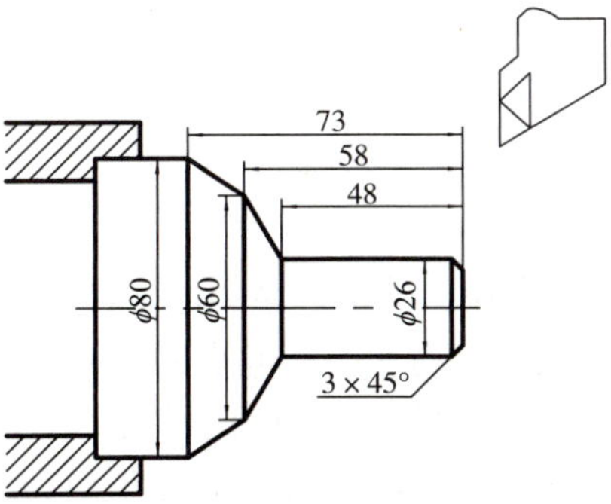

图 1-29　G01 编程实例

%1008		
N1	T0101	调用 1 号刀具、1 号刀补
N2	M03 S600	主轴按给定转速正转
N3	G00 X16 Z2	移到倒角延长线上，Z 轴 2 mm 处
N4	G01 X26 W-3 F150	倒 3 × 45° 角
N5	Z-48	加工 ϕ26 外圆
N6	X60 Z-58	切第一段锥
N7	X80 Z-73	切第二段锥
N8	X90	退刀
N9	G00 X100 Z100	回换刀点
N10	M05	主轴停
N11	M30	主程序结束并复位

3）圆弧插补 G02/G03

格式 1：G02/G03 X（U）_ Z（W）_ R_ F_；

格式 2：G02/G03 X（U）_ Z（W）_ I_ K_ F_；

G02/G03 指令刀具按顺时针/逆时针进行圆弧加工。

圆弧插补 G02/G03

圆弧插补指令 G02 和 G03 通过加工平面内的插补旋转方向进行区分——G02 为顺时针圆弧插补，G03 为逆时针圆弧插补。加工平面为观察者迎着 Y 轴的指向所面对的平面。如图 1-30 所示为 G02/G03 插补方向。

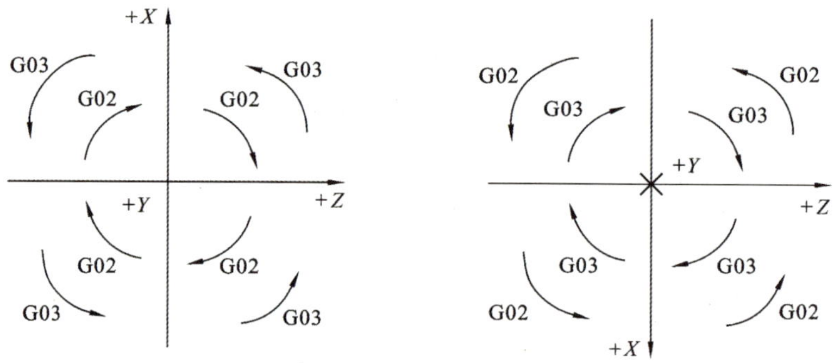

图 1-30　G02/G03 插补方向

说明：G02——顺时针圆弧插补（图 1-30）；

G03——逆时针圆弧插补（图 1-30）；

X、Z——绝对编程时圆弧终点在工件坐标系中的坐标；

U、W——相对编程时圆弧终点相对于圆弧起点的位移量；

I、K——圆心相对于圆弧起点的增加量（等于圆心的坐标减去圆弧起点的坐标，I 为 X 坐标的差值，K 为 Z 坐标的差值，如图 1-31 所示），在绝对、相对编程时都是以增量方式指定，在直径、半径编程时 I 都是半径值；

R——圆弧半径，有正负之分（设用 α 表示圆弧所对应的圆心角，当 $0° < \alpha < 180°$ 时，R 取

正值；当 $180° < \alpha < 360°$，R 取负值；当 $\alpha = 180°$ 时，R 取正负均可）。

F——被编程的两个轴的合成进给速度。

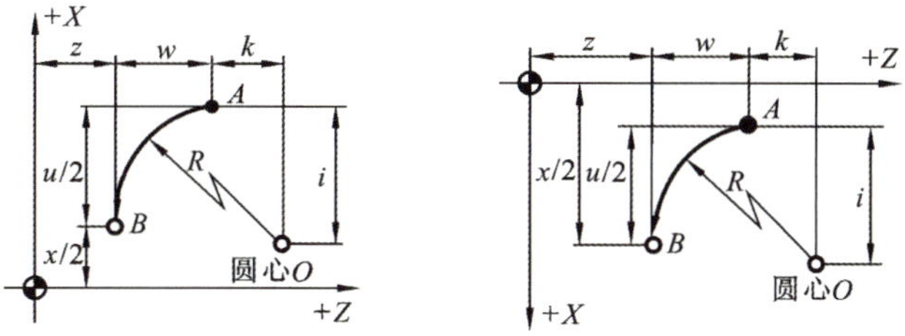

图 1-31　G02/G03 参数说明

> 注意：
>
> （1）圆弧顺逆的判断是从垂直于圆弧所在平面坐标轴的正方向往负方向看（即正方向指向自己），顺时针插补用 G02，逆时针插补用 G03；
>
> （2）同时编入 R 与 I、K 时，R 有效。

例 6　如图 1-32 所示，用圆弧插补指令编程。

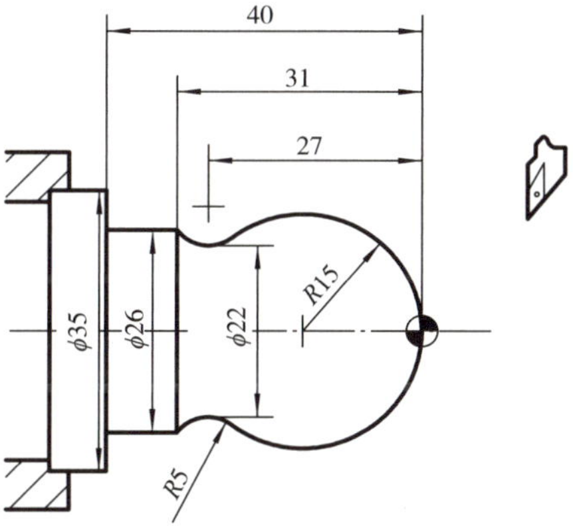

图 1-32　G02/G03 编程实例

%1009		
N1	T0101	调用 1 号刀具、1 号刀补
N2	M03 S400	主轴以 400 r/min 转速旋转
N3	G00 X0 Z2	到达工件中心
N4	G01 Z0 F60	工进接触工件毛坯
N5	G__ X24 Z-24 R15	加工 *R*15 圆弧段
N6	G__ X26 Z-31 R5	加工 *R*5 圆弧段
N7	G01 Z-40	加工 ϕ26 外圆
N8	X35	加工台阶面
N9	G00 X40 Z5	回换刀点
N10	M30	主轴停，主程序结束并复位

想一想：根据圆弧顺逆判断的方法将例 6 中 N5、N6 两个程序段填写完整。

4. 回参考点控制指令

1）自动返回参考点 G28

格式：G28 X(U)_ Z(W)_;

说明：X、Z——绝对编程时中间点在工件坐标系中的坐标；

U、W——相对编程时中间点相对于起点的位移量。

G28 指令首先使所有的编程轴都快速定位到中间点，然后再从中间点返回参考点。

G28 指令一般用于刀具自动更换或者消除机械误差，在执行该指令之前应取消刀尖半径补偿。

在 G28 的程序段中不仅产生坐标轴移动指令，而且记忆了中间点坐标值，以供 G29 使用。

电源接通后，在没有手动返回参考点的状态下，指定 G28 时，从中间点自动返回参考点，与手动返回参考点相同。这时从中间点到参考点的方向就是机床参数“回参考点方向”设定的方向。

G28 指令仅在其被规定的程序段中有效。

2）自动从参考点返回 G29

格式：G29 X(U)_ Z(W)_;

说明：X、Z——绝对编程时定位终点在工件坐标系中的坐标；

U、W——相对编程时定位终点相对于 G28 中间点的位移量。

G29 可使所有编程轴快速进给，经过由 G28 指令定义的中间点，然后再到达指定点。通常 G29 指令紧跟在 G28 指令之后。

G29 指令仅在其被规定的程序段中有效。

例 7 用 G28、G29 对图 1-33 所示的路径编程，要求由当前点 *A* 经过中间点 *B* 到达参考点 *R*，然后从参考点 *R* 经由中间点 *B* 到达目标点 *C*。

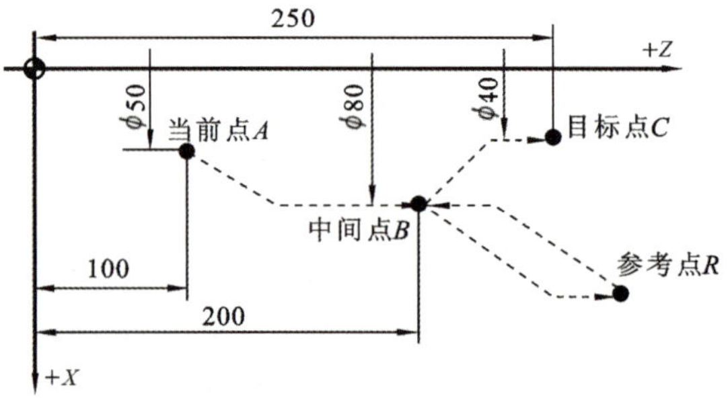

图 1-33 G28、G29 编程实例

%1010		
N1	G92 X50 Z100	设立坐标系，定义对刀点 *A* 的位置
N2	G28 X80 Z200	从 *A* 点到达 *B* 点，再快速移动到参考点 *R*
N3	G29 X40 Z250	从参考点 *R* 经中间点 *B* 到达目标点 *C*
N4	G00 X50 Z100	回对刀点
N5	M30	主轴停，主程序结束并复位

本例表明，编程员不必计算从中间点到参考点的实际距离。

5. 恒线速度指令 G96、G97

格式：G96　S_；

　　　G97　S_；

说明：G96——恒线速度有效；

　　　G97——取消恒线速度功能。

G96 后面的 S 值为切削的恒定线速度，单位为 m/min；G97 后面的 S 值为取消恒线速度后指定的主轴转速，单位为 r/min，如缺省，则为执行 G96 指令前的主轴转速。

> 注意：使用恒线速度功能的前提条件是主轴必须能自动变速（即主轴为伺服主轴、变频主轴等），为安全起见，必须在系统参数中设定主轴最高限速。

例 8　用恒线速度功能编制图 1-32 所示零件的轮廓精加工程序。

```
%1007
N1    T0101                调用 1 号刀具、1 号刀补
N2    G96 S80              恒线速度有效，线速度为 80 m/min
N3    G00 X0 Z2            刀到中心，转速升高，直到主轴最大限速
N4    G01 Z0 F60           工进接触工件
N5    G03 X24 Z-24 R15     加工 R15 圆弧段
N6    G02 X26 Z-31 R5      加工 R5 圆弧段
N7    G01 Z-40             加工 φ26 外圆
N8    X35                  刀具台阶面
N9    G97 S300             取消恒线速度功能，设定主轴按 300 r/min 转速旋转
N10   G00 X100 Z100        刀具回到换刀点
N11   M30                  主轴停，主程序结束并复位
```

6. 简单循环

有三类简单循环，分别是：

G80——内（外）径切削循环；

G81——端面切削循环；

G82——螺纹切削循环（在项目三中介绍）。

切削循环通常是用含 G 功能的一个程序段完成用多个程序段指令的加工操作，使程序得以简化。

圆柱面内（外）径切削循环 G80

1）内（外）径切削循环 G80

Ⅰ. 圆柱面内（外）径切削循环

格式：G80　X（U）_ Z（W）_ F_；

该指令执行如图 1-34 所示 $A \to B \to C \to D \to A$ 的轨迹动作，相当于四段由 G00、G01 指令编写的程序。

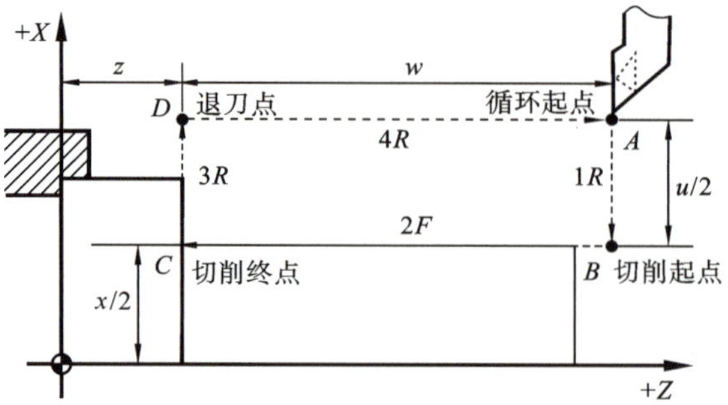

图 1-34 圆柱面内(外)径切削循环

说明:X、Z——绝对编程时切削终点在工件坐标系下的坐标,即 C 点坐标;

U、W——相对编程时切削终点相对于循环起点的有向距离,即 C 点坐标减去 A 点坐标,其符号由轨迹 1 和 2 的方向确定。

在执行 G80 指令前应先设置循环起点并将刀具移到循环起点处,循环起点一般设置在毛坯外,且离工件较近。

例 9 如图 1-35 所示,用 G80 指令编程,图中双点画线代表毛坯。

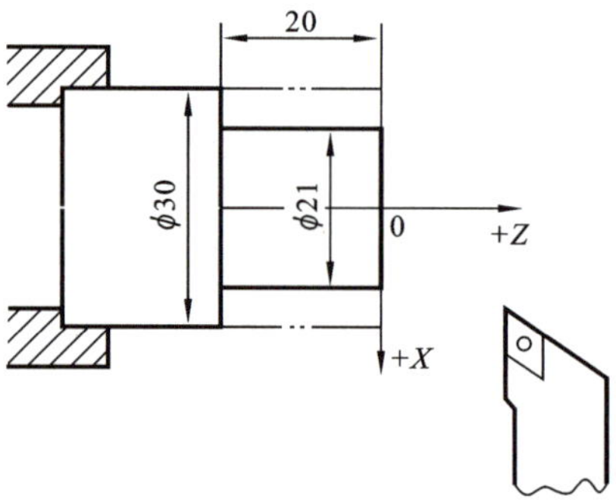

图 1-35 G80 切削循环编程实例

%1011		
N1	T0101	调用 1 号刀具、1 号刀补
N2	M03 S400	主轴以 400 r/min 转速正转
N3	G00 X31 Z1	快速进给至循环起点
N4	G80 X27 Z-20 F100	加工第一次循环,吃刀深 3 mm
N5	X24	加工第二次循环,吃刀深 3 mm
N6	X21	加工第三次循环,吃刀深 3 mm
N7	G00 X50 Z50	快速移动至换刀点
N8	M30	主轴停,主程序结束并复位

本例采用 U、W 编程如下:

%1012		
N1	T0101	调用 1 号刀具、1 号刀补

N2	M03 S400	主轴以 400 r/min 转速正转
N3	G00 X31 Z1	快速进给至循环起点
N4	G80 U-4 W-21 F100	加工第一次循环，吃刀深 3 mm
N5	U-7	加工第二次循环，吃刀深 3 mm
N6	U-10	加工第三次循环，吃刀深 3 mm
N7	G00 X50 Z50	快速移动至换刀点
N8	M30	主轴停，主程序结束并复位

想一想：本例程序没有程序段号 N 行吗？数控程序在数控机床中是按什么顺序执行的呢？

Ⅱ. 圆锥面内（外）径切削循环

格式：G80　X（U）_　Z（W）_　I_　F_；

该指令执行如图 1-36 所示 $A \to B \to C \to D \to A$ 的轨迹动作。

说明：X、Z——绝对编程时切削终点在工件坐标系下的坐标；

U、W——相对编程时切削终点 C 相对于循环起点 A 的有向距离；

I——切削起点与切削终点的半径差。

圆锥面内（外）径切削循环 G80

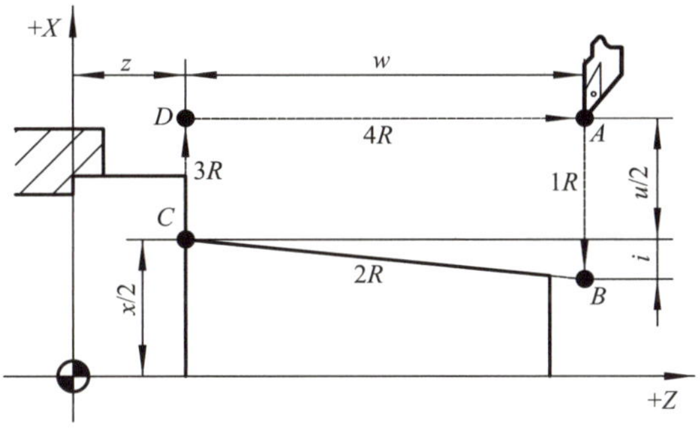

图 1-36　圆锥面内（外）径切削循环

例 10　如图 1-37 所示，用 G80 指令编程。

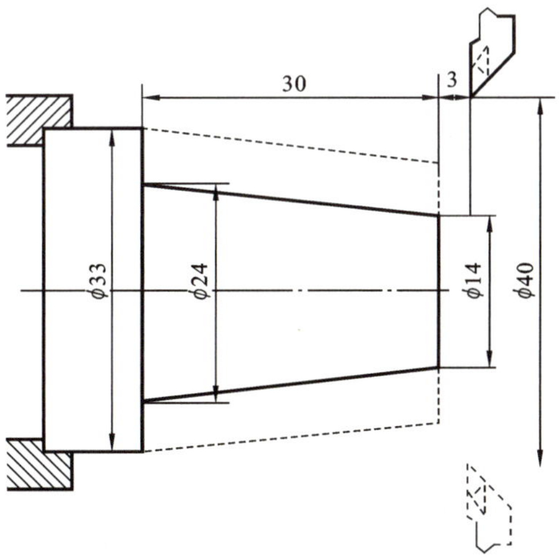

图 1-37　G80 切削循环编程实例

```
%1013
N1   T0101                        调用 1 号刀具、1 号刀补
N2   M03 S400                     主轴以 400 r/min 转速正转
N3   G00 X__ Z3                   快速进给至循环起点
N4   G80 X30 Z-30 I-5.5 F100      加工第一次循环,吃刀深 3 mm
N5   X27                          加工第二次循环,吃刀深 3 mm
N6   X24                          加工第三次循环,吃刀深 3 mm
N7   G00 X50 Z30                  快速移动至换刀点
N8   M30                          主轴停,主程序结束并复位
```

想一想:I 的值为什么是-5.5? 请将程序中的空格补充完整。

练一练:1. 请将程序 N3 段的空格补充完整;

2. 试将例 10 的程序改为相对编程。

2)端面切削循环 G81

Ⅰ.端平面切削循环

格式:G81 X(U)_ Z(W)_ F_;

该指令执行如图 1-38 所示 $A\to B\to C\to D\to A$ 的轨迹动作。

端面切削循环 G81

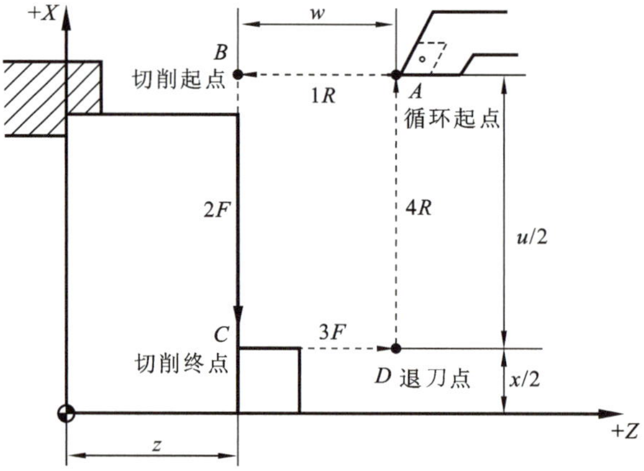

图 1-38 端平面切削循环

说明:X、Z——绝对编程时切削终点在工件坐标系下的坐标;

U、W——相对编程时切削终点相对于循环起点的有向距离,其符号由轨迹 1 和 2 的方向确定。

在执行 G81 指令前应将刀具移到循环起点处,循环起点一般设置在毛坯外,且离工件较近。

Ⅱ.圆锥端面切削循环

格式:G81 X(U)_ Z(W)_ K_ F_;

该指令执行如图 1-39 所示 $A\to B\to C\to D\to A$ 的轨迹动作。

说明:X、Z——绝对编程时切削终点在工件坐标系下的坐标;

U、W——相对编程时切削终点相对于循环起点的有向距离；

K——切削起点相对于切削终点的 Z 向有向距离。

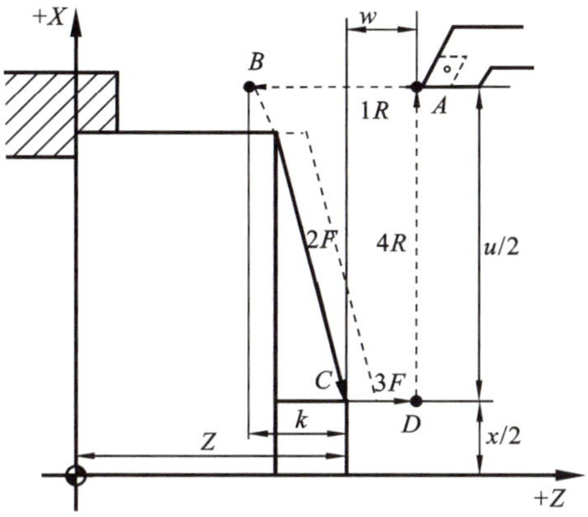

图 1-39　圆锥端面切削循环

例 11　如图 1-40 所示，用 G81 指令编程，图中虚线部分代表毛坯。

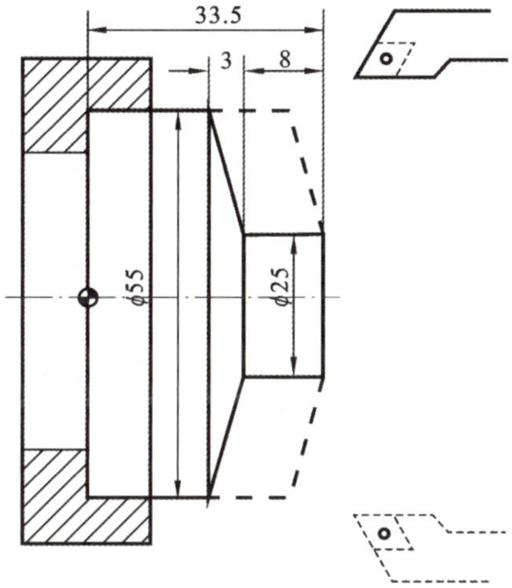

图 1-40　G81 切削循环编程实例

%1014		
N1	T0101	调用 1 号刀具、1 号刀补
N2	M03 S400	主轴以 400 r/min 转速正转
N3	G00 X60 Z__	快速定位到循环起点
N4	G81 X25 Z31.5 K-3 F100	加工第一次循环，吃刀深 2 mm
N5	X25 Z29.5 K-3	加工第二次循环，吃刀深 2 mm
N6	X25 Z27.5 K-3	加工第三次循环，吃刀深 2 mm
N7	X25 Z25.5 K-3	加工第四次循环，吃刀深 2 mm
N8	M05	主轴停
N9	M30	主程序结束并复位

练一练：1. 请将程序 N3 段中的空格补充完整；
2. 试将例 11 的程序改为相对编程。

四、M、F、S、T 指令

1. 辅助功能 M 指令

辅助功能由地址字 M 和其后的一或两位数字组成，主要用于控制零件程序的走向，以及机床各种辅助功能的开关动作。

M 功能有非模态 M 功能和模态 M 功能两种形式，非模态 M 功能（当段有效代码）只在书写了该代码的程序段中有效；模态 M 功能（续效代码）是一组可相互注销的 M 功能，这些功能在被同一组的另一个功能注销前一直有效。

模态 M 功能组中包含一个缺省功能，当数控系统上电时，这个缺省功能将被激活并生效，直到被同组的 M 功能注销为止。HNC-818DiT 数控装置 M 指令及功能如表 1-12 所示（▶标记者为缺省值）。

表 1-12　M 指令及功能

指令	模态	功能说明	指令	模态	功能说明
M00	非模态	程序暂停	M03	模态	主轴正转
M02	非模态	程序结束	M04	模态	主轴反转
M30	非模态	程序结束并返回程序起点	M05	模态	▶主轴停止转动
			M06	非模态	换刀
M98	非模态	调用子程序	M07/M08	模态	切削液打开
M99	非模态	子程序结束	M09	模态	▶切削液停止

1）程序暂停指令 M00

执行此指令后，机床停止一切操作，即主轴停转，切削液关闭，进给停止。但模态信息全部被保存，在按下操作面板上的启动指令后，机床重新启动，继续执行后面的程序。

该指令主要适用于工件加工过程中需要停机的情况，如工件检查、尺寸测量、手动换刀或交接班等操作环节。

2）程序结束指令 M02

M02 一般放在主程序的最后一个程序段中。当 CNC 执行到 M02 指令时，机床的主轴、进给、冷却液全部停止，加工结束。使用 M02 的程序结束后，若要重新执行该程序，就得重新调用该程序。

3）程序结束并返回程序起点指令 M30

M30 和 M02 功能基本相同，只是 M30 指令还兼有控制返回零件程序头（%）的作用。使用 M30 的程序结束后，若要重新执行该程序，只需再次按操作面板上的“循环启动”键即可。

4）主轴控制指令 M03、M04、M05

M03 表示主轴正转，M04 表示主轴反转。所谓主轴正转，是从主轴向 Z 轴正向看，主轴顺时针转动；反之，则为反转。M05 表示主轴停止转动。M03、M04、M05 均为模态指令。要说明的是有些系统不允许 M03 和 M05 程序段之间写入 M04。

5）切削液打开、停止指令 M07、M08、M09

M07、M08、M09 指令用于冷却装置的启动和关闭，属于模态指令。

M07 表示打开 2 号切削液或雾状切削液。

M08 表示打开 1 号切削液或液状切削液。

M09 表示关闭切削液开关，并注销 M07、M08。

2. 主轴功能 S 指令

主轴功能 S 指令控制主轴转速，其后的数值表示主轴转速，单位为 r/min。

恒线速度功能时 S 指定切削线速度，其后的数值单位为 m/min。（G96 表示恒线速度有效；G97 表示取消恒线速度功能。）

S 是模态指令，S 功能只有在主轴转速可调节时有效。

S 所编程的主轴转速可以借助机床操作面板上的主轴倍率开关进行修调。

3. 进给速度 F 指令

F 指令表示工件被加工时刀具相对于工件的合成进给速度，F 的单位取决于 G94（每分钟进给量 mm/min）或 G95（主轴每转进给量 mm/r）。

使用下式可以实现每转进给量与每分钟进给量的转化。

$$f_{\mathrm{m}}=f_{\mathrm{r}}\times S$$

式中　f_{m}——每分钟进给量（mm/min）；

f_{r}——每转进给量（mm/r）；

S——主轴转速（r/min）。

工作在 G01、G02 或 G03 方式下，编程的 F 一直有效，直到被新的 F 值所取代，而工作在 G00 方式下，快速定位的速度是各轴的最高速度，与 F 无关。

借助机床操作面板上的倍率按键，可在一定范围内对 F 进行倍率修调。当执行螺纹切削指令 G76、G82 和 G32 时，倍率开关失效，进给倍率固定在 100%。

4. 刀具功能 T 指令

刀具功能用地址符 T 加四位数字表示，如 T0101，前两位是刀具号（01 表示 1 号刀），后两位是刀补号（01 表示 1 号刀补）。刀补号即刀具参数补偿号，一把刀具可以对应多个刀补号，例如将 1 号刀具参数补偿值输入到 5 号刀补寄存器中，便可以用 T0105 表示刀具功能。为了避免混淆，通常选取相同的刀具号和刀补号，如 T0101、T0202。执行 T 指令，转动转塔刀架，选用指定的刀具，同时调入刀补寄存器中的补偿值。

当一个程序段同时包含 T 指令与刀具移动指令时，先执行 T 指令，而后执行刀具移动指令。

五、简单轴类零件加工编程举例

试编写图 1-16 所示简单轴类零件的数控车削加工程序。

```
%1015
N1   T0101                   调用1号刀具、1号刀补
N2   M03 S500                主轴正转
N3   G00 X41 Z1              快速定位至循环起点
N4   G81 X0 Z0 F60           平端面
N5   G80 X37 Z-50 F120       车削外圆至φ37
N6   X34                     车削外圆至φ34
N7   X31                     车削外圆至φ31，φ30外圆留1 mm余量
N8   G00 X32                 快速定位至循环起点
N9   G80 X28 Z-20            车削外圆至φ28
N10  X25                     车削外圆至φ25
N11  X22                     车削外圆至φ22，φ21外圆留1 mm余量
N12  G96 S80                 恒线速度有效，设定线速度为80 m/min
N13  G95 G00 X16 Z1          快速定位到倒角延长线，设为每转进给
N14  G01 X21 Z-1.5 F0.15     倒角
N15  Z-20                    车φ21外圆
N16  X26                     车台阶
N17  G03 X30 Z-22 R2 F0.1    加工圆弧
N18  G01 Z-50 F0.15          车φ30外圆
N19  X41                     退刀至毛坯外
N20  G97 S300                取消恒线速度功能，设定主轴按300 r/min转速旋转
N21  G00 X80 Z80             回到换刀点
N22  M30                     程序结束并复位
```

练一练：试编写图1-1所示简单轴类零件的加工程序。

任务三　机床操作

一、数控车床安全操作与保养

1. 安全操作规程

（1）遵循各种实训场地的安全规定。要穿好工作服，衣袖口要扎紧，衬衫要系入裤子内。女同学要戴帽子，并将发辫放入帽子内。

（2）开动车床前，要检查车床电气控制系统是否正常，润滑系统是否畅通，油质是否良好，并按规定要求加足润滑油，检查各传动部件是否正常，确认无故障后，才可正常使用。

(3)操作人员严禁在设有警示标识的危险区域及机床作业区域进行奔跑、嬉戏、搞恶作剧等危险行为。

(4)机器完全停止前,禁止用手触摸任何转动的部件,禁止拆卸零件或更换材料。

(5)禁止拆卸机床部件及防护装置,若因维修需要临时拆除,则作业完成后必须复原。

(6)严禁戴手套操作机器,避免误触其他开关造成危险。

(7)禁止用潮湿的手触摸开关,避免短路及触电。

(8)非专业人员禁止操作或维修机床,更换熔丝时必须使用符合规格的熔断器。

(9)禁止将工具、工件、材料随意放置在机器尤其是工作台上。

(10)详读操作手册或了解所有按钮功能及机器功能特性前,禁止单独操作机床,需有老师在旁指导。

(11)禁止不按标准程序操作,或随意触动开关。

(12)非必要时,操作者切勿擅改机床参数或设定值,若必须更改,务必将原参数或设定值记录存储,以供故障维修时参考。

(13)熟悉机床的动力控制开关尤其是紧急停止开关(简称"急停开关")的位置。

(14)电源或动力源发生异常或断电时,应立即将主电源关掉;当程序结束,操作人员需离开机床时,主电源亦需关掉。

(15)开机后禁止用手或其他任何导电的东西去触摸控制器及操作箱内部或变压器等高电压元件。

(16)在维护或维修作业时,必须确认危险区域内所有人员均已离开,才可以启动机器电源。

2. 工作前检查

(1)每天做好各导轨面的清洁和润滑,有自动润滑系统的车床要定期检查和清洗自动润滑系统,检查油量,及时添加润滑油,检查油泵是否定时启动打油及停止。

(2)每天检查主轴箱自动润滑系统是否正常工作,定期更换主轴箱润滑油。

(3)检查电气柜中冷却风扇是否正常工作,风道过滤网有无堵塞,清洗黏附的尘土。

(4)检查冷却系统,检查液面高度,及时添加油或水,油或水脏时要更换。

(5)检查主轴驱动带,调整其松紧程度。

(6)检查导轨镶条松紧程度,调节间隙。

(7)检查车床液压系统油箱油泵有无异常噪声,工作幅面高度是否合适,压力表指示是否正常,管路及各接头有无泄漏。

(8)检查导轨、车床防护罩是否齐全有效。

3. 注意事项

数控车削加工可分为加工前、加工中、加工后三个阶段,每个阶段的注意事项见表 1-13、表 1-14 和表 1-15。

表 1-13　加工前注意事项

序号	注意事项
1	机床回原点时要先回 X 轴，再回 Z 轴，以免刀架碰撞尾座
2	当使用堆高机、吊车或类似设备时，小心不要损坏机器护罩
3	注意工量具的摆放，特别是卡盘扳手是否在装夹工件后取下
4	在操作前要先确定操作按钮是否正确，并检查夹具是否安全可靠
5	程序调试完成后，必须经指导老师同意后方可按步骤操作，不允许跳步骤操作；未经指导老师许可，不可擅自操作或违章操作
6	加工前注意“空运行”按键功能是否已取消，若没取消需及时取消
7	加工前注意“程序跳段”按键功能是否已取消，若没取消需核对是否需要取消

表 1-14　加工中注意事项

序号	注意事项
1	加工零件时，必须关上防护门，不准把头、手伸入防护门内，加工过程中不允许打开防护门
2	加工过程中操作者不得擅自离开机床，应保持思想高度集中，观察机床的运行状态
3	不要用手接触铁屑或主轴，清理时应使用专用拉丝钩
4	禁止用手或以其他任何方式接触正在旋转的主轴、工件或其他运动部位
5	加工过程中严禁测量工件

表 1-15　加工后注意事项

序号	注意事项
1	当更换工件时，注意工件与刀具间保持一段适当距离，并停止机器运转
2	用手拿刚加工完的工件时，小心工件烫手或毛刺把手刺伤
3	工件加工完毕应做好清理工作，并关闭电源
4	清扫机床时，注意铁屑分类存放
5	离开机床前要检查冷却液是否漏出，关闭机床总电源

4. 日常保养

每天下班前要做好车床的清扫卫生，如清扫铁屑，擦净导轨部位的冷却液，防止导轨生锈。数控车床的日常保养见表 1-16。

表 1-16　数控车床的日常保养

序号	检查周期	检查部位	检查要求
1	每天	导轨润滑油箱	检查油标、油量，及时添加润滑油，检查润滑泵能否定时启动打油及停止
2	每天	压缩空气气源力	检查气动控制系统压力是否在正常范围
3	每天	气源自动分水滤气器	及时清理分水器中滤出的水分，保证自动工作正常

续表

序号	检查周期	检查部位	检查要求
4	每天	气液转换器和增压器	检查油面高度，确保油面不低于最低标记线；发现油面低于最低标记线时，及时补足同型号的润滑油
5	每天	主轴润滑恒温油箱	检查工作是否正常，油量是否充足，并调节温度范围
6	每天	机床液压系统	检查油箱、液压泵是否有异常噪声，压力指示是否正常，管路及各接头是否有泄漏，工作油面高度是否正常
7	每天	液压平衡系统	检查平衡压力指示是否正常，快速移动时平衡阀工作是否正常
8	每天	各种电气柜散热通风装置	检查各电气柜冷却风扇工作是否正常，风道过滤网是否有堵塞
9	每天	各种防护装置	检查导轨、机床防护罩等是否松动，是否有漏水
10	每半年	滚珠丝杠	清洗丝杠上旧的润滑脂，涂上新油脂
11	每半年	液压油路	清洗溢流阀、减压阀和滤油器，清洗油箱底，更换或过滤液压油
12	每半年	主轴润滑恒温油箱	清洗过滤器，更换润滑脂
13	每年	直流伺服电动机	检查换向器表面，吹净碳粉，去除毛刺，更换长度过短的电刷，并经跑合后才能使用
14	每年	液压泵、滤油器	清理润滑油池底，更换滤油器
15	不定期	检查各轴导轨上镶条、压板松紧状态	按机床说明书调整
16	不定期	冷却水箱	检查液面高度，冷却液太脏时需要更换冷却液并清理水箱底部；过滤器应经常清洗
17	不定期	排屑器	经常清理切屑，检查有无卡住等
18	不定期	清理废油池	及时清除滤油池中的废油，以免外溢
19	不定期	调整主轴驱动带松紧	按机床说明书调整

二、熟悉机床操作面板

操作者对机床操作面板的熟悉程度直接影响机床的操作。不同机床的操作方法存在较大差异，但各类数控机床的面板操作通常涵盖以下几个通用方面。因此，下面仅列举机床的基本操作，具体操作方法请参照附录及现场教学指导。

1. 开机

打开机床总电源，检查急停开关是否压下，在急停开关压下的条件下，再打开数控系统电源。

2. 回零

开机后回零是采用增量式编码器的数控机床必须完成的动作，其目的是确定机床原点，建立机床坐标系。回零前需确认行程挡块处于行程开关对应坐标轴的负方向处，这样进行回零操作时，刀具（各坐标轴）向正方向移动，压下行程开关即确定机床零点位置，否则可能引起正向超程。此类型数控机床若不进行回零操作，机床重启后，机床零点位置会产生漂移，工件坐标原点的位置也会相应产生变化。

当前采用绝对式编码器的数控机床仅在调试时需要回零，不需要在每次开机后进行回零操作。

3. 手动工作方式

在此工作方式下，可进行主轴的正反转及转速的修调、手动坐标进给及速度的修调、手动换刀、冷却液的开停等。

4. 增量工作方式

在此工作方式下，主轴的正反转及转速的修调、手动换刀、冷却液的开停与手动方式下相同，坐标进给通过手轮实现，包括选择移动坐标轴、步进给量，通过手轮旋向控制进给方向。

5. 自动工作方式

自动工作方式是在所有加工准备工作完成后，数控车床在程序控制下，无须人工干预即可完成整个加工过程的模式。启动后，机床按加工程序进行加工，中间可通过“进行保持”按键暂停加工。需要注意的是，“进行保持”按键一般选择在刀具处于非接触状态时按下。

6. 单段工作方式

单段工作方式是特殊的自动工作方式，与自动工作方式的功能基本相同，其主要特点是每执行完一段程序，自动“进行保持”，需按下“循环启动”按键才可执行下一段程序，如此反复，故一般在程序调试时采用。

三、使用编辑面板输入、编辑、校验程序

不同数控系统的程序输入方法是不同的，但一般都包括程序的建立、程序的输入、程序的修改、程序的调用和程序的删除等几个方面。

数控程序的校验方法一般是将程序输入机床后，通过机床的程序校验功能模拟出刀具的走刀路线，操作者根据机床所显示的走刀路线判断程序正确与否，具体的操作参见附录及现场教学。

练一练：试对数控车间内各数控车床的操作面板进行比较，看看各机床的操作有何不同。

四、车刀的安装

车削前必须把选好的车刀正确安装在刀架上，车刀安装的好坏，直接影响操作顺利与否与加工质量的高低。安装车刀时应注意下列几点。

1. 车刀刀尖应与工件轴线等高

如果车刀装得太高，则车刀的主后面会与工件产生剧烈的摩擦；如果装得太低，切削就会进行得不顺利，工件甚至会被抬起来，从卡盘上掉下来，或把车刀折断。为了使车刀对准工件轴线，可按床尾架顶尖的高低进行调整。每把车刀安装在刀架上时，不可能刚好对准工件轴线，一般会低，因此可用一些厚薄不同的垫片来调整车刀的高低。垫片必须平整，其宽度应与刀杆一样，长度应与刀杆被夹持部分一样，同时应尽可能用少数厚垫片来代替多数薄

垫片，将刀的高低位置调整合适。垫片用得过多会造成车刀在车削时接触刚度变差而影响加工质量。

2. 车刀伸出长度应合适

若车刀伸得太长，切削起来容易发生振动，使车出来的工件表面粗糙，甚至会把车刀折断。但也不宜伸出太短，太短会不方便车削，且刀架与卡盘容易发生碰撞。特别是现在大量采用机械夹固式车刀，刀尖磨损时只需更换刀片，刀杆一般不拆下来，若伸出太短会影响刀片更换。一般伸出长度不超过刀杆高度的 1.5 倍，以不影响刀片更换为宜。

3. 车刀切削刃角度应合适

对于机械夹固式车刀，确保刀杆与车床主轴轴线平行或垂直，一般就可以保证主副偏角符合要求。

4. 压紧刀具

车刀位置装正后，应交替拧紧刀架螺钉。

五、对刀

在加工程序执行前，调整每把刀的刀位点，使其尽量重合于某一理想基准点，这一过程称为对刀。对刀是数控加工中较为重要的操作，直接影响零件加工的尺寸精度。

1. 刀位点

刀位点是刀具上的特征点，用来表示刀具所处的位置，是对刀的基准点。

各类车刀的常用刀位点如图 1-41 所示。

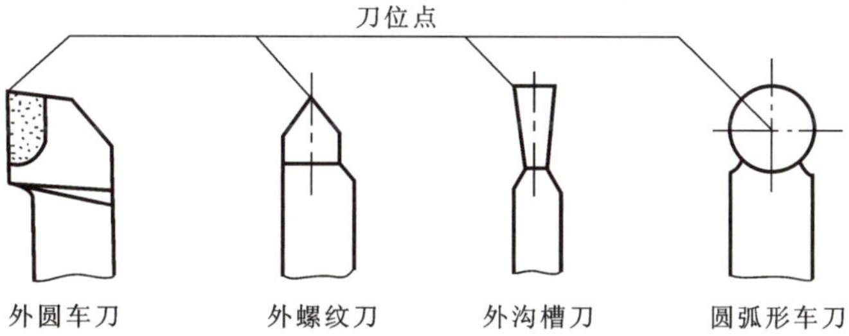

图 1-41　各类车刀的常用刀位点

2. 试切对刀法

试切对刀法不仅对刀精度高，而且成本低廉，所以在实际生产中使用非常广泛。下面以 90° 外圆车刀为例介绍试切对刀法的具体操作。

Ⅰ. *Z* 向对刀

启动主轴正转，移动 90° 外圆车刀至工件端面处，平端面（可采用 ×10 的增量进给方式或手轮方式），将车刀沿 *X* 轴退出（*Z* 轴不可移动），进入如图 1-42 所示的刀具偏置设置界面，将光标移动到刀号 1 处，按“试切长度”键，在输入栏输入“0”（假设工件坐标系原点在工件右端面中心），按“Enter”键，根据提示再按“Y”键确认，完成 *Z* 向对刀。

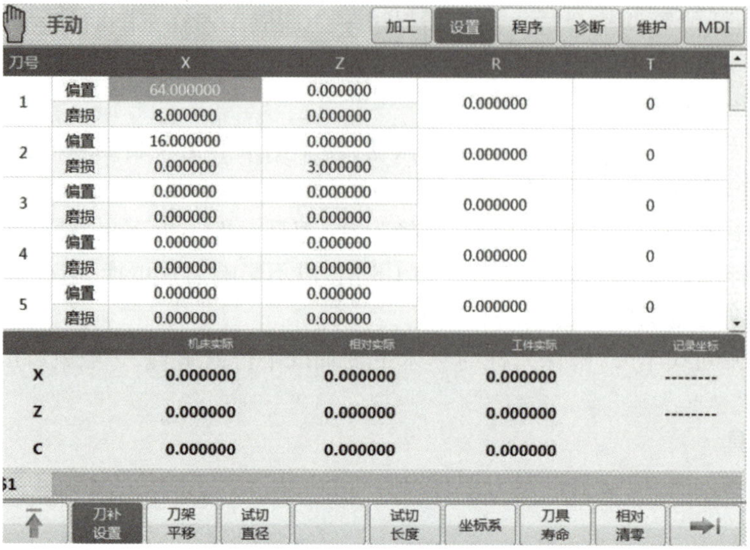

图 1-42　刀具偏置设置界面

Ⅱ. *X* 向对刀

车工件外圆(外圆车光即可),如图 1-43 所示进行 *X* 向试切对刀,沿 *Z* 轴退出(*X* 轴不可移动),将刀架移至不影响工件测量处,停主轴,测量所车外圆的直径(假设直径为 39.68),进入如图 1-42 所示的刀具偏置设置界面,将光标移动到刀号 1 处,按“试切直径”键,在输入栏输入“39.68”,按“Enter”键,根据提示再按“Y”键确认,完成 *X* 向对刀。

对刀完成后,当执行程序中的 T0101 指令时,数控系统就能调用 1 号刀偏表中的数据。

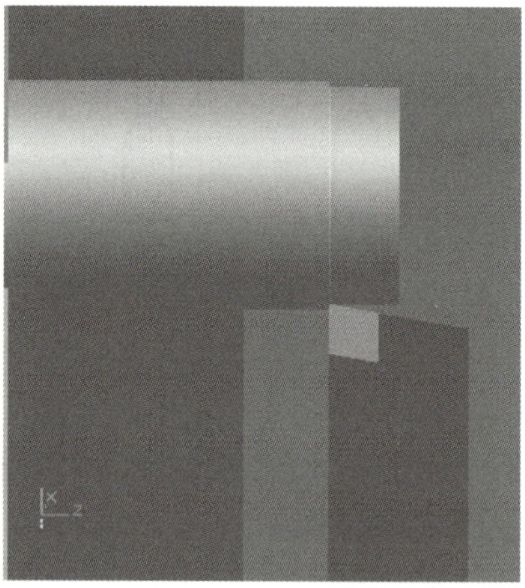

图 1-43　*X* 向试切对刀

90° 外圆车刀试切对刀

其操作的流程如表 1-17 所示,但具体操作方法在机床演示教学中进行讲解。

表 1-17　90° 外圆车刀对刀操作

项目	主要操作步骤	操作内容
Z 向对刀操作	(1)平端面	(1)车刀在端面处靠刀找基准 (2)Z 向进刀 0.3~0.5 mm (3)手摇进给切削到端面中心，手轮倍率 ×10 挡 (4)沿 X 向退刀离开工件
	(2)将 Z 值输入机床	输入到对应刀偏号中
X 向对刀操作	(1)车外圆	(1)车刀在外圆处靠刀找基准 (2)X 向进刀 0.8~1 mm (3)手摇进给车削外圆 5~8 mm，手轮倍率 ×10 挡 (4)沿 Z 向退刀至不影响测量工件处
	(2)测量外圆尺寸	测量要准确，可多次测量取平均值
	(3)将测量结果输入机床	输入到对应刀偏号中

想一想：能不能把 X、Z 的测量值输入到刀偏表的其他刀偏号中？如果可以的话，在使用时要注意什么问题呢？

六、换刀点位置的确定

换刀点是指在编制多刀加工数控程序时，刀架转动换刀时的位置。

在数控车床编程中确定换刀点位置时，需要综合考虑加工顺序、刀具安全、加工效率、刀具寿命、工件位置、夹具和辅助设备、程序结构、机床特性、安全距离、程序调试、刀具预调和加工策略等因素，以确保刀具在退出和更换过程中不会与工件或夹具发生碰撞，缩短机床空运行时间，提高加工效率，延长刀具寿命，并确保加工过程的安全性和加工质量。

换刀点应设定在工件或夹具的外部，其设定原则是：离工件尽可能近，以换刀时不碰撞工件及其他部件并且不妨碍装卸工件为准。

七、定长

在数控车床编程与加工中，定长是指确定工件在数控车床上加工后的长度尺寸。也就是说，通过一定的方法和装置，保证工件在轴向上达到预先设定的长度要求。

在程序中预先设定的一段固定长度，用于控制刀具沿工件轴线移动的距离，其通常用于确定刀具的起始位置、换刀点或加工路径的终点，以确保加工过程的精确性和重复性。

在实际加工中，当毛坯长度超过零件尺寸时，可将多余的长度切掉，这个过程就是定长（图 1-44），它包括两个阶段：一是对刀，即通过对刀确定多余的长度尺寸；二是编程，即通过端面切削程序将长度方向多余的材料去除，为简化编程，一般采用 G81 端面循环切削指令。

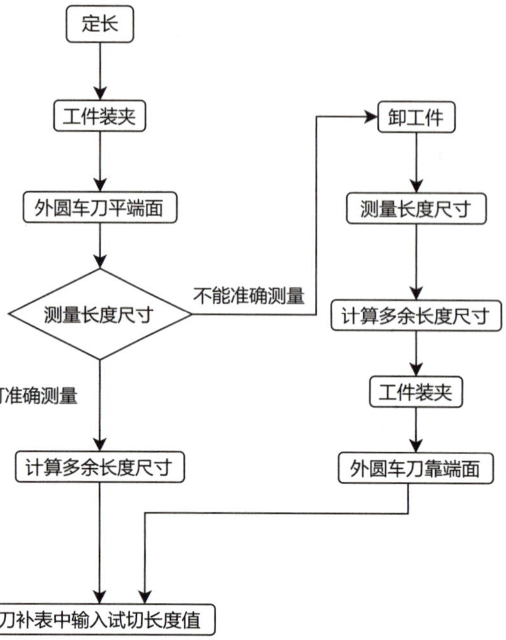

图 1-44　定长操作流程

例 12　坯料尺寸为 $\phi42\times102$，一端已加工完成，现在要调头加工，平完端面后工件总长为 101.6 mm，工件总长要求为 100 mm，编制定长程序对工件进行定长。

可编程如下：

```
%1016
N1    T0101             调用 1 号刀具、1 号刀补，此时工件原点在工件内部
N2    M03 S400 F60      主轴正转，转速为 400 r/min，进给速度为 60 mm/min
N3    G00 X45 Z2        快移到循环起点
N4    G81 X0 Z1.5       加工第一次循环，吃刀深 0.5 mm
N5    X0 Z1             加工第二次循环，吃刀深 0.5 mm
N6    X0 Z0.5           加工第三次循环，吃刀深 0.5 mm
N7    X0 Z0             加工第四次循环，吃刀深 0.5 mm
N8    G00 X100 Z100     退刀至换刀点
N9    M30               主程序结束并复位
```

做一做：试操作机床完成图 1-1 所示简单轴类零件的加工。

任务四　零件检测

从图纸要求来看，图 1-1 的尺寸主要涉及直径和长度，并且各尺寸的精度要求均不高，

所以采用带深度测量的游标卡尺就可以完成线性尺寸的测量了；至于倒角和倒圆角，因该项目未涉及刀尖圆弧半径补偿，所以只按完成与否进行评定；对于表面粗糙度的检测，可采用表面粗糙度样板进行对照检测。

一、游标卡尺

游标卡尺是一种比较精密的量具，在测量中用得最多，如图 1-45 所示，通常用来测量精度较高的工件，可以测量工件的外直线尺寸、宽度和高度，有的还可用来测量槽的深度。如果按游标的刻度值来分，游标卡尺又分为 0.1 mm、0.05 mm、0.02 mm 三种。

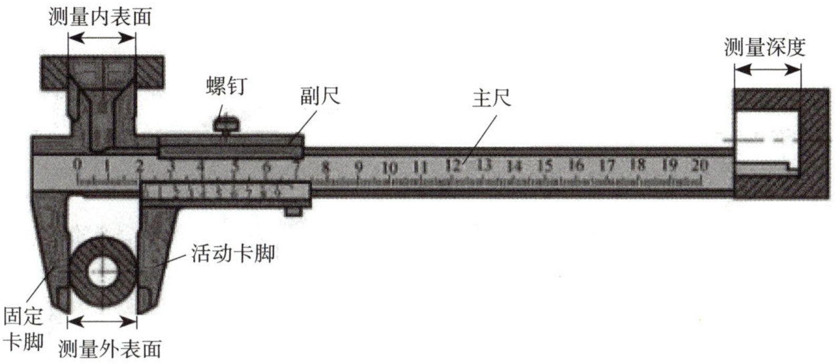

图 1-45　游标卡尺

1. 游标卡尺的读数方法

以 0.02 mm 游标卡尺为例，其读数可分三步进行。

（1）根据副尺 0 线以左的主尺上的最近刻度读出整毫米数。

（2）根据副尺 0 线以右与主尺上的刻度对准的刻线数乘上 0.02 读出小数。

（3）将上面整数和小数两部分加起来，即为总尺寸。

如图 1-46 所示为 0.02 mm 游标卡尺的读数方法，副尺 0 线所对主尺前面的刻度为 33 mm，副尺 0 线后的第 23 条线与主尺的一条刻线对齐。副尺 0 线后的第 23 条线表示 $0.02 \times 23=0.46$ mm。

所以被测工件的尺寸为 $33+0.46=33.46$ mm。

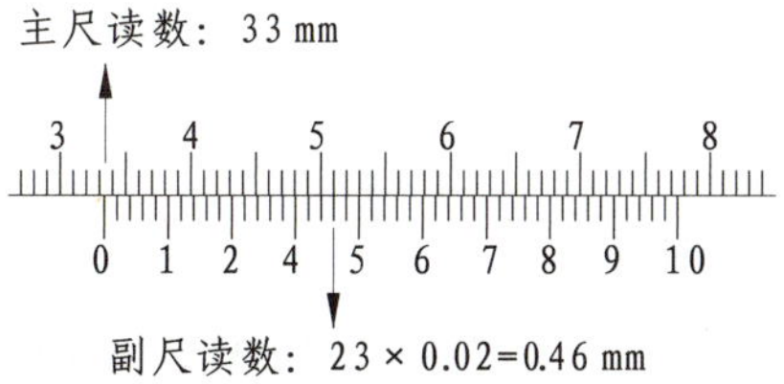

图 1-46　0.02 mm 游标卡尺的读数方法

2. 使用游标卡尺的注意事项

游标卡尺可用来测量工件的宽度、外径、内径和深度。使用时应注意以下事项。

（1）使用前，应先擦干净两卡脚测量面，合拢两卡脚，检查副尺 0 线与主尺 0 线是否对齐，若未对齐，应根据原始误差修正测量读数。

（2）测量工件时，卡脚测量面必须与工件的表面平行或垂直，不得歪斜，且用力不能过大，以免卡脚变形或磨损，影响测量精度。

（3）读数时，视线要垂直于尺面，否则测量值不准确。

（4）测量内径尺寸时，应轻轻摆动，以便找出最大值。

（5）游标卡尺用完后，仔细擦净，抹上防护油，平放在盒内，以防生锈或弯曲。

二、R 规

R 规，也叫半径样板、半径规，如图 1-47 所示。

图 1-47　R 规

1. 使用方法

测量工件的凹弧和凸弧，就用半径规的内 R 和外 R。这里的 R 代表圆弧。每一片样板上都标有表示半径大小的数字。

R 规是利用光隙法测量圆弧半径的工具。测量时必须使 R 规的测量面与工件的圆弧完全紧密接触，当测量面与工件的圆弧中间没有间隙时，工件的圆弧半径则为此时 R 规上标明的数字。由于是目测，故准确度不是很高。

2. 维护保养

半径样板使用后应擦净，要从铰链端向工作端方向擦拭，切勿逆向擦拭，以防止样板折断或者弯曲，半径样板要定期检定，如果样板上标明的半径数值不清，千万不要使用，以防错用。

三、表面粗糙度样板

零件表面粗糙度的评定方法有很多，但对于车间这样的工作环境来说，大多采用表面粗糙度样板（图 1-48）比较法检测，具体方法是用手指指甲轻划对照板及工件表面，根据纹路凭感觉考核工件表面粗糙度是否有对照板表面光滑，如果有，则证明工件的表面粗糙度合格。

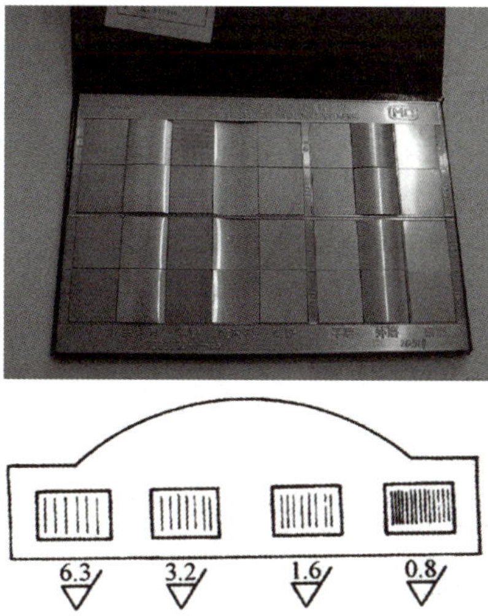

图 1-48　表面粗糙度样板

四、推进器零件检测评分表

推进器零件检测评分表见表 1-18。

表 1-18　推进器零件检测评分表

工件编号				工件得分				
序号	项目	配分	评分标准	自检		互检		备注
				检测结果	得分	检测结果	得分	
1	机床操作	5	操作正确，动作熟练					
2	工件装夹	5	酌情扣分					
3	刀具选择及安装	5	酌情扣分					
4	工量具使用及摆放	5	酌情扣分					
5	$\phi18\pm0.1$	10	每超差 0.01 扣 1 分					
6	$\phi15\pm0.1$	10	每超差 0.01 扣 1 分					
7	65 ± 0.12	8	每超差 0.02 扣 1 分					
8	10	10	每处 4 分，未完成不得分					
9	25	6	每处 3 分，未完成不得分					
10	$R1.5$	4	未完成不得分					
11	锥体	4	样板检测，未完成不得分					
12	锥体 1 ∶ 2	6	样板检测，未完成不得分					
13	$1.5\times60°$	3	未完成不得分					
14	$Ra3.2$（2 处）	6	每超差一处扣 2 分					
15	$Ra6.3$	3	每超差一处扣 1 分					

续表

序号	项目	配分	评分标准	自检		互检		备注
				检测结果	得分	检测结果	得分	
16	安全生产	5	正确安全操作机床					
17	文明生产	5	着装、工作环境、机床保养					
18	总分	100	—	—		—		

五、车削外圆时产生质量问题的原因及解决方法

车削外圆时产生质量问题的原因及解决方法见表 1-19。

表 1-19　车削外圆时产生质量问题的原因及解决方法

常见质量问题	产生原因	解决方法
尺寸精度达不到图纸要求	（1）操作者粗心大意，看错图纸 （2）量具本身有误差或测量方法不正确、读数不正确 （3）由于切削热的影响，工件尺寸发生变化 （4）对刀操作不正确 （5）切削速度选择不当，产生积屑瘤，增加了刀尖的长度，使工件尺寸发生变化 （6）刀具磨钝	（1）必须看清楚图纸尺寸要求 （2）量具使用前，必须仔细检查和调整零位，正确掌握测量方法 （3）不能在工件温度较高时测量，如要测量，应先掌握工件的收缩情况，或在车削时浇注冷却液，降低工件的温度 （4）掌握正确的对刀方法 （5）选择合适的切削速度，避免积屑瘤的产生 （6）加工前应仔细检查刀具，如有磨损应及时更换
表面粗糙度达不到要求	（1）切削用量选择不正确 （2）刀具刃磨不良或磨损 （3）刀尖安装高度不正确 （4）由于振动形成波纹、斑纹和条痕	（1）进给量偏大，精车余量一般应在 0.5~1 mm 之间 （2）适当增加前角和刀尖圆弧半径；用油石研磨各切削刃；合理使用切削液 （3）刀尖应安装在工件中心处略低于中心（若刀尖安装得过高，将使后角减小，后刀面与已加工表面摩擦增加；若刀尖安装得过低，则减小了前角，将使切削变形增大） （4）增加工件装夹刚性，工件伸出卡盘尽量短
刀具崩刃或刀头折断	（1）刀具材料选择不当或刃磨不良 （2）切削用量过大，超过了刀头的强度 （3）中途被迫停车或退刀前停车	（1）在粗加工时，采用 YT5 或 YG8，不宜采用 YT30 或 YG3；减小刀具前角，增加过渡切削刃，选取负的刃倾角 （2）改变刀具几何角度，增加刀头强度；减小切削深度或进给量 （3）停车前必须先按“进给保持”按键，然后退出刀具

做一做：试根据推进器零件检测评分表完成图 1-1 所示推进器零件的检测。

任务五　过程评价

项目一完成后，要对整个学习、工作的过程进行评价，评价分两个方面：一是对结果进行评价，包括工艺是否合理，程序是否正确，机床操作是否熟练，加工的零件是否合格；二是对

过程进行评价,包括整个过程是否按要求进行,有无可以改进的地方。评价的方式有个人自评、小组互评、教师评价等。表 1-20 是过程评价表,该表可根据实际情况自行设计。

表 1-20　项目一过程评价表

第　组	组长姓名		班级	
小组成员				
过程评价内容				
(1)小组讨论,自我评述完成情况及出现的问题,分析导致零件不合格的原因 (2)小组讨论提出改进方案 (3)教师对学生完成情况进行评价说明				
学生自我总结: 项目完成人签字: 日期:　年　月　日				
指导老师评语: 指导老师签字: 日期:　年　月　日				

做一做:试对本项目的完成情况进行评价,并进行交流。

课后复习题

1. 简述数控车床的基本结构及各部分功能。
2. 简述数控车床的工艺范围。
3. 什么是机床坐标系?什么是工件坐标系?二者之间有什么关系?
4. 简述对刀的作用及操作过程。
5. 如图 1-49 所示工件,毛坯尺寸为 $\phi30\times60$,试编制其加工工艺、加工程序,并在数控车床上完成该零件的加工。

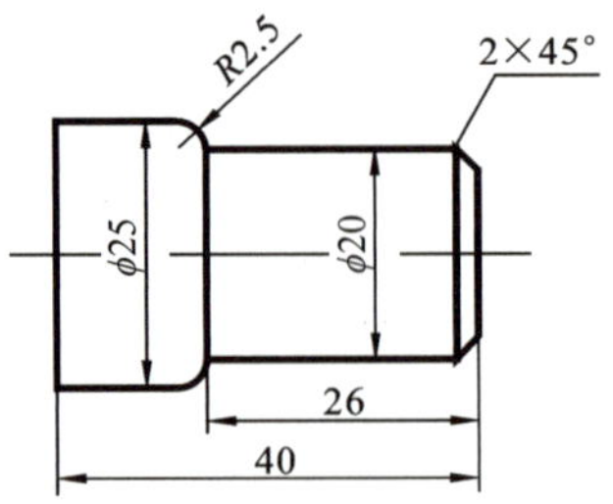

图 1-49

6. 如图 1-50 所示工件，毛坯尺寸为 $\phi20\times40$，试编制其加工工艺、加工程序，并在数控车床上完成该零件的加工。

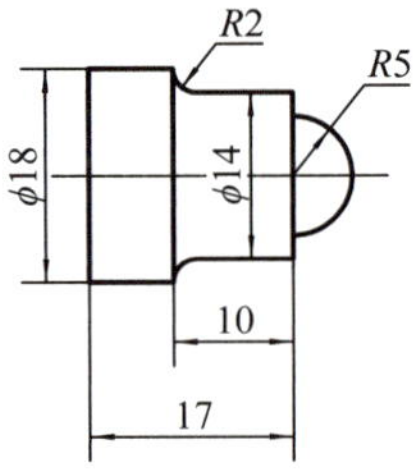

图 1-50

7. 如图 1-51 所示工件，毛坯尺寸为 $\phi40\times60$，试编制其加工工艺、加工程序，并在数控车床上完成该零件的加工。

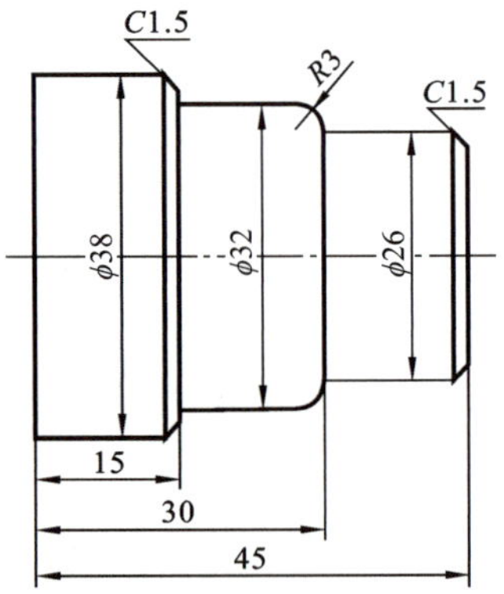

图 1-51

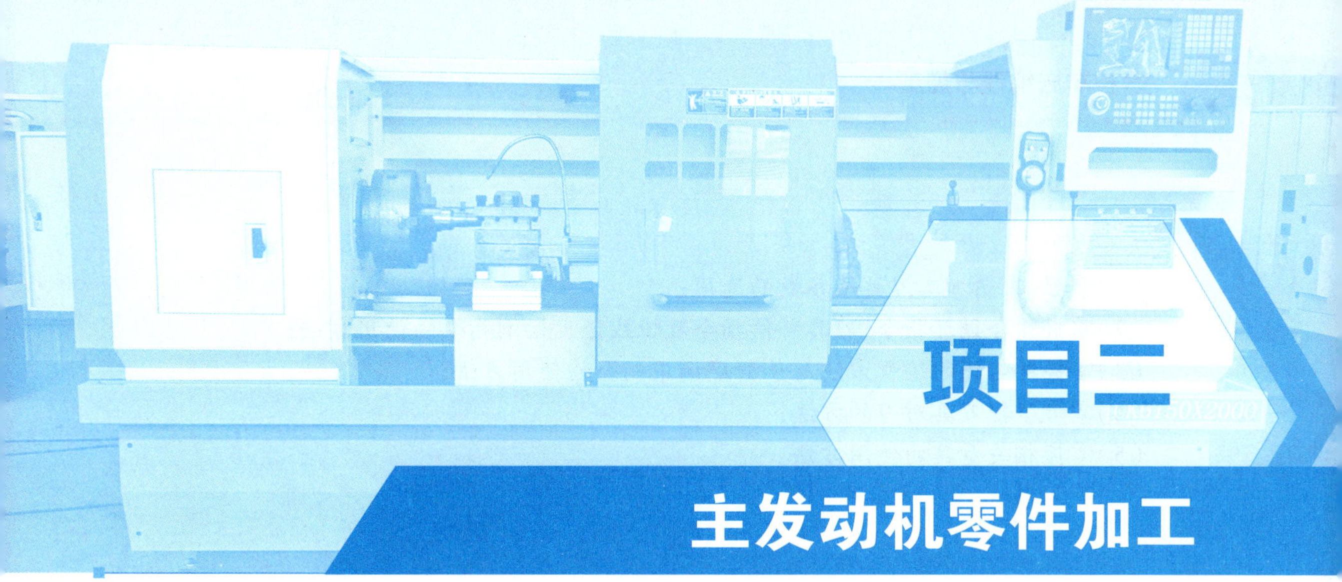

项目二 主发动机零件加工

学习目标

完成图 2-1 所示主发动机零件的编程与加工。

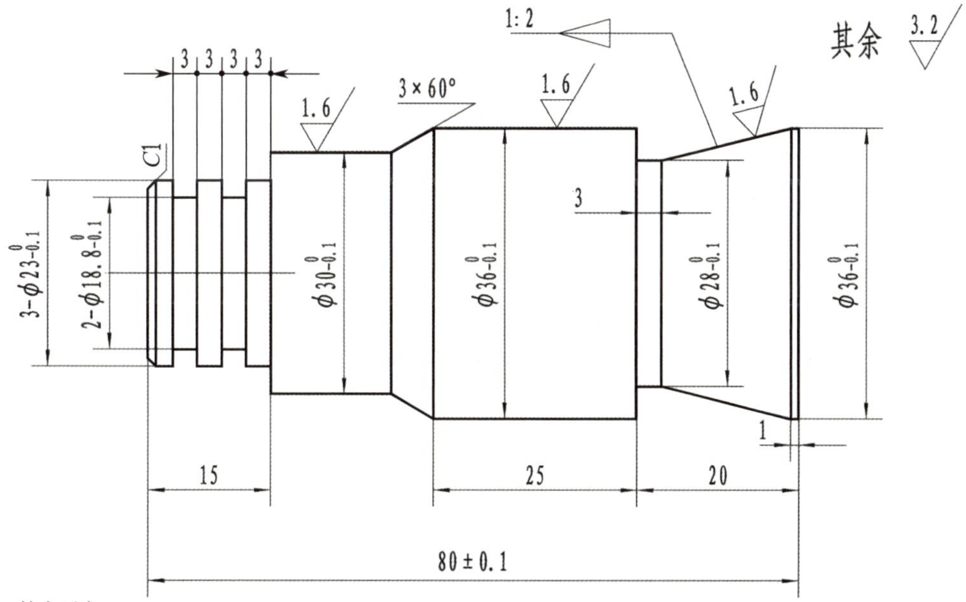

技术要求

1. 材料：45#钢；
2. 毛坯：ϕ40×82；
3. 锐角按C0.2倒钝。

图 2-1 主发动机零件

知识目标

（1）掌握粗、精加工刀具及参数的选用；
（2）掌握复合循环指令、刀具补偿指令及恒线速度切削指令的使用方法；
（3）掌握外沟槽的编程方法及子程序调用指令的使用方法；
（4）掌握2把刀具对刀的方法；
（5）掌握相关量具的使用方法。

能力目标

（1）能制定中等复杂轴类零件的加工工艺，填写工艺卡；
（2）能熟练使用复合循环指令及刀具补偿指令进行编程；
（3）能熟练操作数控车床加工出中等复杂轴类零件；
（4）能选用合适量具测量零件的加工精度。

素质目标

（1）培养学生的安全意识、纪律意识、责任意识、团队意识；
（2）引导学生养成自觉遵守操作规范的习惯，培育爱岗敬业的职业精神，树立良好的职业道德；
（3）培养学生的质量意识、成本意识、效率意识；
（4）培养学生科学、认真、严谨的工作态度。

工作任务

（1）填写引导文；
（2）在给定的毛坯上完成图2-1所示零件的加工；
（3）提交引导文、加工工艺文件、零件评分表和过程评价表。

课程思政

航天精神（一）
梁思礼：饮冰室走出的驯火者

人物事迹：梁思礼，广东新会人，梁启超之子，是中国著名的导弹和火箭控制系统专家，曾领导和参加多种导弹、运载火箭控制系统的研制，他参与了中国航天历史上的诸多“首次”。他在长征二号运载火箭的研制中首次采用新技术，为向太平洋成功发射远程导弹试验做出重要贡献。他对航天可靠性工程有精辟的论述，成为航天可靠性工程学的开创者和学科带头人之一、航天CAD的倡导者和奠基人。

精神解读：梁思礼的名字为更多人所知是因为他显赫的家庭。他的父亲是近代中国有名的大家梁启超，他的兄长是中国著名的建筑学家梁思成。然而对了解航天的人们来说，梁思礼的大名同样如雷贯耳。如果说，梁启超曾著《少年中国说》，激励无数中华儿女奋进，那么梁思礼则是用一生践行了中国少年的使命。传承自父亲的爱国心，让梁思礼在最艰难的岁月里仍一心为国，投身航天。从第一颗原子弹、第一枚导弹、第一颗人造地球卫星到第一艘神舟飞船，他回国后和第一代航天战士一起，白手起家、自力更生，创建起完整坚实的中国航天事业，使中国居世界航天强国之列。他曾说："能为此奉献一生，我感到无比的自豪和光荣。"

任务一　工艺编制

一、粗、精加工刀具选择

在车削加工中，粗加工和精加工对刀具的选择有不同的要求，这主要是由于两种加工方式的目的和加工条件不同。

1. 粗加工刀具选择原则

粗加工以切除多余材料为主，此时工件直径较大，强度高，机床刚度也大，可选用大刀尖半径值的车刀，选用负刃倾角刀具，以提高刀具的强度。具体应从以下几个方面考虑刀具选择。

(1)刀具材料：粗加工时通常选择硬度较高、耐磨性好的刀具材料，以承受较大的切削力和切削热。

(2)刀具几何参数：粗加工刀具的前角和后角通常较小，以增强刀具的强度和刚性。刀具的切削刃通常较宽，以快速去除材料。

(3)刀尖圆弧半径：粗加工时选择较大的刀尖圆弧半径，以减小刀具与工件的接触面积，降低切削力。

(4)断屑能力：粗加工刀具需要有良好的断屑能力，以确保连续稳定的切削过程。

2. 精加工刀具选择原则

精加工以满足精度要求为主，切深较小，特别是细长轴加工或机床刚度较小时，可选用无涂层刀片及小的刀尖半径值车刀，为了获得较好的加工表面质量，可选用正刃倾角刀具，使刀具更锋利。具体应从以下几个方面考虑刀具选择。

(1)刀具材料：精加工时，可以选择硬度更高、更耐磨的刀具材料，以获得更好的表面光洁度。

(2)刀具几何参数：精加工刀具的前角和后角较大，以减小切削力和减少热量，延长刀具寿命。精加工刀具的切削刃较窄，以实现精细的尺寸控制和表面光洁度。

(3)刀尖圆弧半径：精加工时选择较小的刀尖圆弧半径，以获得更精确的尺寸和更好的表面质量。

在选择刀具时，还需要考虑工件材料、加工条件（如切削速度、进给率和切削深度）、机床性能和加工策略等因素。正确选择刀具可以提高加工效率，保证加工质量，减少刀具磨损，延长刀具寿命。

二、切槽与切断

在切槽及切断加工中，很容易由于切削参数选择不当或刀具、工件装夹问题造成刀体折断，因此在加工中要十分小心。

1. 切槽加工的特点

1）切削变形大

切槽时，由于切槽刀的主切削刃和左、右副切削刃同时参加切削，切屑排出时，受到槽两侧的摩擦、挤压作用，随着切削的深入，切槽处直径逐渐减小，相对切削速度逐渐减小，挤压现象更为严重，以致切削变形大。

2）切削力大

由于切槽过程中切屑与刀具、工件产生摩擦，加之被切金属塑性变形大，所以在切削用量相同的条件下，切槽的切削力比一般车外圆的切削力大 2%~5%。

3）切削热比较集中

切槽时塑性变形大，摩擦剧烈，故产生切削热也多。另外，切槽刀在半封闭状态下工作，同时刀具切削部分的散热面积小，切削温度较高，使切削热集中在刀具切削刃上，因此会加剧刀具的磨损。

4）刀具刚性差

通常切槽刀主切削刃宽度较窄（一般在 2~6 mm 之间），刀头狭长，所以刀具刚性差，切槽过程中容易产生振动。

5）排屑困难

切槽时，切屑是在狭窄的切槽内排出的，受到槽壁摩擦阻力的影响，切屑排出比较困难；并且断碎的切屑还可能卡塞在槽内，引起振动和损坏刀具。所以，切槽时要使切屑按一定的方向卷曲，使其顺利排出。

2. 刀具的选择

切槽刀刃的几何参数：前角 $\gamma_0=5°\sim20°$；主后角 $\alpha_0=6°\sim8°$，两个副后角 $\alpha_1=1°\sim3°$，主偏角 $\kappa_r=90°$，两个副偏角 $\kappa_r'=1°\sim1.5°$。如图 2-2 所示为切槽刀的几何参数。

切槽刀刀头部分长度 l=槽深+（2~3）mm，刀宽 W 根据加工工件槽宽的要求来选择。

3. 切削用量的选择

（1）背吃刀量 a_p：横向切削时，切槽刀的背吃刀量等于刀的主切削刃宽度（$a_p=a$），所以只需确定切削速度和进给量。

（2）进给量 f：由于刀具刚性、强度比其他车刀低及散热条件较差，所以应适当地减小进给量。进给量太大，容易使刀折断；进给量太小，刀具与工件产生强烈摩擦，会引起振动。具体数值根据工件和刀具材料决定。一般用高速钢切刀车钢料时，f=0.05~0.1 mm/r；车铸铁时，f=0.1~0.2 mm/r。用硬质合金刀加工钢料时，f=0.1~0.2 mm/r；加工铸铁料时，

f=0.15~0.25 mm/r。

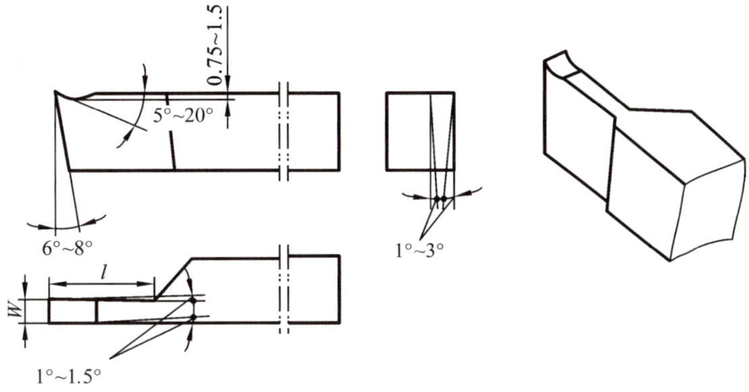

图 2-2　切槽刀的几何参数

（3）切削速度 v：切槽时的实际切削速度随刀具切入越来越低，因此切槽时的切削速度可选得高些。用高速钢切削钢料时，v=30~40 m/min；加工铸铁时，v=15~25 m/min。用硬质合金切削钢料时，v=80~120 m/min；加工铸铁时，v=60~100 m/min。

4. 槽的切削方式

1）切槽刀的刀位点

切槽刀有三个刀位点，即两个刀尖和切削刃中心处，在编程和加工时，要采用其中之一作为刀位点，一般选用刀位点 1。如图 2-3 所示为切槽刀刀位点。

想一想：选用刀位点 1 作为切槽刀的刀位点有什么方便之处呢？

2）槽宽等于刀宽的情况

切削这类槽时，应根据图纸中的槽宽选择切槽刀：可将切槽刀的刀宽刃磨得与槽宽一致，或者选择与槽宽一致的机械夹固式外沟槽车刀。编程时采用直进法一次进给，将沟槽切削完成，然后快速退刀，如图 2-4 所示为径、轴向退刀路线。需要注意的是，在进给到槽底时要用 G04 指令暂停一下，以提高槽底的质量。

这种方法的特点是编程简单，一般用在对槽的要求不高的场合。如果对槽的要求较高仍采用此方法的话，对切槽刀刃磨的难度就会提高很多。

3）槽宽大于刀宽的情况

简单进退刀加工出来的凹槽侧面比较粗糙，并且对切槽刀的刀宽要求较高。实际生产中大多不采用这样的凹槽加工方法。

对要求较高或槽宽较大的凹槽可采用一次或多次粗加工再精加工凹槽两侧和槽底的方法，即第一次进给车槽时，槽壁及底面留精加工余量，第二次进给时进行修整。如图 2-5 所示为切槽的走刀路线。

5. 切断

在车削加工中，棒料或工件切成两段的方法叫切断（又称截断）。

切断要用切断刀。切断刀的形状与切槽刀相似，但因刀头窄而长，很容易折断。常用的切断方法有直进法和左右借刀法两种，如图 2-6 所示。直进法常用于切断铸铁等脆性材料；左右借刀法常用于切断钢等塑性材料。

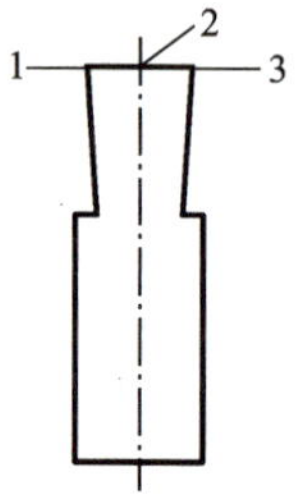

1、2、3—刀位点

图 2-3　切槽刀刀位点

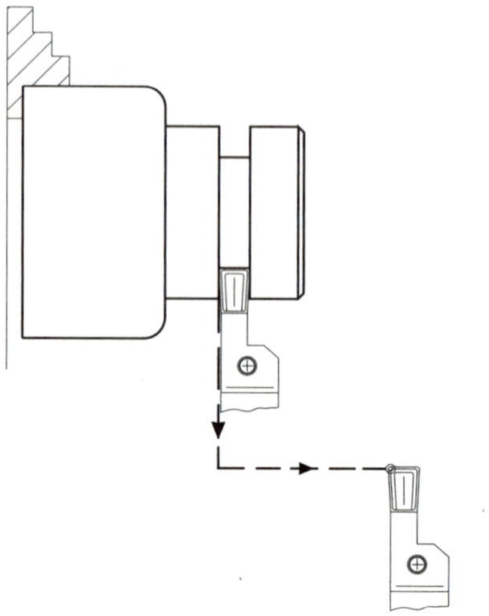

图 2-4　径、轴向退刀路线

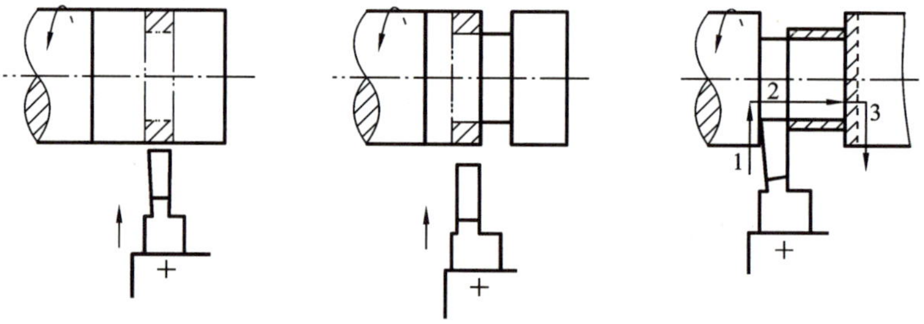

（a）第一次横向进给　（b）第二次横向进给　（c）最后一次横向进给

图 2-5　切槽的走刀路线

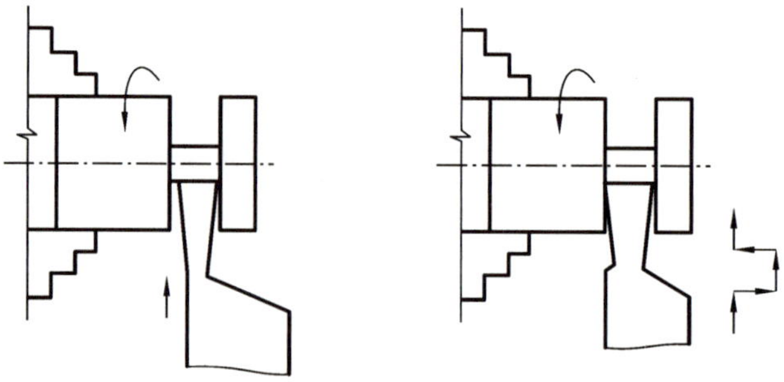

（a）直进法　（b）左右借刀法

图 2-6　切断方法

切断时应注意以下几点。

（1）切断一般在卡盘上进行，工件的切断处应距卡盘近些，避免在顶尖上安装工件进行切断。

（2）切断刀刀尖必须与工件中心等高，否则切断处将剩有凸台，且刀头也容易损坏，如图 2-7 所示。

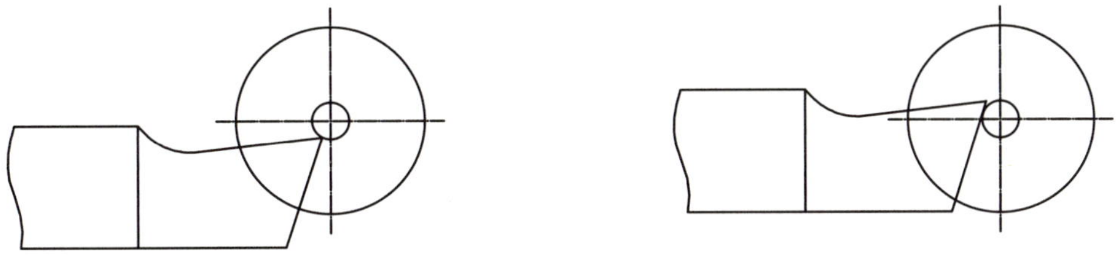

（a）切断刀安装得过低，不易切削　　（b）切断刀安装得过高，刀具后面顶住工件，刀头易压断

图 2-7　切断刀刀尖必须与工件中心等高

（3）切断刀伸出刀架不要过长，进给要缓慢均匀，将要切断时，必须放慢进给速度，以免刀头折断。

（4）切断钢件时需要加切削液进行冷却，切铸铁时一般不加切削液，但必要时可用煤油进行冷却。

（5）两顶尖工件切断时，不能直接切到中心，以防车刀折断，工件飞出。

三、零件图工艺分析

该零件表面由圆柱、圆锥、圆弧等组成，其中：多个直径尺寸有尺寸精度和表面粗糙度要求；尺寸标注完整，轮廓描述清楚；无热处理和硬度要求。

通过上述分析，可采取以下几项工艺措施：

（1）直径方向编程时可取上、下偏差尺寸的平均值；

（2）由于粗糙度要求较高，因此必须分为粗加工、精加工工序；

（3）此工件为回转体零件，毛坯是棒料，因此在车床上加工时可采用三爪卡盘，因为工件较短，所以不需要使用顶尖等其他辅助设备。

想一想：图 2-1 中的工件一端已加工，并用已加工这端进行装夹，为了不破坏已加工面，通常应该怎么做呢？

四、工艺路线规划

1. 加工顺序

该零件毛坯为一棒料，毛坯长度不允许采用一次装夹再切断的方式，需两头分开加工。对于此类零件，一方面要找到合适的接刀点，另一方面对加工顺序有较为严格的要求，如果安排不合理，可能会导致加工另一头时无处装夹的情况。

2. 刀具选用

该零件尺寸精度较项目一有明显提高，因此宜将粗、精车刀分开，具体选择为：粗车及平端面选用 90° 机械夹固式硬质合金外圆粗车车刀，刀尖角 60°，刀尖圆弧半径 0.8 mm；精车选用 90° 机械夹固式硬质合金外圆精车车刀，刀尖角 60°，刀尖圆弧半径 0.4 mm；切槽刀选用机械夹固式外沟槽刀，刀宽 3 mm，切深≥5 mm。

3. 切削用量选择

1）粗加工

粗加工时切削用量的选择应以提高生产效率为主，兼顾经济性和加工成本。在切削用量三要素中，切削速度对刀具耐用度影响最大，切削深度对刀具耐用度影响最小。因此，考虑切削用量时，应首先选择尽可能大的切削深度，其次选择较大的进给量，最后根据刀具耐用度和机床功率确定合理的切削速度。

2）半精加工和精加工

半精加工、精加工时切削用量的选择要保证加工质量，兼顾生产效率和刀具使用寿命。其中切削深度的选择要根据零件加工精度、表面粗糙度要求和粗加工后所留余量决定。由于半精加工、精加工时切削深度较小，产生的切削力也较小，所以可在保证表面粗糙度的前提下适当加大进给量。

五、数控加工工艺编制

例 1 如图 2-8 所示，螺纹台阶轴零件毛坯选用 $\phi40\times97$ 的 45#钢棒料，试进行该零件的工艺编制。

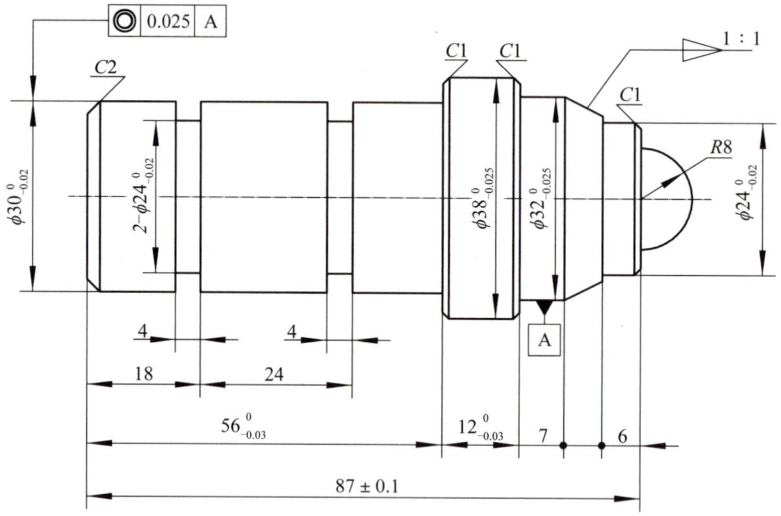

图 2-8 支撑柱

1. 刀具的选择

根据毛坯、零件形状及尺寸公差分析，该零件可分为两个工序加工：第一道工序先加工如图 2-8 所示的工件左端，接刀点可设置在 $\phi38$ 外圆左端 $C1$ 倒角结束处；第二道工序因同轴度要求较高，宜采用弹簧平套进行装夹，夹持 $\phi24$ 外圆。两道工序的粗精加工均采用 90° 外圆车刀。

2. 数控加工刀具使用卡

数控加工刀具使用卡见表 2-1。

表 2-1　数控加工刀具使用卡

班级		组号		零件名称	支撑柱	零件型号	
数控加工刀具卡片				编制		校核	
序号	刀具号	刀具型号、规格、名称			用途	备注	
1	T01	90° 外圆车刀			车端面，粗车各圆柱面、圆弧和倒角等	刀尖半径 0.8 mm	
2	T02	90° 外圆车刀			精车各圆柱面、圆弧和倒角等	刀尖半径 0.4 mm	

3. 数控加工工艺规程卡

数控加工工艺规程卡见表 2-2。

表 2-2　数控加工工艺规程卡

零件名称	零件材料	毛坯种类	毛坯硬度	班级	编制	
支撑柱	45#钢	圆棒料	HRC 20~30			
工序号	工序名称	工序内容	车间	设备名称	夹具	备注
10	车削工件左端各部分	平端面；粗、精车加工零件左端部分至接刀点，包括外圆、倒角	数控车间	CK6136	三爪卡盘	
20	车削工件右端各部分	工件调头；粗、精车加工零件右端外形轮廓，圆弧及倒角等	数控车间	CK6136	弹簧夹套	

4. 数控加工工序卡

数控加工工序卡见表 2-3 和表 2-4。

表 2-3　数控加工工序卡（1）

班级		编制			零件号		
数控加工工序卡片		零件名称		支撑柱	程序号		
		材料		45#钢	使用设备		
工序号	10	夹具编号		T001	车间	数控加工车间	
工步号	工步内容	刀具名称		切削用量			备注
		编号	规格	转速/（r/min）	进给速度/（mm/min）	背吃刀量/mm	
1	粗车左端倒角及外圆轮廓	T01	20 × 20	700	140	1.5	自动
2	精车左端倒角及外圆轮廓	T02	20 × 20	1 000	150	0.5	自动

表 2-4　数控加工工序卡(2)

班级		编制			零件号		
数控加工工序卡片		零件名称		支撑柱	程序号		
		材料		45#钢	使用设备		
工序号	20	夹具编号		T002	车间	数控加工车间	
工步号	工步内容	刀具名称		切削用量			备注
		编号	规格	转速/(r/min)	进给速度/(mm/min)	背吃刀量/mm	
1	调头装夹,车端面并定长	T01	20×20	500	75	0.6	手动
2	粗车右端倒角及外圆轮廓	T01	20×20	700	140	1.5	自动
3	精车右端倒角及外圆轮廓	T02	20×20	1 000	150	0.5	自动

做一做:试根据以上提示编写图 2-1 所示主发动机零件的工艺文件。

任务二　程序编制

一、轮廓粗、精车复合循环指令(G71/G72/G73)

轮廓粗、精车复合循环指令包括:

G71——内(外)径粗车复合循环指令;

G72——端面车削复合循环指令;

G73——闭环车削复合循环指令。

运用这组复合循环指令,只需指定精加工路线和粗加工的吃刀量,系统会自动计算粗加工路线和走刀次数。

1. 内(外)径粗车复合循环指令 G71

粗车复合循环 G71(无凹槽)

1)无凹槽加工时

格式:G71 U(Δd) R(r) P(ns) Q(nf) X(Δx) Z(Δz) F(f) S(s) T(t);

该指令执行如图 2-9 所示的粗加工和精加工,其中精加工路径为 $A \to A' \to B' \to B$ 的轨迹。

说明:Δd——切削深度(每次切削量),指定时不加符号,方向由矢量 ***AA'*** 决定;

r——每次退刀量;

ns——精加工路径第一程序段(即图中的 ***AA'***)的顺序号;

nf——精加工路径最后程序段(即图中的 ***B'B***)的顺序号;

Δx——X 方向精加工余量；

Δz——Z 方向精加工余量；

f、s、t——粗加工时 G71 中编程的 F、S、T 有效，而精加工时处于 ns 到 nf 程序段之间的 F、S、T 有效。

G71 复合循环下，切削进给方向平行于 Z 轴，X(Δx)和 Z(Δy)的符号如图 2-10 所示，其中(＋)表示沿轴正方向移动，(－)表示沿轴负方向移动。

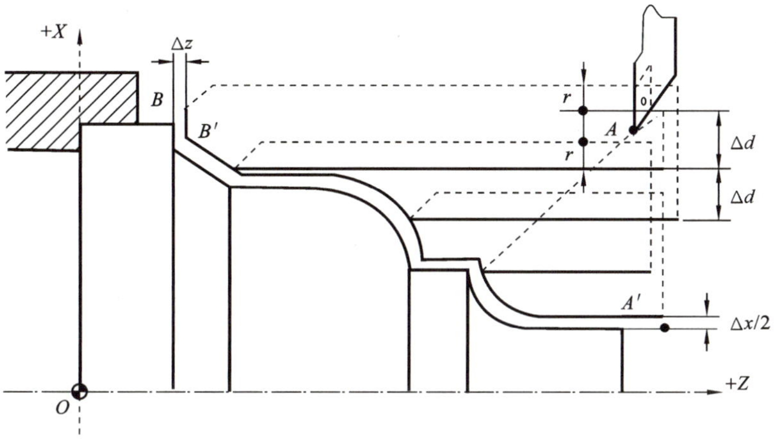

图 2-9　内、外径粗切复合循环

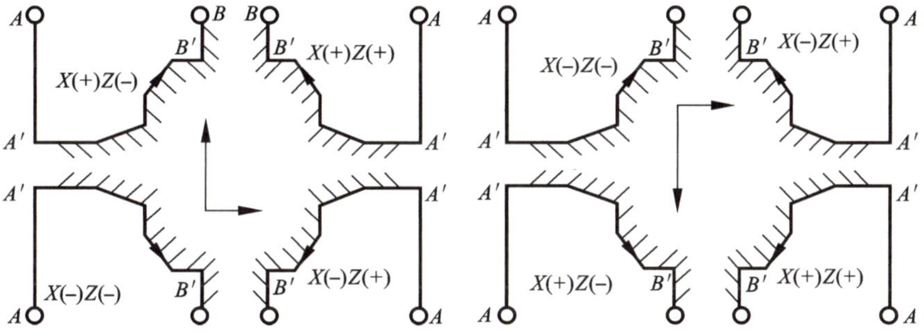

图 2-10　G71 复合循环下 X(Δx)和 Z(Δy)的符号

2)有凹槽加工时

格式:G71 U(Δd) R(r) P(ns) Q(nf) E(e) F(f) S(s) T(t);

该指令执行如图 2-11 所示的粗加工和精加工，其中精加工路径为 $A \to A' \to B' \to B$ 的轨迹。

粗车复合循环 G71(有凹槽)

说明：Δd——切削深度(每次切削量)，指定时不加符号，方向由矢量 ***AA′*** 决定；

r——每次退刀量；

ns——精加工路径第一程序段(即图中的 ***AA′***)的顺序号；

nf——精加工路径最后程序段(即图中的 ***B′B***)的顺序号；

e——精加工余量，其为 X 方向的等高距离，外径切削时为正，内径切削时为负；

f、*s*、*t*——粗加工时 G71 中编程的 F、S、T 有效，而精加工时处于 *ns* 到 *nf* 程序段之间的 F、S、T 有效。

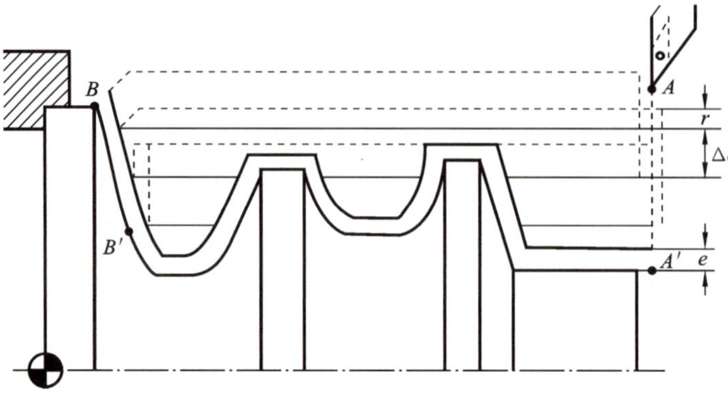

图 2-11　内(外)径粗车复合循环

使用 G71 指令时需注意以下事项：

(1)G71 指令必须带有 P、Q 地址 *ns*、*nf*，且与精加工路径起止顺序号对应，否则不能进行该循环加工；

(2)*ns* 的程序段必须为 G00/G01 指令，即从 *A* 到 *A*′ 的动作必须是直线或点定位运动，且该程序段中不应编有 *Z* 向移动指令；

(3)从 *ns* 到 *nf* 的程序段中，不应包含子程序；

(4)注意循环起点 *A* 的选择，应在工件外部，且离工件比较近，保证第一刀能切到工件。

例 2　用外径粗车复合循环指令编制图 2-12 所示零件的加工程序，要求循环起始点在 *A*(46，3)，切削深度为 1.5 mm(半径量)，退刀量为 1 mm，*X* 方向精加工余量为 0.4 mm，*Z* 方向精加工余量为 0.1 mm，其中点画线部分为工件毛坯。

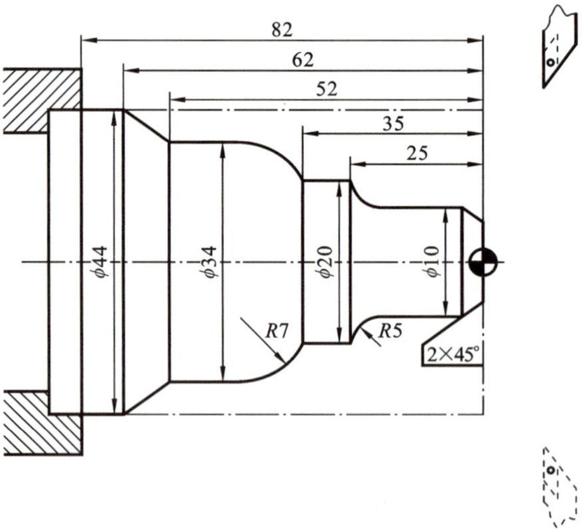

图 2-12　G71 外径粗车复合循环编程实例

%2001		
N1	T0101	调用 1 号刀具、1 号刀补和 90° 粗车刀
N2	M03 S600	主轴以 600 r/min 转速正转
N3	G01 X46 Z3	刀具到循环起点位置
N4	G71 U1.5 R1 P6 Q14 X0.8 Z0.05 F120	粗切量：1.5 mm；精切量：*X* 向 0.4 mm，*Z* 向 0.05 mm
N5	M03 S800	精加工主轴转速提高
N6	G00 X0	精加工轮廓起始行，到倒角延长线
N7	G01 X10 Z-2 F120	精加工 2×45° 倒角
N8	Z-20	精加工 ϕ10 外圆
N9	G02 U10 W-5 R5	精加工 *R*5 圆弧
N10	G01 W-10	精加工 ϕ20 外圆
N11	G03 U14 W-7 R7	精加工 *R*7 圆弧
N12	G01 Z-52	精加工 ϕ34 外圆
N13	U10 W-10	精加工外圆锥
N14	W-20	精加工 ϕ44 外圆，精加工轮廓结束行
N15	X46	退出已加工面
N16	G00 X80 Z80	回对刀点
N17	M05	主轴停
N18	M30	主程序结束并复位

练一练：试更改例 2 中的循环起点及 G71 程序段中参数的数值，并校验程序，看看有什么变化。

2. 端面车削复合循环指令 G72

端面粗车复合循环 G72

格式：G72 W（Δ*d*）R（*r*）P（*ns*）Q（*nf*）X（Δ*x*）Z（Δ*z*）F（*f*）S（*s*）T（*t*）；

该循环指令与 G71 的区别仅在于切削方向平行于 *X* 轴。该指令执行如图 2-13 所示的粗加工和精加工，其中精加工路径为 *A* → *A′* → *B′* → *B* 的轨迹。

说明：Δ*d*——切削深度（每次切削量），指定时不加符号，方向由矢量 ***AA′*** 决定；

r——每次退刀量；

ns——精加工路径第一程序段（即图中的 ***AA′***）的顺序号；

nf——精加工路径最后程序段（即图中的 ***B′B***）的顺序号；

Δ*x*——*X* 方向精加工余量；

Δ*z*——*Z* 方向精加工余量；

f、*s*、*t*——粗加工时 G71 中编程的 F、S、T 有效，而精加工时处于 *ns* 到 *nf* 程序段之间的 F、S、T 有效。

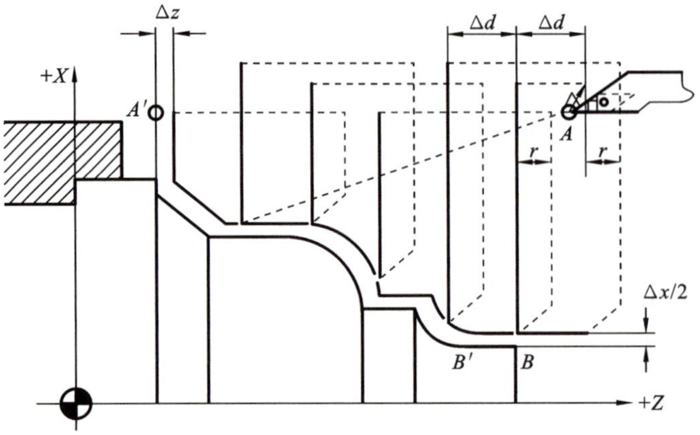

图 2-13　端面粗车复合循环

G72 端面粗车复合循环下，切削进给方向平行于 X 轴，X(Δx)和 Z(Δz)的符号如图 2-14 所示，其中(+)表示沿轴的正方向移动，(−)表示沿轴负方向移动。

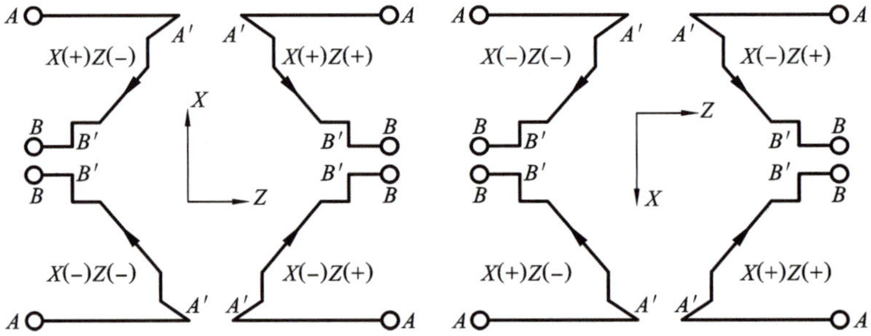

图 2-14　G72 复合循环下 X(Δx)和 Z(Δz)的符号

使用 G72 指令时需注意以下事项。

(1)G72 指令必须带有 P、Q 地址，否则不能进行该循环加工；

(2)ns 程序段必须为 G00/G01 指令，进行由 A 到 A' 的动作，且该程序段中不应编有 X 向移动指令；

(3)从 ns 到 nf 的程序段中，不应包含子程序；

(4)注意循环起点的位置。

例 3　编制图 2-15 所示零件的加工程序，要求循环起始点在 A(80，1)，切削深度为 1.2 mm，退刀量为 1 mm，X 方向精加工余量为 0.2 mm，Z 方向精加工余量为 0.5 mm。

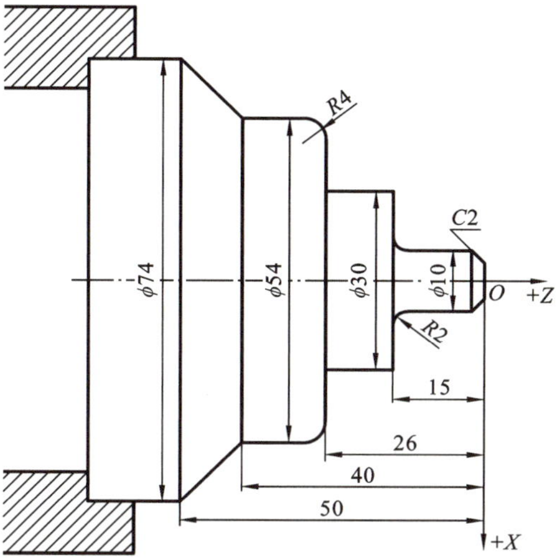

图 2-15　G72 端面粗切复合循环编程实例

%2002		
N1	T0101	调用 1 号刀具、1 号刀补和粗车刀
N2	M03 S600	主轴以 600 r/min 转速正转
N3	G00 X80 Z1	到循环起点位置
N4	G72 W1.2 R1 P9 Q18 X0.2 Z0.5 F100	外端面粗切循环加工
N5	G00 X100 Z80	粗加工后，到换刀点位置
N6	T0202	调用 2 号刀具和 2 号刀补，精车
N7	M03 S800	设计精加工主轴转速
N8	G42 X80 Z1	加入刀尖圆弧半径补偿，到循环起点
N9	G00 Z-56	精加工轮廓开始，到锥面延长线处
N10	G01 X54 Z-40 F80	精加工锥面
N11	Z-30	精加工 ϕ54 外圆
N12	G02 U-8 W4 R4	精加工 $R4$ 圆弧
N13	G01 X30	精加工 $Z26$ 处端面
N14	Z-15	精加工 ϕ30 外圆
N15	U-16	精加工 $Z15$ 处端面
N16	G03 U-4 W2 R2	精加工 $R2$ 圆弧
N17	Z-2	精加工 ϕ10 外圆
N18	U-6 W3	精加工 $C2$ 倒角，精加工轮廓结束
N19	G00 X50	退出已加工表面
N20	G40 X100 Z80	取消半径补偿，返回程序起点位置
N21	M30	主轴停，主程序结束并复位

想一想：仔细阅读程序，体会 N5、N6、N7、N8 四个程序段的作用。

3. 闭环车削复合循环指令 G73

闭环车削复合循环 G73

格　式：G73 U(ΔI) W(ΔK) R(r) P(ns) Q(nf) X(Δx) Z(Δz) F(f) S(s) T(t);

该功能在切削工件时形成的刀具轨迹为图 2-16 所示的封闭回路，刀具逐渐进给，使封闭切削回路逐渐向零件最终形状靠近，最终切削成工件的形状，其精加工路径为 $A \to A' \to B' \to B$。这种指令能对铸件、锻件等已初步成形的工件进行高效率切削。

说明：ΔI——X 轴方向的粗加工总余量；

ΔK——Z 轴方向的粗加工总余量；

r——粗切削次数；

ns——精加工路径第一程序段（即图中的 $\boldsymbol{AA'}$ ）的顺序号；

nf——精加工路径最后程序段（即图中的 $\boldsymbol{B'B}$ ）的顺序号；

Δx——X 方向精加工余量；

Δz——Z 方向精加工余量；

f、s、t——粗加工时 G71 中编程的 F、S、T 有效，而精加工时处于 ns 到 nf 程序段之间的 F、S、T 有效。

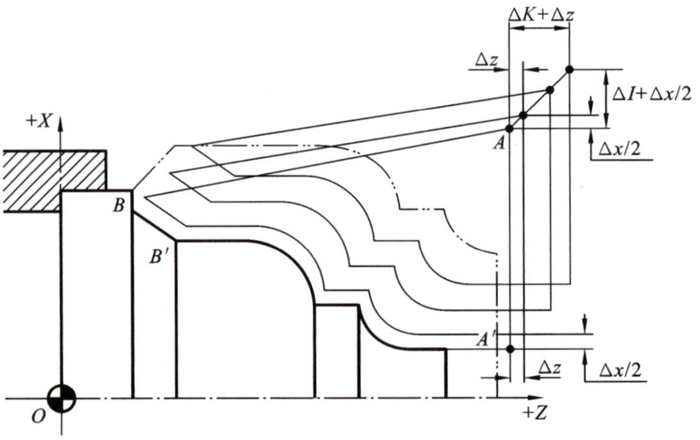

图 2-16　闭环车削复合循环

注：ΔI 和 ΔK 表示粗加工时总的切削量，粗加工次数为 r，则每次 X、Z 方向的切削量为 $\Delta I/r$、$\Delta K/r$；按 G73 段中的 P 和 Q 指令值实现循环加工，要注意 Δx 和 Δz、ΔI 和 ΔK 的正负号。

例 4　编制图 2-17 所示零件的加工程序，设切削起始点在 A(60,5)；X、Z 方向粗加工余量分别为 3 mm、0.9 mm；粗加工次数为 3；X、Z 方向精加工余量分别为 0.6 mm、0.1 mm。

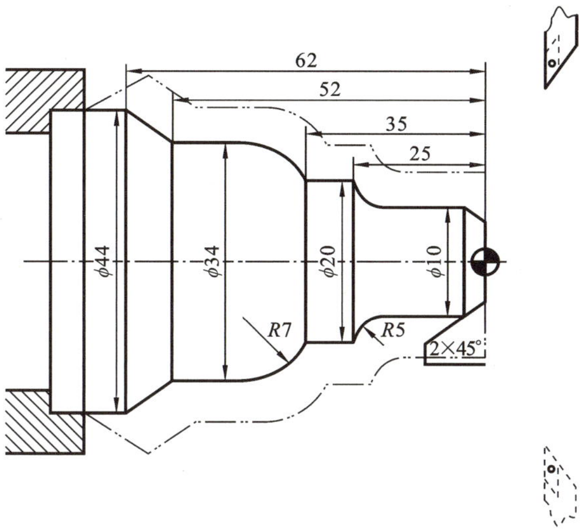

图 2-17　G73 编程实例

%2003		
N1	T0101	调用 1 号刀具、1 号刀补
N2	M03 S600	主轴以 600 r/min 转速正转
N3	G00 X60 Z1	到循环起点位置
N4	G73 U3 W0.9 R3 P5 Q13 X0.6 Z0.1 F120	闭环粗切循环加工
N5	G00 X4	精加工开始，到倒角延长线
N6	G01 U10 Z-2 F80	精加工 2×45° 倒角
N7	Z-20	精加工 ϕ10 外圆
N8	G02 U10 W-5 R5	精加工 R5 圆弧
N9	G01 Z-35	精加工 ϕ20 外圆
N10	G03 U14 W-7 R7	精加工 R7 圆弧
N11	G01 Z-52	精加工 ϕ34 外圆
N12	U10 W-10	精加工锥面
N13	U10	退出已加工表面，精加工
N14	G00 X80 Z80	返回程序起点位置
N15	M30	主轴停，主程序结束并复位

想一想：本例中粗加工时进给速度是多少？精加工时进给速度是多少？
练一练：本例中若粗加工用 1 号刀，精加工用 2 号刀，程序应怎么编写？

二、刀具半径补偿指令（G41/G42/G40）

在车床上，刀具半径补偿又称刀尖圆弧半径补偿，简称“刀尖半径补偿”。

为了提高刀尖强度，通常将车刀刀尖磨成圆弧过渡刃，如图 2-18 所示，则车刀刀尖（刀位点）就不存在，于是称之为理想刀尖或假想刀尖，实际切削时就是以 *A* 点到 *B* 点的圆弧段内的某一点为切削点，这样编程点（刀尖）就与实际切削点不一致，加工过程中就会产生误差。

刀具半径补偿

在加工内、外圆柱面时，实际切削点就是 *A* 点，在加工端面时，实际切削点就是 *B* 点，则实际切削点与刀尖相比，只是滞后一个刀尖圆弧半径，由于刀尖圆弧半径很小，实际切削点很容易走过切削终点位置，因此刀尖圆弧半径不影响加工尺寸、形状；而加工锥面或圆弧面时，由于切削点不再是 *A* 点或 *B* 点，而变成了 $\overset{\frown}{AB}$ 圆弧段内的某一点，这样就会造成过切或欠切，产生误差，如图 2-18 所示。用刀尖圆弧半径补偿功能 G41、G42，使切入时刀具实际切削点走到理想刀尖位置，就能消除这种误差。

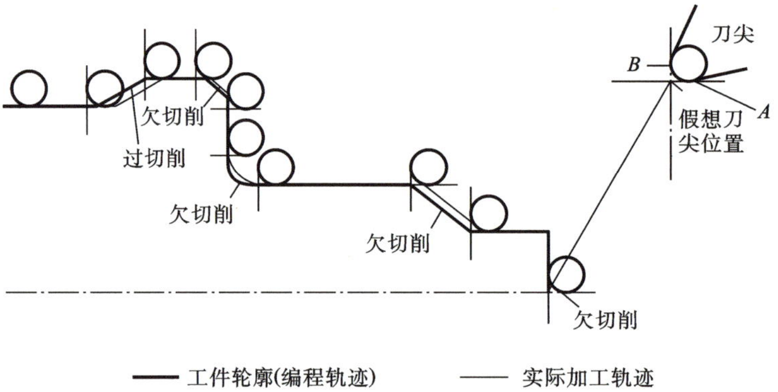

图 2-18　刀尖圆弧与过切削和欠切削现象

刀具半径补偿分为建立、执行和取消三个过程。

1. 刀具半径补偿的建立

指令格式：G41 G00 / G01 X_Z_；

G42 G00 / G01 X_Z_；

G41 为左偏刀具半径补偿，简称“左刀补”；G42 为右偏刀具半径补偿，简称“右刀补”。左、右刀补的偏置方向是这样规定的：逆着插补平面的法线方向看插补平面（由+*Y* 向-*Y* 方向看），沿着刀具前进方向，刀具在工件的左侧为左刀补 G41，刀具在工件的右侧为右刀补 G42。如图 2-19 所示刀具半径补偿偏置方向，前置刀架时要引起高度重视。

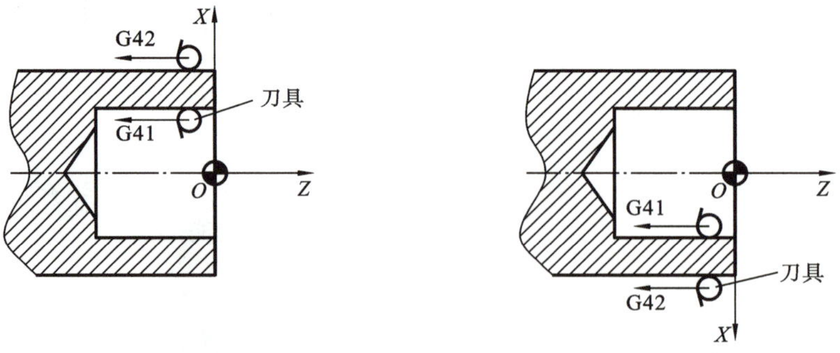

（a）后置刀架，+*Y* 向外　　（b）前置刀架，+*Y* 向内

图 2-19　刀具半径补偿偏置方向

数控系统执行完建立刀具半径补偿程序段后，在紧接着的下一程序段起点处的编程轨迹的法线方向上，刀尖圆弧中心偏离编程轨迹一个刀具半径补偿值的距离，使实际切削点到达刀尖（编程点）的位置，如图 2-20 所示为刀具半径补偿的建立过程，图中 P_0 为刀尖半径补偿建立起点，P_1 为刀尖半径补偿建立终点，R 为刀尖圆弧半径。

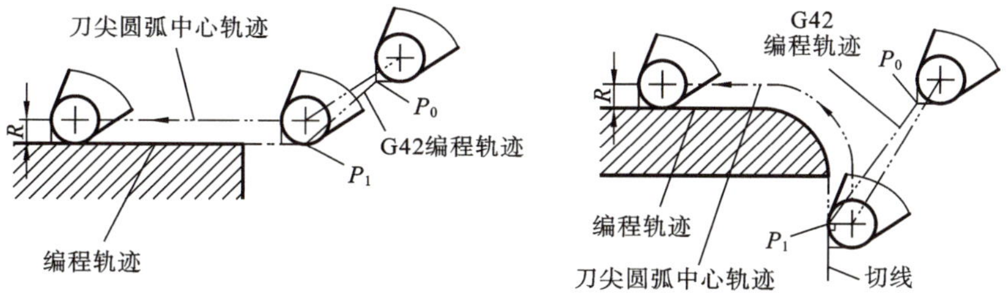

（a）直线到直线　（b）圆弧到直线

图 2-20　刀具半径补偿的建立过程

2. 刀具半径补偿的执行

刀具半径补偿建立之后，便一直有效，实际切削点按编程轨迹运动，加工出工件轮廓，直至刀具半径补偿取消，整个过程称为刀补执行。

3. 刀具半径补偿的取消

指令格式：G40 G00 / G01 X_Z_；

开始执行取消刀具半径补偿程序段时，刀具中心在紧接着的上一程序段终点处的编程轨迹的法线方向上偏离一个刀具半径补偿值的距离，执行完取消刀具半径补偿程序段后，理想刀尖点与编程轨迹重合，如图 2-21 所示为刀具半径补偿的取消，图中 P_2 为刀尖半径补偿取消起点，P_3 为刀尖半径补偿取消终点，R 为刀尖圆弧半径。

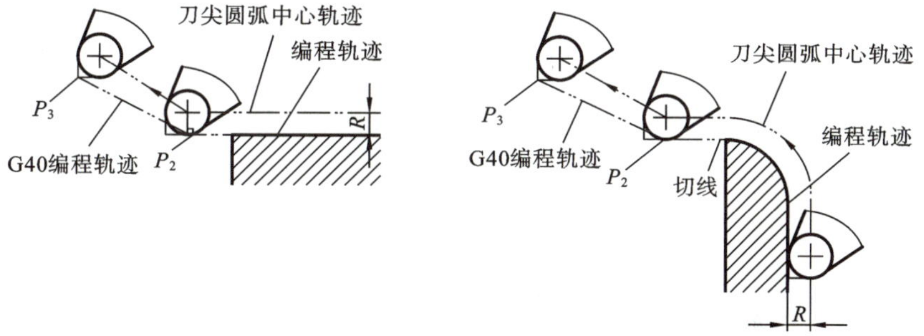

（a）直线到直线　（b）圆弧到直线

图 2-21　刀具半径补偿的取消

使用 G41、G42、G40 指令时应注意以下几点：

（1）在刀补建立和取消的程序段中只能使用 G00 或 G01 指令；

（2）只能在切入程序段中建立刀补，只能在切出程序段中取消刀补；

（3）建立或取消刀尖半径补偿的移动距离应大于刀尖半径补偿值；

（4）刀尖半径要小于工件轮廓内圆弧半径，还要小于刀尖半径补偿值；

（5）刀尖半径补偿建立之后，最好不要在连续两个或两个以上的程序段内都不写插补平面内的坐标字，否则可能发生程序错误报警或误切；

（6）在刀补执行过程中，G41 和 G42 最好不要相互变换。

例 5 考虑刀尖半径补偿，编制图 2-22 所示零件的加工程序。

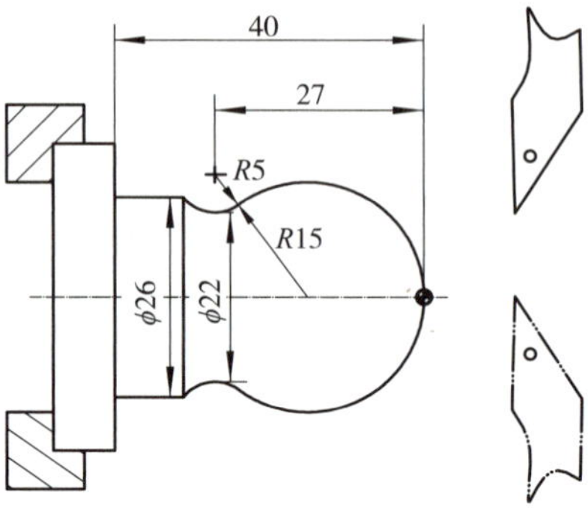

图 2-22 刀尖半径补偿编程实例

%2004		
N1	T0101	调用 1 号刀具、1 号刀补
N2	M03 S600	主轴以 600 r/min 转速旋转
N3	G00 X40 Z5	到程序起点位置
N4	G00 X0	到达工件中心
N5	G01 G42 Z0 F60	加入刀具圆弧半径补偿，工进接触工件毛坯
N6	G03 X24 Z-24 R15	加工 $R15$ 圆弧段
N7	G02 X26 Z-31 R5	加工 $R5$ 圆弧段
N8	G01 Z-40	加工 $\phi26$ 外圆
N9	X35	加工台阶面
N10	G00 G40 X100 Z100	回换刀点，取消刀具圆弧半径补偿
N11	M30	结束并复位

想一想：当不用刀尖圆弧半径补偿进行加工时，例 5 中的 $R15$ 和 $R5$ 圆弧段的半径是变大还是变小呢？

三、刀尖方位码的选择

刀尖方位码简称“刀位码”，用来确定刀尖与切削进给的方向，刀位码从操作面板的刀具补偿界面输入。刀位码有九个，其中 9 是圆刀片的圆心位置，如图 2-23 所示为车刀刀尖方位码的定义。图 2-23（a）所示为前置刀架的刀位码，图 2-23（b）所示为后置刀架的刀位码，其中●代表刀具刀位点 A，+代表刀尖圆弧圆心。

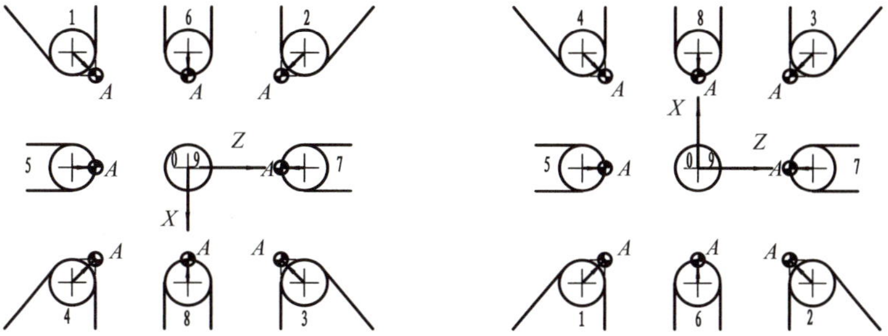

（a）前置刀架的刀位码　　（b）后置刀架的刀位码

图 2-23　车刀刀尖方位码的定义

四、暂停指令 G04

格式：G04 P_

说明：P——暂停时间（s）。不同的数控系统，G04 后面的参数及暂停时间有不同的规定。

G04 在前一程序段的进给速度降到零之后才开始进给暂停动作。

G04 为非模态指令，仅在其被规定的程序段中有效。

G04 可使刀具短暂停留，以获得规整而光滑的表面。该指令除用于切槽、钻镗孔外，还可用于拐角轨迹控制。

五、子程序调用指令 M98 及从子程序返回指令 M99

主程序：主程序是一个完整的零件加工程序，数控机床是按主程序的指令工作的，其结束行有程序结束指令。通常 CNC 系统按主程序指令运行，但在主程序中遇见调用子程序的情形时，则 CNC 系统将按子程序的指令运行，在子程序调用结束后将控制权重新交给主程序。

子程序调用

子程序：在编程时，把某些重复出现的程序单独抽出，编成一个程序供调用（可大大简化程序）并单独命名，这组程序段就称为子程序。

子程序不能作为独立的加工程序使用，只能通过主程序来调用，子程序中还可调用子程序，称为子程序的嵌套，子程序结束用 M99 表示并自动返回主程序，如图 2-24 所示。

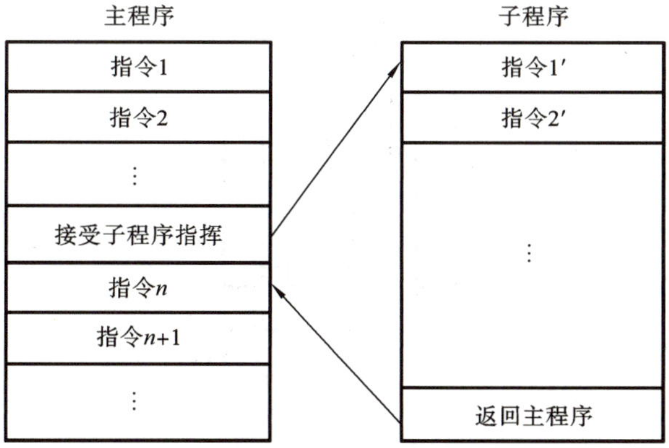

图 2-24　调用子程序

1. 子程序的格式

子程序的格式如下：

%×××× 子程序号

....

.... 子程序内容

....

M99; 子程序结束，返回主程序

在子程序开头，必须规定子程序号，以作为调用入口地址。在子程序的结尾用 M99，以控制执行完该子程序后返回主程序。

2. 调用子程序的格式

调用子程序的格式：M98 P_ L_；

说明：P——被调用的子程序号；

L——重复调用次数，若只调用一次，L 可省略。

子程序和主程序在编程上没有本质的区别，在程序中，若某一固定的加工操作重复出现，可把这部分操作编制成子程序，然后根据需要调用，这样可使程序变得非常简单。调用第一层子程序的指令所在的加工程序叫作主程序。一个子程序调用语句，可以多次重复调用子程序。子程序可以由主程序调用，已被调用的子程序还可以调用其他子程序，这种方式称为子程序嵌套。

FANUC（法那科）系统的子程序和主程序必须分开放在不同的文件中，华中数控系统的子程序和主程序必须存在同一个文件中（通常主程序后面跟子程序）。

注意：子程序中不得有循环指令，子程序必须事先编好并存储起来，供主程序调用；在使用子程序时，不但可以从主程序调用子程序，而且子程序也可以调用其他的子程序（子程序调用下一级子程序称为嵌套），上一级子程序与下一级子程序的关系，与主程序和第一层子程序的关系相同，子程序可以嵌套多少层由具体的数控系统决定。

练一练：查一查市场上常用的主流数控系统，它们分别可以嵌套调用多少层子程序？

例 6 加工如图 2-25 所示相同尺寸矩形槽。

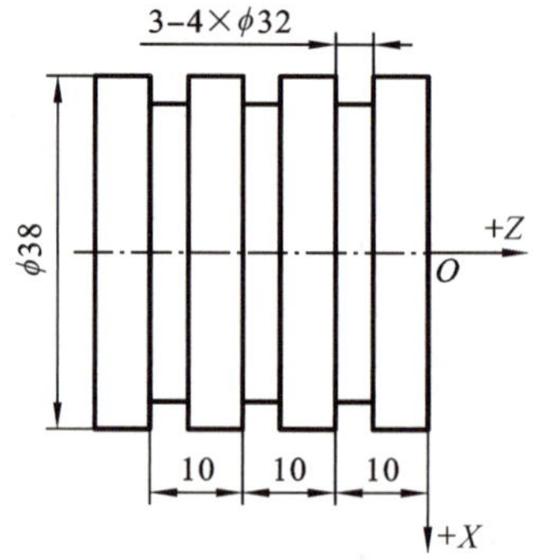

图 2-25 相同尺寸矩形槽

此零件轴向均布三个尺寸相同的矩形槽，用子程序编制，重复调用三次即可完成加工。由于三个槽沿轴向偏移，故此时 U 向累加和为零，W 向累加和为偏移量。选用刀宽为 4 mm 的切槽刀，左刀尖对刀。

参考程序如下：

```
%2005(主程序)
T0202;
M03 S600 ;
G00 X39 Z0;
M98 P2006 L3;
G00 X100 Z200;
M05;
M30;
%2006(子程序)
G00 W-10;
G01 U-7 F30;
G04 P1;
G01 U7 F300;
M99;
```

想一想：子程序%2006 中的 U 和 W 值可否改为绝对坐标的 X 和 Z 值？为什么？

六、复合循环综合示例

例 7　加工如图 2-26 所示的零件，毛坯为 ϕ40 的 45#钢棒料，试编写加工程序。

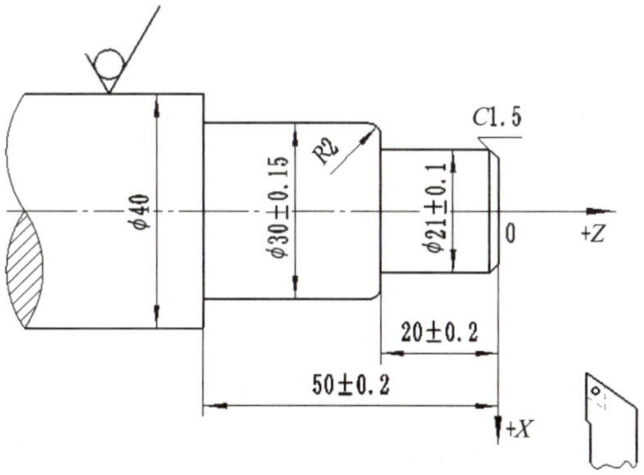

图 2-26　台阶轴

%2007		
N1	T0101	调用 1 号刀具、1 号刀补
N2	M03 S500	主轴以 500 r/min 转速正转

N3	G00 X46 Z2	到循环起点的位置
N4	G81 X0 Z0 F50	平端面
N5	G71 U0.7 R0.5 P8 Q14 X1 Z0.1 F120	轮廓粗车复合循环
N6	G00 X100 Z100	至换刀点
N7	T0202 G96 S80	调用 2 号刀具、2 号刀补，恒线速度有效 80 m/min
N8	G00 G42 X45 Z2	建立刀补，接近工件
N9	G00 X14	工件移至倒角的延长线
N10	G95 G01 X21 Z-1.5 F0.15	倒角 $C1.5$
N11	Z-20	车 $\phi21$ 外圆
N12	X26	车台阶
N13	X30 Z-22	加工圆弧
N14	Z-50	车 $\phi30$ 外圆
N15	X46	退刀至毛坯外
N16	G97 S300	取消恒线速度，恒转速有效，转速为 300 r/min
N17	G00 G40 X100 Z100	至换刀点
N18	M30	程序结束

练一练：试编写图 2-1 所示主发动机零件的加工程序。

任务三　机床操作

一、切槽刀的安装

在切槽（断）刀开始安装之前，需要收集所有必要的工具和材料，包括切槽刀、扳手或其他工具，确保工作区域整洁，以减少安装过程中的干扰和潜在危险。然后将切槽刀装入刀架上的相应位置，确定位置正确后，使用刀架扳手或其他工具来紧固切槽刀，确保其不会在使用过程中松动。在安装过程中应该注意以下几个方面。

（1）刀具的垂直性和平行性：在安装切槽刀时，必须保证切断刀的中心线跟工件中心线垂直，车刀主切削刃与工件中心线等高，两侧副后角、副偏角对称。

（2）刀具的伸出长度：刀杆安装时一定要与机床主轴垂直，并且刀具安装后，刀尖一定要过工件轴心，否则切削时容易往一边歪。

（3）刀具的底平面平整性：在装夹的时候，刀一定不要伸出过长，同时刀的中心线必须与工件轴线垂直，以保证两个副偏角对称，其主切削刃必须与工件轴线平行；刀的底平面应该平整，以确保两个副后角对称。

遵循这些步骤和注意事项，可以确保切槽刀的正确安装，从而保证加工过程的安全和效率。

二、2 把刀具的对刀方法

在加工之前，为使加工正确进行，须将所用到的刀具依次进行对刀，2 把刀具对刀方法如表 2-5 所示。

项目二对刀操作

表 2-5　2 把车刀对刀操作简表

刀号	项目	主要操作步骤	注意事项
90° 外圆刀	*Z* 向对刀操作	（1）平端面	（1）车刀在端面处靠刀找基准 （2）*Z* 向进刀 0.3~0.5 mm （3）手摇进给切削到端面中心，手轮倍率 ×10 挡 （4）沿 *X* 向退刀离开工件
		（2）将 *Z* 值输入机床	（1）输入对应刀偏号中
	X 向对刀操作	（1）车外圆	（1）车刀在外圆处靠刀找基准 （2）*X* 向进刀 0.8~1 mm （3）手摇进给车削外圆 5~8 mm，手轮倍率 ×10 挡 （4）沿 *Z* 向退刀至不影响测量工件处
		（2）测量外圆尺寸	（1）测量准确，可多次测量取平均值
		（3）将测量结果输入机床	（1）输入对应刀偏号中
外切槽刀	*Z* 向对刀操作	（1）靠端面	（1）不切削，刀左刀尖靠端面 （2）接近工件时，手轮倍率 ×10 挡 （3）有铁屑飞出即已接触
		（2）将 *Z* 值输入机床	（1）输入对应刀偏号中
	X 向对刀操作	（1）靠外圆	（1）车刀靠 90° 外圆刀车削的外圆 （2）接近工件时，手轮倍率 ×10 挡 （3）有铁屑飞出即已接触
		（2）将 *X* 值输入机床	（1）将外圆直径值输入对应刀偏号中

想一想：1. 2 号刀在 *Z* 向对刀时能否采用平端面的方式？如果将端面再平一次会引起什么问题？

2. 如果没有 90° 外圆刀已车削的外圆，切削刀该如何对刀呢？

三、刀尖方位号和刀尖圆弧半径值的输入

在对刀完成后，要把所选用刀具的类型根据图 2-27 确定其刀尖方位号，然后将刀尖方位号和刀尖圆弧半径值输入图 2-27 所示的刀具偏置表中。具体输入方法与项目一中所讲相同。

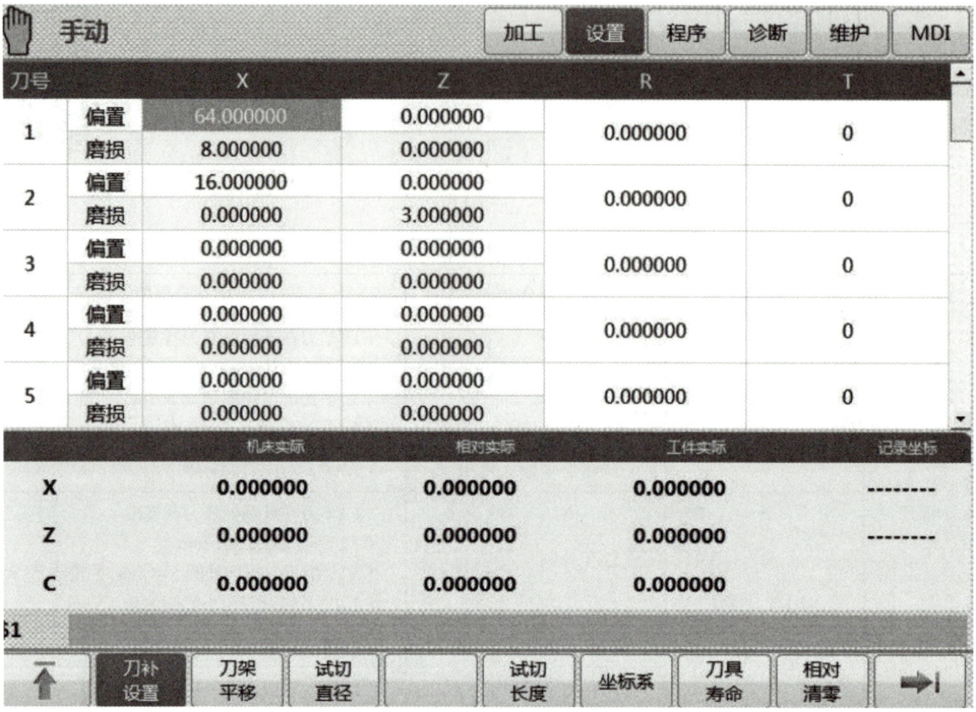

图 2-27　刀具偏置设置界面

想一想：如果不把刀具的刀尖方位号和刀尖圆弧半径值输入刀补表中，在执行程序时会出现什么样的情况？

四、首件试切

原则上将工件的数控加工程序输入机床校验无误，对刀完成后就可以进行加工了，但程序中的尺寸错误和对刀误差都会导致零件尺寸超差，所以在实际生产中要对加工的第一个工件进行试切，即首件试切。对每位同学来说，所要加工的零件都可以称为首件，所以都要进行试切。具体的操作是：先修改刀具磨损值，使加工出的工件比图纸要求大一些（内孔加工时要小一些），这部分称为先留余量，然后精确测量，根据精确测量的结果修改刀具磨损值，再次进行精加工。这样做可以使首件不会因为尺寸不符合图纸要求而成为废品，操作流程如图 2-28 所示。

在实际使用中也可以在对刀完成后不修改刀具磨损值，而是在粗加工完成后（即精加工前）测量精加工余量是否符合程序编写中的要求，若符合要求可接着进行精加工，若不符合要求则修改刀具磨损值后再进行精加工。

需要注意的是，零件最终的尺寸是由 2 号刀来保证的，当尺寸超差要修改磨损值时，要修改 2 号刀的磨损值。

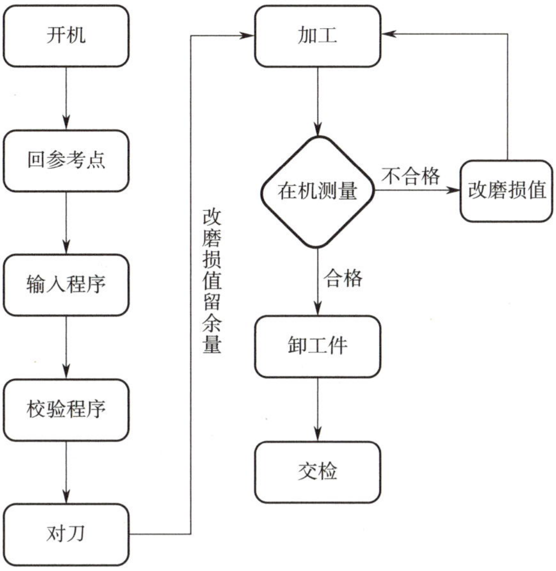

图 2-28　数控车床加工操作流程

练一练：试操作机床完成图 2-1 所示主发动机零件的加工。

任务四　零件检测

一、外径千分尺

1. 外径千分尺的结构

千分尺是比游标卡尺更精密的长度测量仪器，常见的机械千分尺如图 2-29 所示。它的量程为 0~25 mm，分度值是 0.01 mm，由固定的尺架、测砧、测微螺杆、固定套管、微分筒、测力装置、锁紧装置等组成。

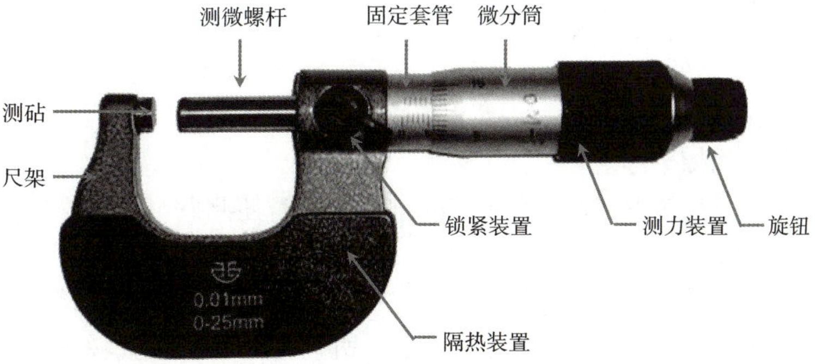

图 2-29　外径千分尺的结构

2. 外径千分尺的刻度及分度值说明

（1）如图 2-30 所示为千分尺的刻度线，固定套管上的水平线上、下各有一列间距为 1 mm 的刻度线，上侧刻度线在下侧两个相邻刻度线中间。

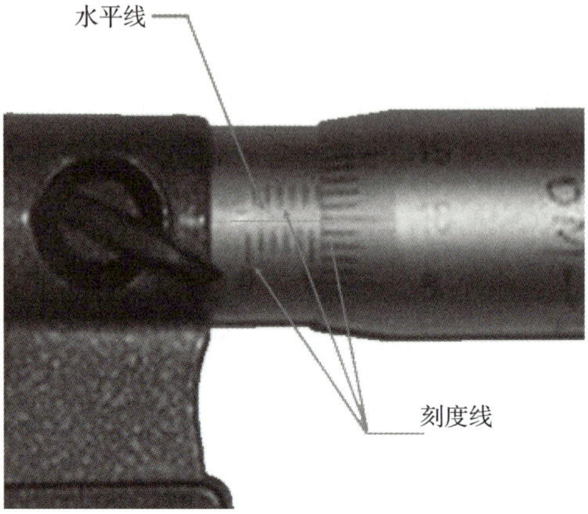

图 2-30　千分尺的刻度线

（2）微分筒上的刻度线是将圆周分为 50 等分的水平线。

（3）根据螺旋运动原理，当微分筒旋转一周时，测微螺杆前进或后退一个螺距（0.5 mm）。当微分筒旋转一个分度后，它转过了 1/50 周，这时螺杆沿轴线移动了 $1/50\times0.5=0.01$ mm，因此使用千分尺可以准确读出 0.01 mm 的数值。

3. 外径千分尺的零位校准

步骤一：松开锁紧装置，清除油污。

步骤二：确认测砧与测微螺杆接触面清洗干净。

步骤三：检查微分筒端面是否与固定套管的零刻度线重合。

（1）重合标志：微分筒端面与固定刻度零线重合，同时可动刻度零线与固定刻度水平横线重合。

（2）不重合时的处理方法：先转动旋钮，待螺杆接近测砧时，旋转测力装置，当螺杆刚与测砧接触时会听到喀喀声，停止转动确认是否重合。如两零线仍不重合（两零线重合的标志是微分筒的端面与固定刻度的零线重合，且可动刻度的零线与固定刻度的水平横线重合），可将固定套管上的小螺丝松动，用专用扳手调节套管的位置，使两零线对齐，再把小螺丝拧紧。不同厂家生产的外径千分尺的调零方法不一样，这里仅是其中一种调零的方法。

4. 外径千分尺的测量方法

步骤一：将待测物擦干净。

步骤二：松开千分尺锁紧装置，校准零位，转动旋钮，使测砧与测微螺杆之间的距离略大于待测物。

步骤三：一只手拿千分尺的尺架，将待测物置于测砧与测微螺杆的端面之间，另一只手转动旋钮，当螺杆接近物体时，旋转测力装置直至听到喀喀声后再轻轻转动 0.5~1 圈。

步骤四：旋紧锁紧装置（防止移动千分尺时螺杆转动），即可读数。

注意：使用千分尺时要轻拿轻放。

5. 外径千分尺的读数

（1）以微分筒的端面为准线，读出固定套管下刻度线的分度值。

（2）以固定套管上的水平横线作为读数准线，读出可动刻度上的分度值，读数时应估读到最小刻度的 1/10，即 0.001 mm。

（3）如微分筒的端面与固定刻度的下刻度线之间无上刻度线，测量结果即为下刻度线的数值加可动刻度的数值。

（4）如微分筒端面与下刻度线之间有一条上刻度线，测量结果应为下刻度线的数值加上 0.5 mm，再加上可动刻度的数值。

二、主发动机零件的检测

主发动机零件检测评分表见表 2-6。

表 2-6　主发动机零件检测评分表

工件编号				工件得分				
序号	项目	配分	评分标准	自检		互检		备注
				检测结果	得分	检测结果	得分	
1	机床操作	5	操作正确，动作熟练					
2	工件装夹	5	酌情扣分					
3	刀具选择及安装	5	酌情扣分					
4	工量具使用及摆放	5	酌情扣分					
5	$\phi 23^{0}_{-0.1}$	6	每超差 0.01 扣 1 分					
6	$\phi 18^{0}_{-0.1}$	6	每超差 0.01 扣 1 分					
7	$\phi 30^{0}_{-0.1}$	8	每超差 0.01 扣 1 分					
8	$\phi 36^{0}_{-0.1}$	8	每超差 0.01 扣 1 分					
9	$\phi 28^{0}_{-0.1}$	6	每超差 0.01 扣 1 分					
10	80 ± 0.1	7	每超差 0.02 扣 1 分					
11	20.1	4	每处 4 分，未完成不得分					
12	25.15	4	每处 3 分，未完成不得分					
13	槽宽 3 mm	4	不合格不得分					
14	槽距 3 mm	4	不合格不得分					
15	*C*1	2	未完成不得分					
16	3 × 60°	2	未完成不得分					
17	锥体 1∶2	4	样板检测，未完成不得分					
18	*Ra*1.6（3 处）	3	每超差一处扣 2 分					
19	*Ra*3.2	2	每超差一处扣 1 分					

续表

工件编号				工件得分				
序号	项目	配分	评分标准	自检		互检		备注
				检测结果	得分	检测结果	得分	
20	安全生产	5	正确操作机床					
21	文明生产	5	着装、工作环境、机床保养					
22	总分	100	—	—		—		

三、零件加工常见质量问题的原因及解决方法

1. 外圆车刀加工时产生质量问题的原因

在数控车床加工中，一般用 90° 外圆车刀加工零件上的圆柱面、端面，同时对于圆锥面、圆弧面也尽量采用不同刀尖角的 90° 外圆车刀加工，一般不采用 75° 和 45° 车刀。外圆和端面的尺寸误差主要是由对刀误差引起的；圆锥面、圆弧面的尺寸误差，除由对刀误差引起外，还有可能是程序中未加刀尖圆弧半径补偿指令，或刀尖圆弧半径、刀尖方位号输入不正确等原因造成的。

2. 切槽时产生质量问题的原因及解决方法

切槽时产生质量问题的原因及解决方法见表 2-7。

表 2-7　切槽时产生质量问题的原因及解决方法

常见质量问题	产生原因	解决方法
切槽位置不对	切槽刀对刀不正确或测量不正确	正确对刀，仔细测量
粗糙度达不到要求	(1)两副偏角太小，产生摩擦 (2)切削速度选择不当，没有加冷却液 (3)切削时有振动 (4)切屑拉毛已加工表面	(1)正确选择两副偏角 (2)选择适当的切削速度，使用冷却液 (3)采取防振措施 (4)控制切屑的形状和排出方向
主切削刃崩刃	(1)振动造成崩刃 (2)排屑不畅，卡屑造成崩刃	(1)改善切削条件，消除振动 (2)根据工件材料刃磨合理的刃形和适当的断屑槽，配合相应进给量，使切屑连续排出，避免卡屑

做一做：完成图 2-1 所示主发动机零件的检测，填写检测评分表。

任务五　过程评价

按照项目二的要求，对本项目进行评价，如表 2-8 所示。

表 2-8　项目二过程评价表

第　　组	组长姓名		班级	
小组成员				
过程评价内容				
(1)小组讨论,自我评述完成情况及出现的问题,分析导致零件不合格的原因 (2)小组讨论提出改进方案 (3)教师对学生完成情况进行评价说明				
学生自我总结: 项目完成人签字: 日期:　　年　　月　　日				
指导老师评语: 指导老师签字: 日期:　　年　　月　　日				

做一做:试对本项目的完成情况进行评价,并进行交流。

课后复习题

1. 简述刀尖圆弧半径补偿的作用。

2. 采用 G71 指令编写项目一课后复习题中各零件的数控加工程序。

3. 如图 2-31 所示工件,毛坯尺寸为 $\phi82\times102$,试编制其加工工艺、加工程序,并在数控车床上完成该零件的加工。

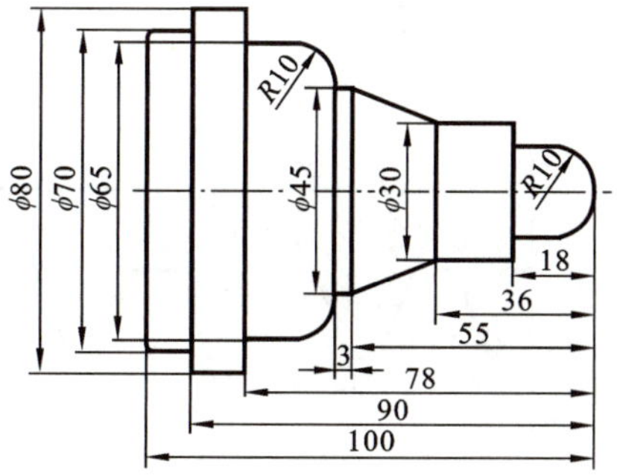

图 2-31

4. 如图 2-32 所示工件，毛坯尺寸为 $\phi 80\times 110$，试编制其加工工艺、加工程序，并在数控车床上完成该零件的加工。

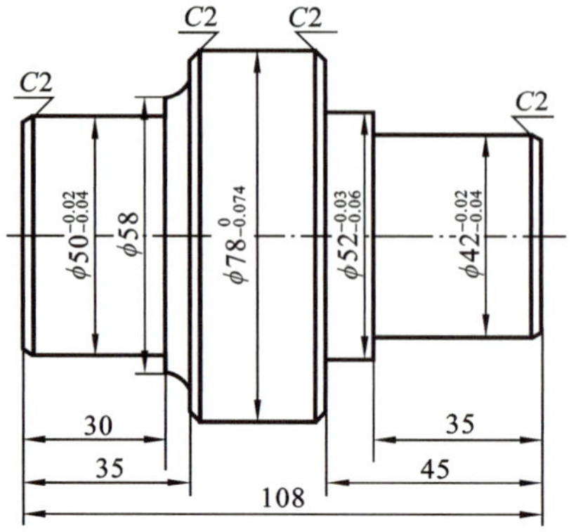

图 2-32

5. 加工径向槽时，槽底面的表面质量应怎样控制？

6. 采用子程序编写图 2-33 、图 2-34 所示的槽加工程序。

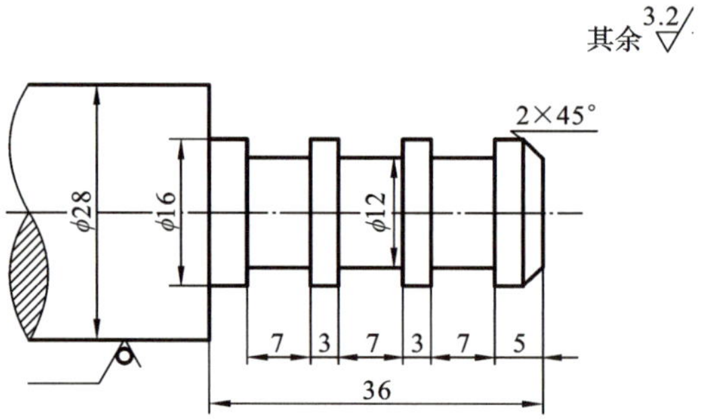

图 2-33

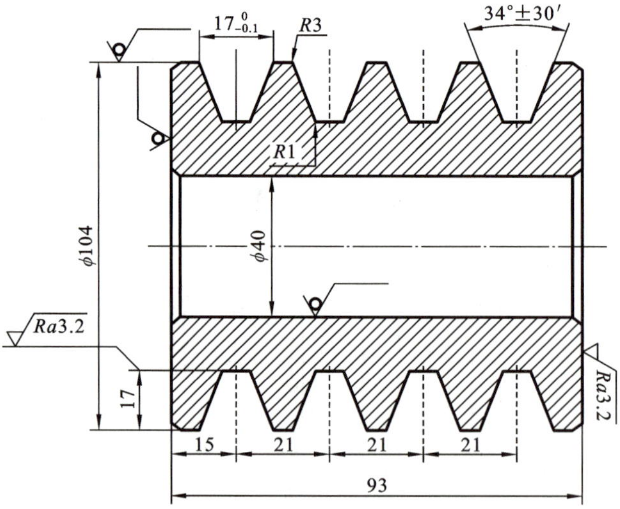

图 2-34

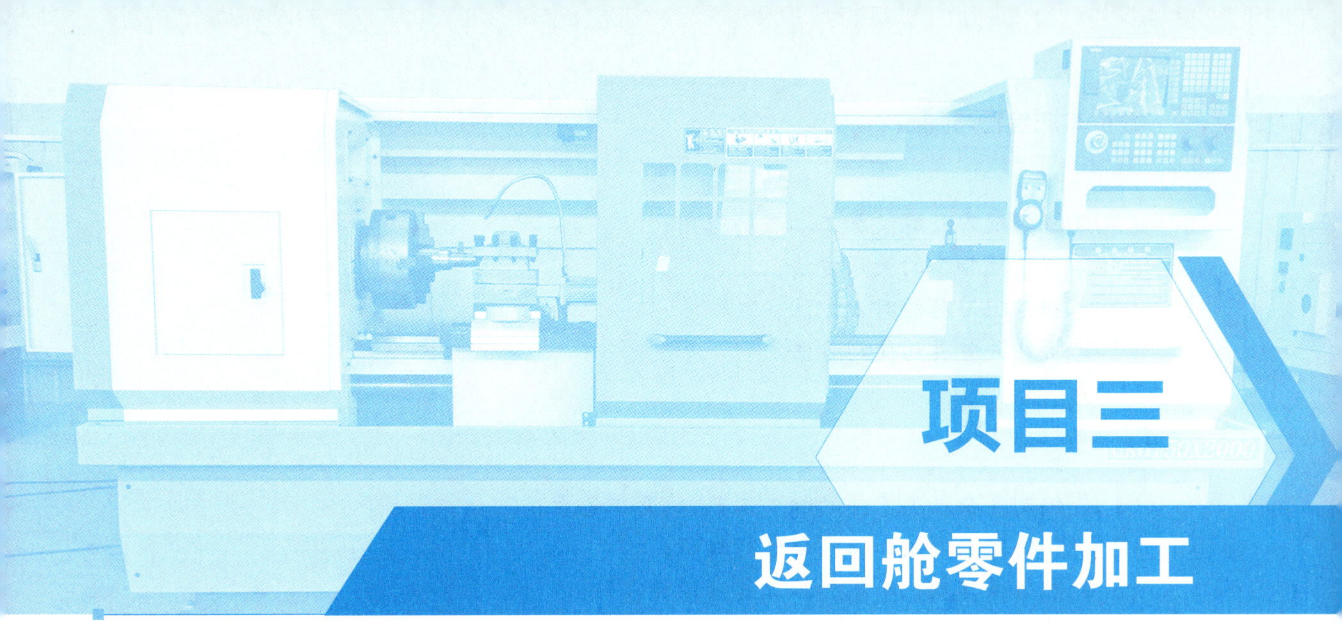

项目三

返回舱零件加工

学习目标

完成图 3-1 所示返回舱零件的编程与加工。

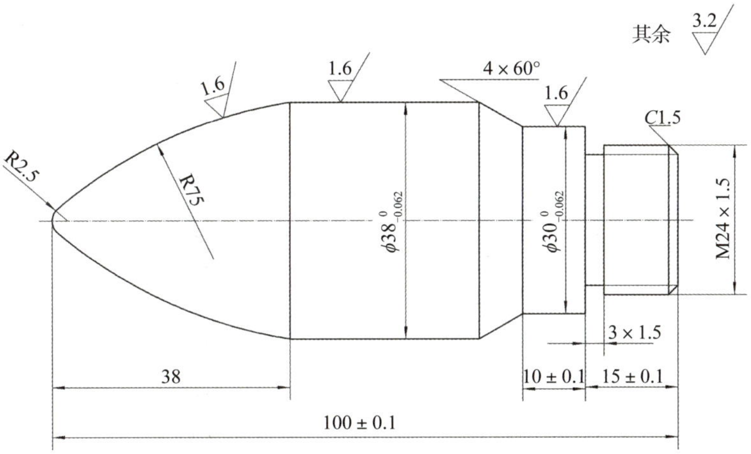

技术要求

1. 材料：45 钢；
2. 毛坯 $\phi40\times102$；
3. 锐角按 $C0.2$ 倒钝。

图 3-1　返回舱零件

知识目标

（1）掌握螺纹加工的工艺知识和螺纹尺寸的计算方法；

(2)掌握螺纹刀及螺纹加工参数的选用;
(3)掌握螺纹指令的使用方法;
(4)掌握3把刀具的对刀方法;
(5)掌握相关量具的使用方法。

能力目标

(1)能编制复杂轴类零件的加工工艺,填写工艺卡;
(2)能熟练使用螺纹加工指令进行编程;
(3)能熟练操作数控车床加工出复杂轴类零件;
(4)能选用合适的量具测量零件的加工精度。

素质目标

(1)培养学生的安全意识、纪律意识、责任意识、团队意识;
(2)引导学生养成自觉遵守操作规范的习惯,培育爱岗敬业的职业精神,树立良好的职业道德;
(3)培养学生的质量意识、成本意识、效率意识;
(4)培养学生科学、认真、严谨的工作态度。

工作任务

(1)填写引导文;
(2)在给定的毛坯上完成图3-1所示零件的加工;
(3)提交引导文、加工工艺文件、零件评分表和过程评价表。

课程思政

航天精神(二)
孙家栋:中国航天的"大总师"

人物事迹:孙家栋,中国第一枚导弹、第一颗人造地球卫星、第一颗遥感探测卫星、第一颗返回式卫星的技术负责人、总设计师,是中国通信卫星、气象卫星、资源探测卫星、北斗导航卫星等第二代应用卫星的总工程师,是中国探月工程总设计师,中国科学院院士,中国"两弹一星"功勋科学家。他的一生与中国航天事业密切相连,他领导下所发射的卫星占整个中国航天飞行器的1/3。2009年,他获得"国家最高科学技术奖"。

精神解读:"国家需要,我就去做。"这是孙家栋院士践行一生的誓言,他见证了中国航天事业从无到有、从小到大、从弱到强的过程。他38岁出任"东方红一号"卫星技术总负责人,65岁出任北斗导航系统总设计师,75岁出任探月工程总设计师;从"东方红一号"到"嫦娥一号",从风云气象卫星到北斗导航卫星,他为祖国的航天事业奉献了六十多年的岁月。

真正做到了哪里需要，孙家栋院士的身影就出现在哪里。他也用自己的实际行动完美地诠释了“干一行，爱一行，钻一行”的螺丝钉精神。嫦娥舒袖多浪漫，卫星探月路艰辛，一代代航天人为了航天梦不断奋斗，而航天梦又承载着中国梦腾飞的希望。

任务一　工艺编制

一、螺纹的加工

1. 螺纹分类

螺纹分内螺纹和外螺纹两种，内、外螺纹常用的有公制螺纹、英制螺纹。

螺纹按形成螺旋线的形状可分为圆柱螺纹、圆锥螺纹和端面螺纹，如图 3-2 所示；按用途可分为连接螺纹和传动螺纹；按牙型特征可分为三角形螺纹、矩形螺纹、梯形螺纹和锯齿形螺纹；按螺旋线的旋向可分为右旋螺纹和左旋螺纹，如图 3-3 所示为螺纹的旋向，右旋不标注，左旋加 LH，如 M24 × 1.5LH；按螺旋线的线数可分为单线螺纹和多线螺纹。

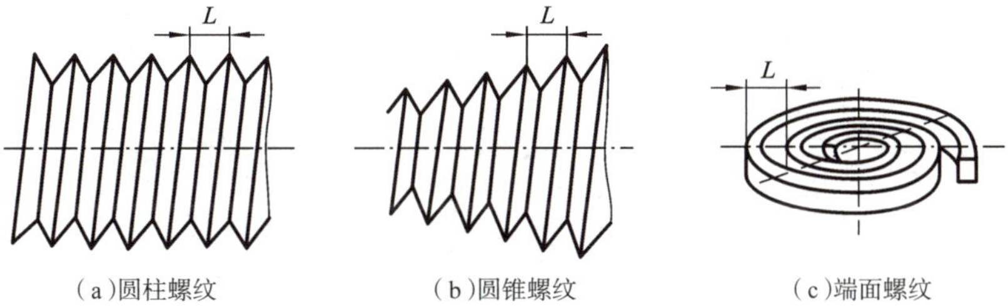

图 3-2　数控车床可加工的螺纹

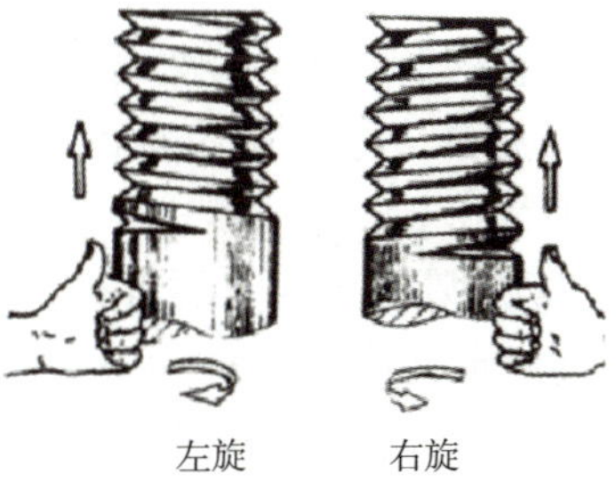

图 3-3　螺纹的旋向

数控车床除可加工以上各类螺纹外，还可以加工变螺距螺纹。

2. 普通螺纹要素及各部分名称

螺纹要素由牙型、公称直径、螺距（或导程）、线数、旋向和精度等组成。螺纹的形成、尺寸和配合性能取决于螺纹要素，只有当内、外螺纹的各要素相同时，才能互相配合。

三角形螺纹各部分名称如图 3-4 所示。

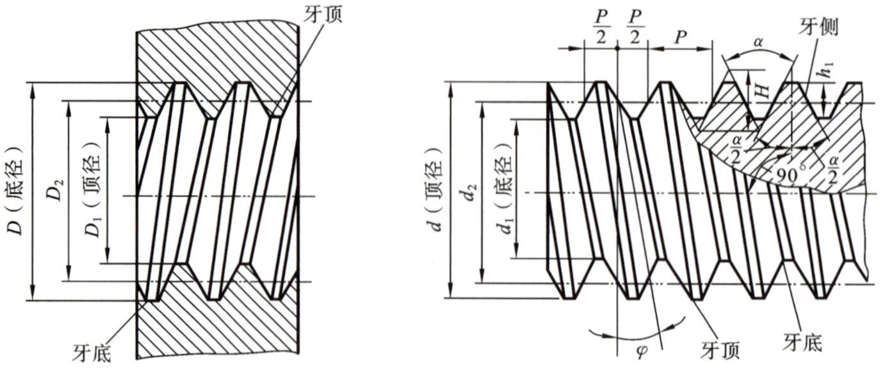

（a）内螺纹　　（b）外螺纹

图 3-4　三角形螺纹各部分名称

（1）牙型角（α）：它是螺纹牙型上两相邻牙侧间的夹角。

（2）螺距（P）：它是相邻两牙在中径线上对应两点间的轴向距离。

（3）导程（L）：它是同一条螺旋线上相邻两牙在中径线上对应两点间的轴向距离。

当螺纹为单线螺纹时，导程与螺距相等（$L=P$）；当螺纹为多线时，导程等于螺旋线数（n）与螺距（P）的乘积，即 $L=nP$，如图 3-5 所示为螺纹线数。

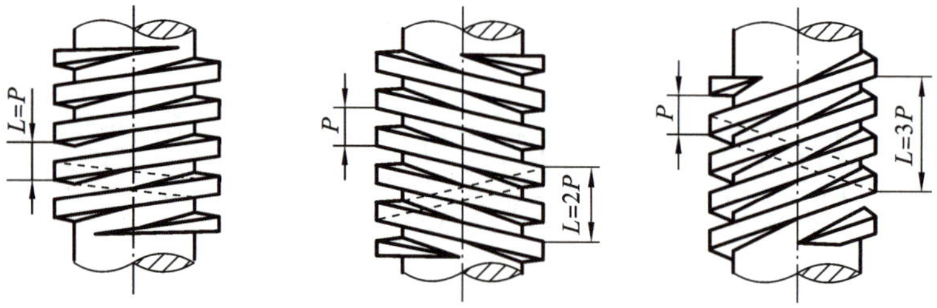

（a）单线螺纹　　（b）双线螺纹　　（c）三线螺纹

图 3-5　螺纹线数

（4）螺纹大径（d、D）：它是与外螺纹牙顶或内螺纹牙底相切的假想圆柱或圆锥的直径。外螺纹大径用 d 表示，内螺纹大径用 D 表示。国家标准规定，螺纹大径的基本尺寸称为螺纹的公称直径，它代表螺纹直径的尺寸。

（5）中径（d_2、D_2）：它是一个假想圆柱或圆锥的直径，该圆柱或圆锥的素线通过牙型上沟槽和凸起宽度相等的地方，该假想圆柱或圆锥称为中径圆柱或中径圆锥。外螺纹中径用 d_2 表示，内螺纹中径用 D_2 表示。外螺纹的中径和内螺纹的中径相等，即 $d_2=D_2$，如图 3-6 所示。

（6）螺纹小径（d_1、D_1）：它是与外螺纹牙底或内螺纹牙顶相切的假想圆柱或圆锥的直径。外螺纹的小径用 d_1 表示，内螺纹的小径用 D_1 表示。

（7）顶径：它是与外螺纹或内螺纹牙顶相切的假想圆柱或圆锥的直径，即外螺纹的大径或内螺纹的小径。

（8）底径：它是与外螺纹或内螺纹牙底相切的假想圆柱或圆锥的直径，即外螺纹的小径或内螺纹的大径。

(9)原始三角形高度(H):它指由原始三角形顶点沿垂直于螺纹轴线方向到其底边的距离,如图 3-6 所示。

(10)升角(φ):它是螺旋线的切线与垂直于螺纹轴线的平面间的夹角。

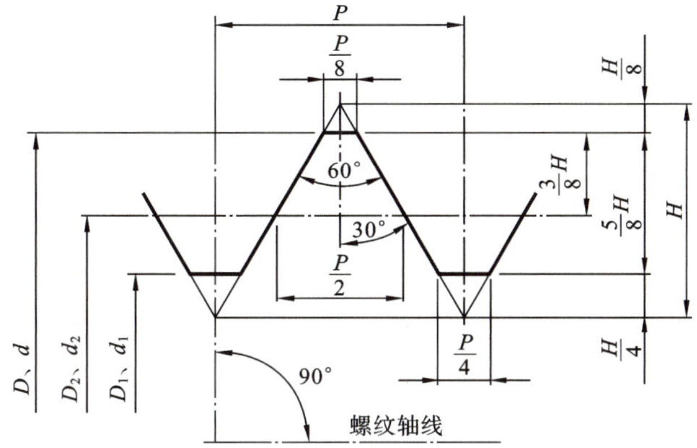

图 3-6　普通三角形螺纹牙型

3. 普通三角形螺纹的尺寸计算

普通三角形螺纹的尺寸计算见表 3-1。

表 3-1　普通三角形螺纹的尺寸计算

名称		代号	计算公式
外螺纹	牙型角	α	$\alpha=60°$
	原始三角形高度	H	$H=0.866P$
	牙型高度	h	$h=\frac{5}{8}H=\frac{5}{8}\times0.866P=0.541\,3P$
	中径	d_2	$d_2=d-2\times\frac{3}{8}H=d-0.649\,5P$
	小径	d_1	$d_1=d-2h=d-1.082\,5P$
内螺纹	中径	D_2	$D_2=d_2$
	小径	D_1	$D_1=d_1$
	大径	D	$D=d=$公称直径

4. 米制普通螺纹及表示方法

公制普通螺纹也称为米制普通螺纹,用大写 M 表示,牙型角 $\alpha=60°$。米制普通螺纹按螺距分粗牙普通螺纹和细牙普通螺纹两种。

粗牙普通螺纹一般不标注螺距,如 M20 表示粗牙螺纹;细牙普通螺纹必须标注螺距,如 M30×1.5 表示细牙螺纹,其中螺距为 1.5。普通螺纹用于机械零件之间的连接和紧固,一般螺纹连接多用粗牙螺纹。细牙螺纹比同一公称直径的粗牙螺纹强度略高,自锁性能较好,适用于薄壁零件或承受交变载荷、振动、冲击的零件。

常用米制普通粗牙螺纹的螺距如表 3-2 所示。

表 3-2　常用米制普通粗牙螺纹的螺距　　单位:mm

公称直径	螺距 P	铸铁底孔直径	碳钢底孔直径	外螺纹光杆直径	公称直径	螺距 P	铸铁底孔直径	碳钢底孔直径	外螺纹光杆直径
5	0.8	4.1	4.2	4.9	24	3	20.8	21	23.7
6	1	4.9	5	5.9	27	3	23.8	24	26.7
8	1.25	6.6	6.7	7.9	30	3.5	26.3	26.5	29.6
10	1.5	8.3	8.5	9.8	33	3.5	29.3	29.5	32.6
12	1.75	10.3	10.4	11.8	36	4	31.7	32	35.5
14	2	11.7	12	13.7	42	4.5	37.2	37.5	41.5
16	2	13.8	14	15.7	48	5	42.5	43	47.5
18	2.5	15.3	15.5	17.7	56	5.5	50	50.5	55.5
20	2.5	17.3	17.5	19.7	64	6	57.5	58	63.5

常用米制普通螺纹的表示方法如图 3-7 所示。

普通螺纹
GB/T 196—2003

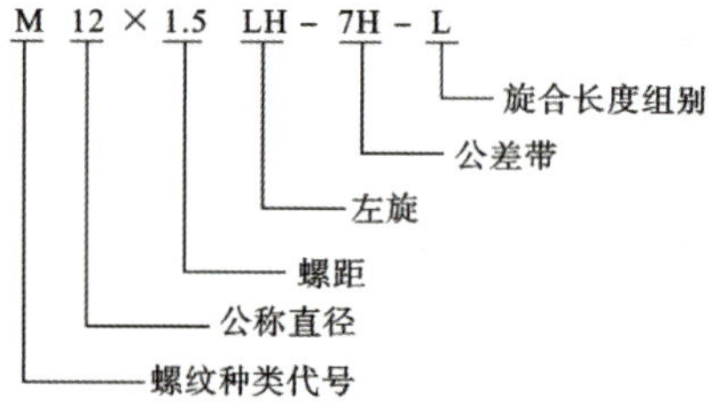

①粗牙螺纹不注出螺距
②右旋螺纹不标注旋向
③中等长度不标注旋合长度组别

图 3-7　常用米制普通螺纹的表示方法

例如:M20-6H、M20×1.5 LH-6g-40,其中 M 表示米制普通螺纹,20 表示螺纹的公称直径,1.5 表示螺距,LH 表示左旋,6g 表示螺纹精度等级(大写精度等级代号表示内螺纹,小写精度等级代号表示外螺纹),40 表示旋合长度。

5. 螺纹的切削

由于螺纹加工属于成形加工,为了保证螺纹的导程,加工时主轴旋转一周,车刀的进给量必须等于螺纹的导程,进给量较大;另外,螺纹车刀的强度一般较差,故螺纹牙型往往不是一次加工而成的,需要多次进行切削,如欲提高螺纹的表面质量,可增加几次光整加工。常用螺纹切削的进给次数与背吃刀量如表 3-3 所示。

表 3-3　常用螺纹切削的进给次数与背吃刀量　　单位:mm

公 制 螺 纹							
螺　距	1.0	1.5	2.0	2.5	3.0	3.5	4.0
牙　深	0.649	0.974	1.299	1.624	1.949	2.273	2.598

续表

不同切削次数下的背吃刀量	1 次	0.7	0.8	0.9	1.0	1.2	1.5	1.5
	2 次	0.4	0.6	0.6	0.7	0.7	0.7	0.8
	3 次	0.2	0.4	0.6	0.6	0.6	0.6	0.6
	4 次		0.16	0.4	0.4	0.4	0.6	0.6
	5 次			0.1	0.4	0.4	0.4	0.4
	6 次				0.15	0.4	0.4	0.4
	7 次					0.2	0.2	0.4
	8 次						0.15	0.3
	9 次							0.2
英　制　螺　纹								
每英寸牙数		24	18	16	14	12	10	8
牙深		0.678	0.904	1.016	1.162	1.355	1.626	2.033
不同切削次数下的背吃刀量	1 次	0.8	0.8	0.8	0.8	0.9	1.0	1.2
	2 次	0.4	0.6	0.6	0.6	0.6	0.7	0.7
	3 次	0.16	0.3	0.5	0.5	0.6	0.6	0.6
	4 次		0.11	0.14	0.3	0.4	0.4	0.5
	5 次				0.13	0.21	0.4	0.5
	6 次						0.16	0.4
	7 次							0.17

二、数控加工工艺编制

例 1　如图 3-8 所示，螺纹台阶轴零件毛坯选用 $\phi45\times100$ 的 45#钢棒料，试进行该零件的工艺编制。

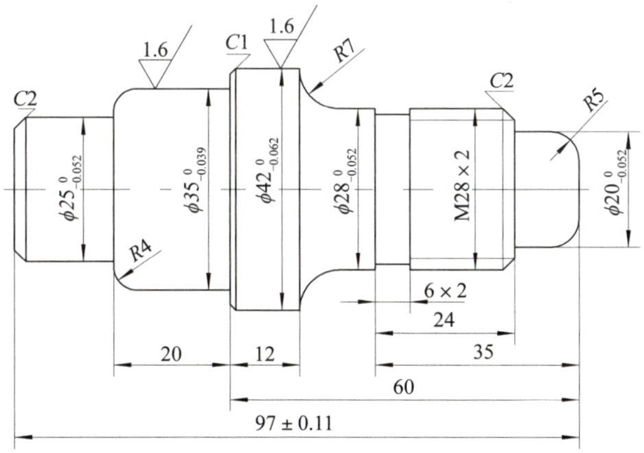

图 3-8　螺纹台阶轴

1. 刀具的选择

根据毛坯、零件形状及尺寸公差分析，该零件可采用三爪自定心卡盘进行装夹，两头分别加工，接刀点可设置在 $\phi42$ 外圆与 $R7$ 圆弧交接处。如图 3-8 所示，左端先加工，采用 90° 外圆车刀即可，右端除 90° 外圆车刀外，还需使用外沟槽车刀、外螺纹车刀进行加工。

2. 数控加工刀具使用卡

数控加工刀具使用卡见表 3-4。

表 3-4 数控加工刀具使用卡

班级		组号		零件名称	螺纹台阶轴	零件型号	
数控加工刀具卡片				编制		校核	
序号	刀具号	刀具型号、规格、名称			用途	备注	
1	T01	90° 外圆车刀			车端面，粗、精车各圆柱面、圆弧和倒角等	刀尖半径 0.4 mm	
2	T02	外沟槽车刀，刀宽 3 mm			加工螺纹退刀槽		
3	T03	外螺纹车刀，60°			加工外螺纹		

3. 数控加工工艺规程卡

数控加工工艺规程卡见表 3-5。

表 3-5 数控加工工艺规程卡

零件名称	零件材料	毛坯种类	毛坯硬度	班级	编制	
螺纹台阶轴	45#钢	圆棒料	HRC 20~30			
工序号	工序名称	工序内容	车间	设备名称	夹具	备注
10	车削工件左端各部分	平端面；粗、精车零件左端部分至接刀点，包括外圆、圆弧及倒角	数控车间	CK6136	三爪卡盘	
20	车削工件右端各部分	工件调头；粗、精车零件右端外形轮廓、倒角等；车外沟槽、外螺纹	数控车间	CK6136	三爪卡盘	

4. 数控加工工序卡

数控加工工序卡见表 3-6 和表 3-7。

表 3-6 数控加工工序卡(1)

班级		编制			零件号		
数控加工工序卡片		零件名称		螺纹台阶轴	程序号		
		材料		45#钢	使用设备		
工序号	10	夹具编号		T001	车间	数控加工车间	
工步号	工步内容	刀具名称		切削用量			备注
		编号	规格	转速/(r/min)	进给速度/(mm/min)	背吃刀量/mm	
1	粗车左端倒角及外圆轮廓	T01	20 × 20	700	140	1.5	自动
2	精车左端倒角及外圆轮廓	T01	20 × 20	1 000	150	0.5	自动

表 3-7　数控加工工序卡（2）

班级		编制			零件号		
数控加工工序卡片		零件名称		螺纹台阶轴	程序号		
		材料		45#钢	使用设备		
工序号	20	夹具编号		T001	车间	数控加工车间	
工步号	工步内容	刀具名称		切削用量			备注
		编号	规格	转速/（r/min）	进给速度/（mm/min）	背吃刀量/mm	
1	调头装夹，车端面并定长	T01	20×20	500	75	0.6	手动
2	粗车右端倒角及外圆轮廓	T01	20×20	700	140	1.5	自动
3	精车右端倒角及外圆轮廓	T01	20×20	1000	150	0.5	自动
4	车螺纹退刀槽至符合要求	T02	20×20	500	30	3	自动
5	车削外螺纹至符合要求	T03	20×20	600	螺距 2		自动

做一做：试编写图 3-1 所示返回舱零件的工艺文件。

任务二　程序编制

一、单行程螺纹切削指令 G32

G32 指令演示

格式：G32 X（U）_Z（W）_R_E_P_F_；

该指令执行如图 3-9 所示的加工轨迹。

说明：X、Z——绝对编程时有效螺纹终点在工件坐标系中的坐标；

U、W——相对编程时有效螺纹终点相对于螺纹切削起点的位移量；

F——螺纹导程，即主轴每转一圈，刀具相对于工件的进给值；

R、E——螺纹切削的退尾量，R 表示 *Z* 向退尾量，E 为 *X* 向退尾量（R、E 在绝对或相对编程时都以增量方式指定，其为正表示沿 *Z*、*X* 正向回退，为负表示沿 *Z*、*X* 负向回退。使用 R、E 可免去退刀槽。若有退刀槽，R、E 可以省略，表示不用回退功能，如图 3-10 所示；根据螺纹标准，R 一般取 0.75~1.75 倍的螺距，E 取螺纹的牙型高）；

P——主轴基准脉冲处距离螺纹切削起始点的主轴转角。

使用 G32 指令能加工圆柱螺纹、锥螺纹和端面螺纹。图 3-9 所示为锥螺纹切削时各参数。螺纹车削加工为成形车削，且切削进给量较大，刀具强度较差，一般要求分数次进给加工。常用螺纹切削的进给次数与背吃刀量参见表 3-3。

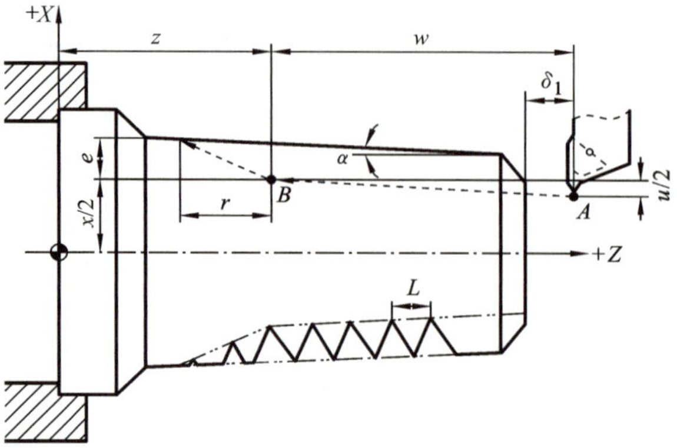

图 3-9　螺纹切削参数

注意：

（1）从螺纹粗加工到精加工，主轴的转速必须保持一常数；

（2）在没有停止主轴的情况下，停止螺纹的切削将非常危险，因此螺纹切削时进给保持功能无效，如果按下进给保持按键，刀具在加工完螺纹后停止运动；

（3）在螺纹加工中不使用恒定线速度控制功能；

（4）在螺纹加工轨迹中应设置足够的升速进刀段 δ_1 和降速退刀段 δ_2，以消除伺服滞后造成的螺距误差，一般 δ_1=2~5 mm、δ_2=（1/4~1/2）δ_1，如图 3-10 所示。

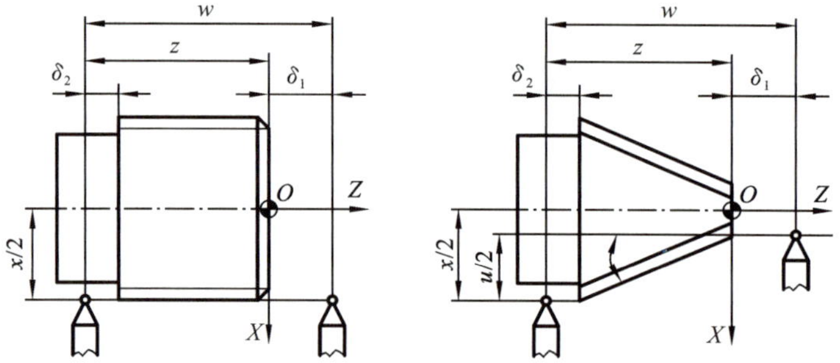

图 3-10　G32 有退刀槽时螺纹加工

例 2　对图 3-11 所示的圆柱螺纹编程。螺纹导程为 1.5 mm，δ_1=1.5 mm，δ_2=1 mm，每次吃刀量（直径值）分别为 0.8 mm、0.6 mm、0.4 mm、0.16 mm。

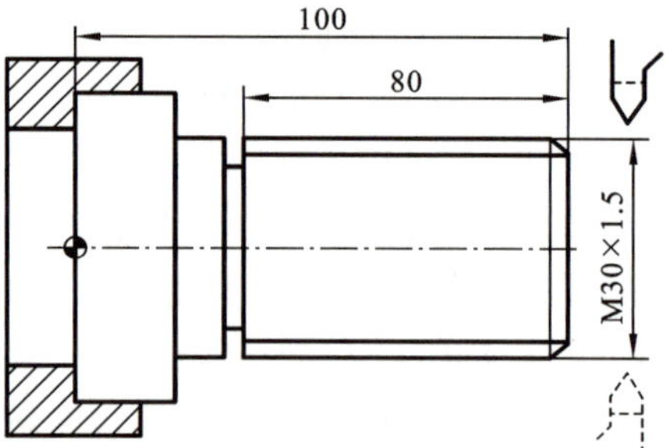

图 3-11　螺纹编程实例

```
%3001
N1   T0303                 调用 3 号刀具、3 号刀补
N2   M03 S500              主轴以 500 r/min 转速旋转
N3   G00 X29.2 Z101.5      到螺纹起点，升速段 1.5 mm，吃刀深 0.8 mm
N4   G32 Z19 F1.5          切削螺纹到螺纹切削终点，降速段 1 mm
N5   G00 X40               X 轴方向快退
N6   Z101.5                Z 轴方向快退到螺纹起点处
N7   X28.6                 X 轴方向快进到螺纹起点处，吃刀深 0.6 mm
N8   G32 Z19 F1.5          切削螺纹到螺纹切削终点
N9   G00 X40               X 轴方向快退
N10  Z101.5                Z 轴方向快退到螺纹起点处
N11  X28.2                 X 轴方向快进到螺纹起点处，吃刀深 0.4 mm
N12  G32 Z19 F1.5          切削螺纹到螺纹切削终点
N13  G00 X40               X 轴方向快退
N14  Z101.5                Z 轴方向快退到螺纹起点处
N15  X28.04                X 轴方向快进到螺纹起点处，吃刀深 0.16 mm
N16  G32 Z19 F1.5          切削螺纹到螺纹切削终点
N17  G00 X40               X 轴方向快退
N18  X50 Z120              回换刀点
N19  M05                   主轴停
N20  M30                   主程序结束并复位
```

练一练：试将例 2 中的螺纹加工程序改为子程序调用的方式。

二、螺纹切削固定循环指令 G82

G82 指令演示

1. 直螺纹切削循环

格式：G82 X(U)_ Z(W)_ R_ E_ C_ P_ F_；

说明：X、Z——绝对编程时螺纹终点 C 在工件坐标系下的坐标；

U、W——相对编程时螺纹终点 C 相对于循环起点 A 的有向距离，其符号由轨迹 1 和 2 的方向确定；

R、E——螺纹切削的退尾量，R、E 均为向量，R 为 Z 向回退量，E 为 X 向回退量（若有退刀槽时，R、E 可以省略，表示不用回退功能）；

C——螺纹头数，切削单头螺纹时为 0 或 1，可省略；

P——单头螺纹切削时主轴基准脉冲处距离切削起始点的主轴转角（缺省值为 0），多头螺纹切削时相邻螺纹头的切削起始点之间对应的主轴转角；

F——螺纹导程。

该指令执行图 3-12 所示 $A \rightarrow B \rightarrow C \rightarrow D \rightarrow A$ 的轨迹动作。

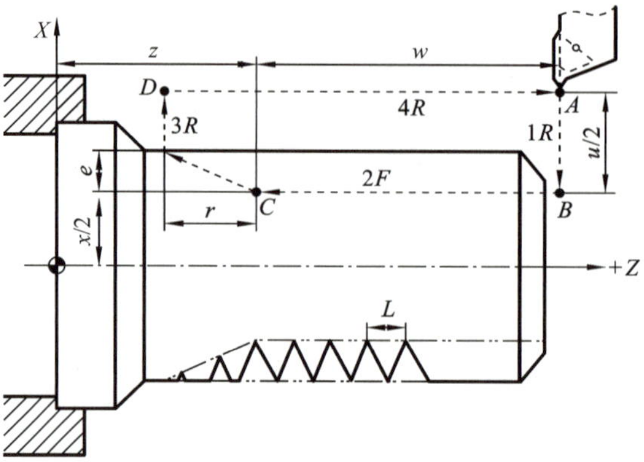

图 3-12　直螺纹切削循环

（注：螺纹切削循环同 G32 螺纹切削一样，在进给保持状态下，该循环在完成全部动作之后才停止运动）

2. 锥螺纹切削循环

格式：G82 X(U)_ Z(W)_ I_ R_ E_ C_ P_ F_；

说明：X、Z——绝对编程时螺纹终点 *C* 在工件坐标系下的坐标；

U、W——相对编程时螺纹终点 *C* 相对于循环起点 *A* 的有向距离；

I——螺纹起点 *B* 与螺纹终点 *C* 的半径差，其符号为差的符号（无论是绝对编程还是相对编程）；

R、E——螺纹切削的退尾量，均为向量，R 为 *Z* 向回退量，E 为 *X* 向回退量（若有退刀槽，R、E 可以省略，表示不用回退功能）；

C——螺纹头数，切削单头螺纹时为 0 或 1，可省略；

P——单头螺纹切削时主轴基准脉冲处距离切削起始点的主轴转角（缺省值为 0），多头螺纹切削时相邻螺纹头的切削起始点之间对应的主轴转角；

F——螺纹导程。

该指令执行图 3-13 所示 *A*→*B*→*C*→*D*→*A* 的轨迹动作。

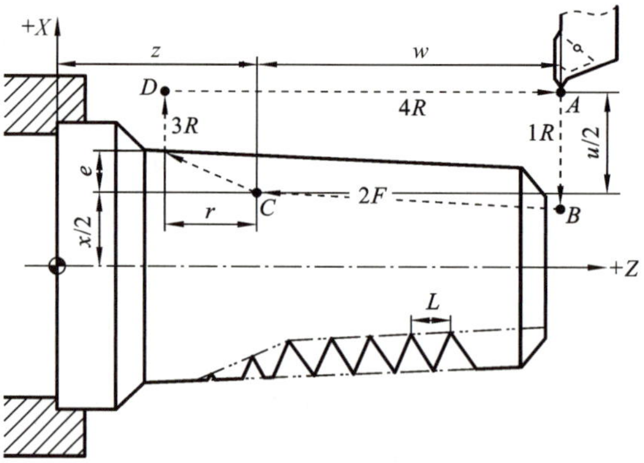

图 3-13　锥螺纹切削循环

例 3　如图 3-14 所示，用 G82 指令编程，毛坯外形已加工完成。

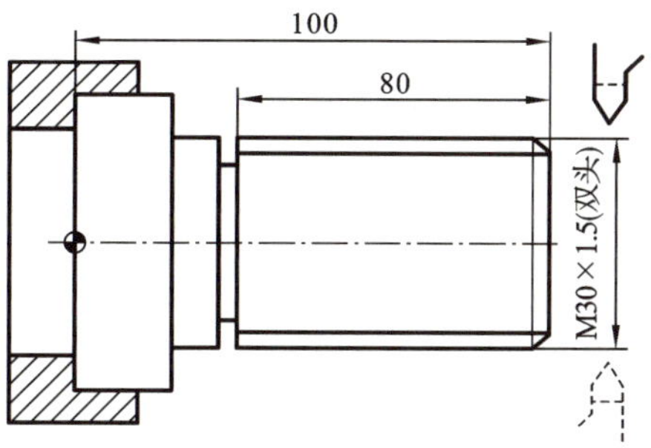

图 3-14　G82 切削循环编程实例

%3002		
N1	T0303	调用 3 号刀具、3 号刀补
N2	M03 S500	主轴以 500 r/min 转速正转
N3	G00 X35 Z104	到循环起点
N4	G82 X29.2 Z18.5 C2 P180 F3	第一次循环切螺纹，切深 0.8 mm
N5	X28.6	第二次循环切螺纹，切深 0.4 mm
N6	X28.2	第三次循环切螺纹，切深 0.4 mm
N7	X28.04	第四次循环切螺纹，切深 0.16 mm
N8	G00 X100 Z200	快速移动至换刀点
N9	M30	主轴停，主程序结束并复位

想一想：G82 指令与 G32 指令有什么区别？

三、螺纹切削复合循环指令 G76

G76 指令演示

格式：G76 C(c) R(r) E(e) A(α) X(x) Z(z) I(i) K(k) U(d) V(Δd_{min}) Q(Δd) P(p) F(L);

螺纹切削复合循环指令 G76 执行如图 3-15(a)所示的加工轨迹。其单边切削及参数如图 3-15(b)所示。

说明：c——精整次数(1~99)，为模态量；

r——螺纹 Z 向退尾长度(00~99)，为模态量；

e——螺纹 X 向退尾长度(00~99)，为模态量；

α——刀尖角度(二位数字)，为模态量，在 80°、60°、55°、30°、29° 和 0° 六个角度中选一个；

x、z——绝对编程时有效螺纹终点 C 的坐标，相对编程时有效螺纹终点 C 相对于循环起点 A 的有向距离；

i——螺纹两端的半径差[i=0，为直螺纹(圆柱螺纹)切削方式]；

k——螺纹高度，由 x 轴方向上的半径值指定；

Δd_{min}——最小切削深度(半径值)[当第 n 次切削深度($\Delta d\sqrt{n}-\Delta d\sqrt{n-1}$)小于 Δd_{min}

时，则切削深度设定为 Δd_{min}]；

d——精加工余量（半径值）；

Δd——第一次切削深度（半径值）；

p——主轴基准脉冲处距离切削起始点的主轴转角；

L——螺纹导程（同 G32）。

按 G76 程序段中的 X（x）和 Z（z）指令实现循环加工，相对编程时，要注意 u 和 w 的正负号（由刀具轨迹 AC 和 CD 段的方向决定）。

G76 循环进行单边切削，减小了刀尖的受力。第一次切削时切削深度为 Δd，第 n 次的切削总深度为 $\Delta d\sqrt{n}$，每次循环的背吃刀量为 $\Delta d(\sqrt{n}-\sqrt{n-1})$。

图 3-15（a）中，C 点到 D 点的切削速度由 F 代码指定，而其他轨迹均为快速进给。

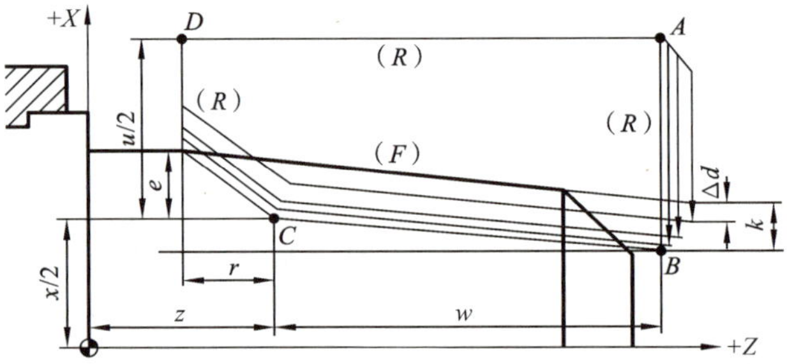

（a）G76 螺纹加工示意图

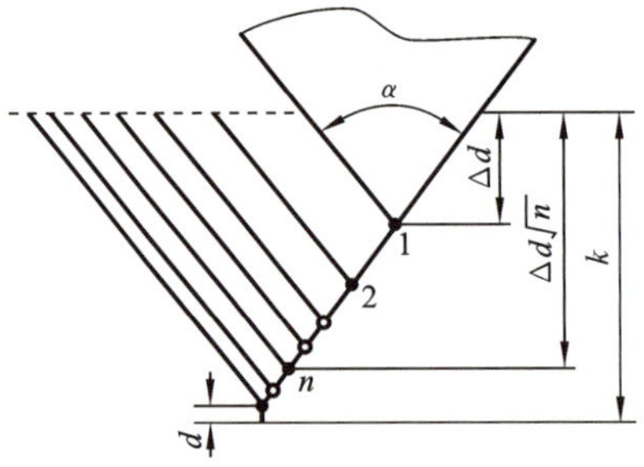

（b）单边切削参数

图 3-15　华中数控系统 G76 循环单边切削及其参数

例 4　用螺纹切削复合循环指令 G76 编程，加工螺纹为 ZM60×2，工件尺寸见图 3-16，其中括弧内尺寸根据标准得到。

%3003		
N1	T0101	调用 1 号刀具、1 号刀补
N2	G00 X100 Z100	到程序起点或换刀点位置
N3	M03 S400	主轴以 400 r/min 转速正转
N4	G00 X90 Z4	到简单循环起点位置
N5	G80 X61.125 Z-30 I-0.94 F80	加工锥螺纹外表面
N6	G00 X100 Z100 M05	到程序起点或换刀点位置

N7	T0202	调用 2 号刀具、2 号刀补
N8	M03 S300	主轴以 300 r/min 转速正转
N9	G00 X90 Z4	到螺纹循环起点位置
N10	G76 C2 R-3 E1.3 A60 X58.15 Z-24 I-0.94 K1.299 U0.1 V0.1 Q0.9 F2	
N11	G00 X100 Z100	返回换刀点
N12	M05	主轴停
N13	M30	主程序结束并复位

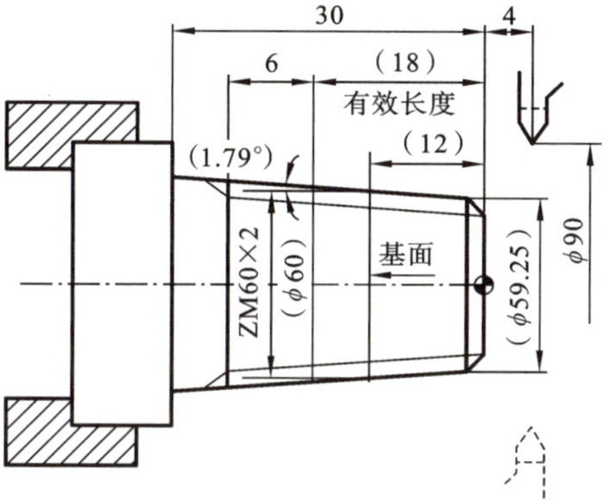

图 3-16　G76 循环切削编程实例

FANUC 系统和华中数控系统都有螺纹切削复合循环指令，它们之间尽管有区别，但也有许多相似之处。FANUC 系统 G76 格式为：

G76 P(m)(r)(α) Q(Δd_{min}) R(d);

G76 X(u) Z(w) R(i) P(k) Q(Δd) F(L);

式中有关几何参数的意义如图 3-17 所示。

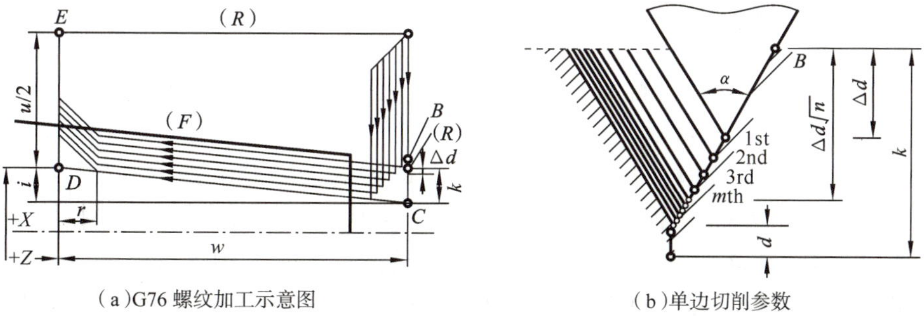

图 3-17　FANUC 系统 G76 螺纹切削复合循环

说明：m——精车重复次数(1~99)，为模态量；

r——螺纹尾端倒角值，为模态量，该值的大小可设置在(00~99) L 之间，系数应为 0.1 的整数倍，用 00~99 之间的两位整数来表示，其中 L 为螺距；

α——刀具角度，为模态量，可从 80°、60°、55°、30°、29° 和 0° 六个角度中选择，用两位整数来表示；

Δd_{min}——最小车削深度，用半径编程指定，单位为 0.001 mm；

d——精车余量，用半径编程指定，该参数为模态量；

X(u)、Z(w)——螺纹终点坐标；

i——螺纹锥度值，用半径编程指定，如果 R=0 则为直螺纹；

k——螺纹高度，用半径编程指定，单位为 0.001 mm；

Δd——第一次车削深度，用半径编程指定，单位为 0.001 mm；

L——螺距。

在上述指令中，Q、R、P 地址后的数值应以无小数点形式表示，m、r 和 α 用地址 P 同时指定，例如：m=2，r=1.2L，α=60°，表示为 P021260。

想一想：G76、G82、G32 三个指令有什么区别？

练一练：试编写图 3-1 所示返回舱零件的加工程序。

任务三　机床操作

一、螺纹刀的安装

车削螺纹时，为了保证牙型正确，对安装螺纹车刀提出了较严格的要求。

1）刀尖高

装夹螺纹车刀时，刀尖一般与车床主轴轴线等高。当高速车削螺纹时，为防止振动和“扎刀”，硬质合金车刀的刀尖应略高于车床主轴轴线 0.1~0.3 mm。

2）牙型半角

装夹螺纹车刀时，要求它的刀尖齿形对称并垂直于工件轴线，如图 3-18（a）所示，即螺纹车刀两侧刀刃相对于牙型对称中心线的牙型半角应各等于牙型角的一半（锯齿形螺纹和其他不存在牙型半角的非标准螺纹无此项要求）。它通过牙型对称中心线与车床主轴轴线处于垂直位置的要求来安装螺纹刀。

如果外螺纹刀装歪，如图 3-18（b）所示，所车螺纹就会产生牙型歪斜等质量异常现象，从而影响正常旋合。外螺纹车刀安装时可按照图 3-18（c）所示，用样板校对刀型与工件垂直的对刀方法安装、锁紧螺纹刀。除特殊螺纹外，目前一般不采用焊接式螺纹车刀，取而代之的是机械夹固式螺纹车刀。对于此类车刀，在安装时，只需确保车刀刀体与刀架对应平面对正即可。

3）刀头伸出长度

刀头不要伸出过长，一般为刀杆厚度的 1~1.5 倍。

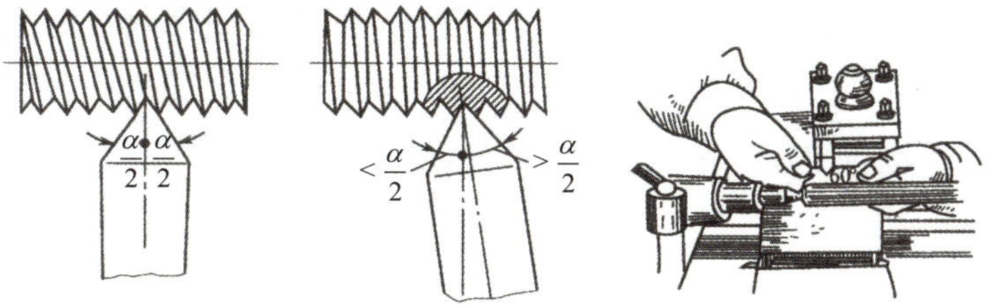

（a）刀尖齿形对称并垂直　（b）刀具装歪　（c）用样板校对刀型与工件垂直

图 3-18　外螺纹刀安装

二、对刀

在本项目的任务中，要用到 90° 外圆车刀、外沟槽刀和外螺纹车刀。90° 外圆车刀和外沟槽刀的对刀方法在前面已介绍，在此不再赘述，下面主要介绍螺纹车刀的对刀方法。

项目三对刀操作

编程时，同一个工件一般只用一个坐标系，在 1 号刀（90° 外圆车刀）已完成对刀（即已确定工件坐标系原点在机床坐标系下的坐标值）的情况下，2 号刀（切槽刀）和 3 号刀（外螺纹刀）一般就不再重新建立工件坐标系原点，而是采用“找”1 号刀所建立的工件坐标系原点的方法。具体方法如表 3-8 所示。

表 3-8　常用车刀对刀操作简表

刀号	*X* 向对刀操作	*Z* 向对刀操作	备注
1 号刀（90° 外圆车刀）	车外圆→测量→输入 *X* 值	平端面→输入 *Z* 值	（1）此表中的“输入 *X* 值”“输入 *Z* 值”要注意对应的刀号，如果输错位置将十分危险 （2）2 号刀和 3 号刀在 *X* 向对刀方法中的“靠外圆”指在对 1 号刀时所车削的已知尺寸的外圆
2 号刀（切槽刀）	方法 1：车外圆→测量→输入 *X* 值 方法 2：靠外圆→输入 *X* 值	靠端面→输入 *Z* 值	
3 号刀（外螺纹刀）	方法 1：车外圆→测量→输入 *X* 值 方法 2：靠外圆→输入 *X* 值	对端面→输入 *Z* 值	

三、自动运行，加工工件

程序校验无误，对刀完成后就可以进行零件的加工，加工时依然要采用项目一中介绍的方法对尺寸进行控制。为确保零件加工符合图纸要求，依然需要按“首件试切”的要求进行加工，为此需要注意以下几个问题。

（1）3 把车刀都可以采用修改磨损的方式进行二次精加工。

（2）为便于进行程序和机床调试，1 号刀加工完成后可增加 M30 指令，即程序结束，检查没有问题后，再采用“指定行”的方式，运行 2 号刀加工程序，3 号刀亦采用此方式。这种调试程序的方式在实际生产中很实用，但在实习训练中，若只加工一件，可以将 3 把刀的加工程序分别输入，然后单独运行。

（3）螺纹刀刀尖过尖，对刀准确度较差，为确保螺纹加工合格，一般采用留余量，每次加工后，用内螺纹、螺母或者螺纹环规等检测，若不能拧入，则通过修改磨损，再次切削，如此循环，直到内外螺纹可以配合为止。

练一练：试操作机床完成图 3-1 所示返回舱零件的加工。

任务四 零件检测

一、百分表

百分表适用于尺寸精度为 IT6~IT8 级零件的校正和检验。百分表按其制造精度可分为 0、1 和 2 级三种，其中 0 级精度较高。使用时，应按照零件的形状和精度要求，选用合适的百分表或千分表的精度等级和测量范围。

（1）用百分表或千分表测量零件时，测量杆必须垂直于被测量表面，使测量杆的轴线与被测量尺寸的方向一致，否则将使测量杆活动不灵活或使测量结果不准确。图 3-19 所示为百分表安装方法。

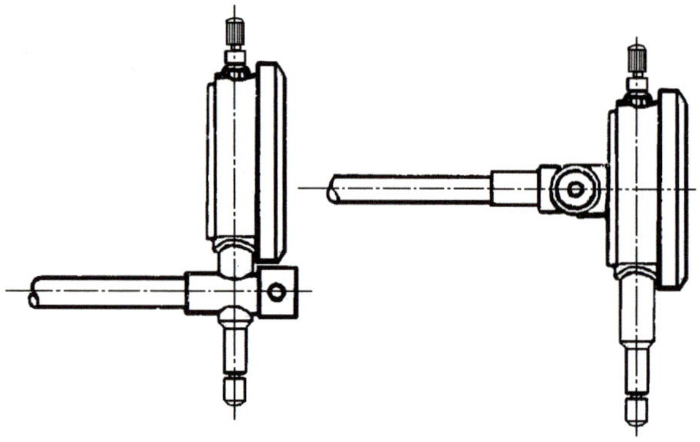

图 3-19 百分表安装方法

（2）测量时，不要使测量杆的行程超过它的测量范围；不要使测量头突然撞在零件上；不要使百分表受到剧烈的振动和撞击，亦不要把零件强行推入测量头下，以免损坏百分表的机件而失去精度。因此，用百分表测量表面粗糙或明显凹凸不平的零件是错误的。

（3）用百分表校正或测量零件时，如图 3-20 所示，应当使测量杆有一定的初始测力，即在测量头与零件表面接触时，测量杆应有 0.3~1 mm 的压缩量（千分表可小一点，有 0.1 mm 即可），使指针转过半圈左右，然后转动表圈，使表盘的零位刻线对准指针。轻轻地拉动手提测量杆的圆头，拉起和放松几次，检查指针所指的零位有无改变。当指针的零位稳定后，再开始测量或校正零件的工作。如果是校正零件，此时开始改变零件的相对位置，读出指针的偏摆值，就是零件安装的偏差数值。

（a）百分表校正　　（b）百分表测量

图 3-20　百分表校正与测量方法

（4）在使用百分表的过程中，要严格防止水、油和灰尘渗入表内，测量杆上也不要加油，免得粘有灰尘的油污进入表内，影响表的灵活性。

（5）百分表不使用时，应使测量杆处于自由状态，以免使表内的弹簧失效。如内径百分表上的百分表，不使用时，应拆下来保存。

二、螺纹千分尺

螺纹千分尺如图 3-21 所示，主要用于测量普通螺纹的中径。

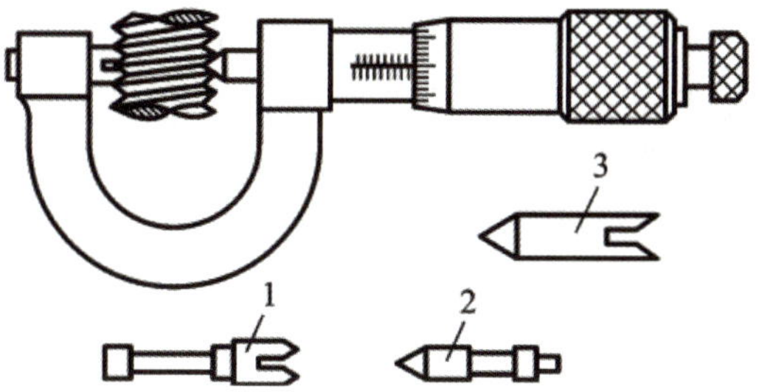

1、2—测量头；3—校正规

图 3-21　螺纹千分尺

螺纹千分尺的结构与外径千分尺相似，不同的是它有两个特殊的可调换的测量头 1 和 2，其角度与螺纹牙型角相同。

螺纹千分尺测量范围与测量螺距的范围见表 3-9。

表 3-9　普通螺纹中径测量范围

测量范围/mm	测量头数量/个	测量头测量螺距的范围/mm
0~25	5	0.4~0.5；0.6~0.8；1~1.25；1.5~2；2.5~3.5
25~50	5	0.6~0.8；1~1.25；1.5~2；2.5~3.5；4~6
50~75	4	1~1.25；1.5~2；2.5~3.5；4~6
75~100		
100~125	3	1.5~2；2.5~3.5；4~6

三、螺纹环规

螺纹环规用于检测外螺纹尺寸的正确性，通端为一件，止端为一件，如图 3-22 所示。检测时以“通规能通过而止规不能通过”为判定螺纹合格的依据。

图 3-22　螺纹环规

使用前，应经相关检验计量机构检验计量合格后，方可投入生产现场使用。

使用时，应注意被测螺纹公差等级及偏差代号与环规标识的公差等级、偏差代号相同（如 M24 × 1.5-6h 与 M24 × 1.5-5g 两种环规外形相同，其螺纹公差带不相同，错用后将产生批量不合格品）。

检验测量过程：首先要清理干净被测螺纹油污及杂质，然后将通规与被测螺纹对正后，用大拇指与食指转动环规，使其在自由状态下旋合通过螺纹全部长度，否则以不通（即不合格）判定；然后将止规与被测螺纹对正后，用大拇指与食指转动环规，旋入螺纹长度在两个螺距之内，否则以通过（即不合格）判定。

四、返回舱零件检测评分表

返回舱零件检测评分表见表 3-10。

表 3-10　返回舱零件检测评分表

工件编号				工件得分					
序号	项目	配分	评分标准	自检		互检		备注
				检测结果	得分	检测结果	得分	
1	机床操作	5	操作正确，动作熟练					
2	工件装夹	5	酌情扣分					
3	刀具选择及安装	5	酌情扣分					
4	工量具使用及摆放	5	酌情扣分					
5	$\phi\ 38^{0}_{-0.062}$	8	每超差 0.01 扣 1 分					
6	$\phi\ 30^{0}_{-0.062}$	8	每超差 0.01 扣 1 分					
7	10 ± 0.1	5	每超差 0.02 扣 1 分					
8	15 ± 0.1	5	每超差 0.02 扣 1 分					

续表

序号	项目	配分	评分标准	自检		互检		备注
				检测结果	得分	检测结果	得分	
9	100 ± 0.1	8	每超差 0.02 扣 1 分					
10	M24 × 1.5	10	不合格不得分					
11	38	4	未完成不得分					
12	*R*2.5	3	不合格不得分					
13	*R*75	3	不合格不得分					
14	槽 3 × 1.5	6	不合格不得分					
15	*C*1.5	2	未完成不得分					
16	4 × 60°	3	未完成不得分					
17	*Ra*1.6（3 处）	3	每超差一处扣 2 分					
18	*Ra*3.2	2	每超差一处扣 1 分					
19	安全生产	5	正确安全操作机床					
20	文明生产	5	着装、工作环境、机床保养					
21	总分	100	—	—		—		

五、零件加工常见问题及解决方法

零件加工常见问题及解决方法见表 3-11。

表 3-11　车螺纹时产生质量问题的原因及解决方法

常见质量问题	产生原因	解决方法
尺寸不正确	（1）车外螺纹前的直径不对 （2）车内螺纹前的孔径不对 （3）车刀刀尖磨损 （4）螺纹车刀切深过大或过小	（1）正确车削外圆与内孔 （2）经常检查螺纹车刀并及时修磨 （3）严格掌握螺纹加工时的切入深度
牙型不正确	（1）螺纹车刀安装不正确，产生牙型半角误差 （2）螺纹车刀刀尖刃磨不正确 （3）螺纹车刀磨损	（1）使用螺纹样板对刀 （2）正确刃磨和测量刀尖角 （3）合理选择切削用量，并及时修磨车刀
螺纹表面粗糙度差	（1）切削用量选择不当 （2）切屑流出方向不对 （3）产生积屑瘤，拉毛螺纹侧面 （4）刀杆刚性不够产生振动	（1）高速钢车刀车削螺纹的速度不能太快，切削厚度应小于 0.06 mm，并加冷却润滑液 （2）硬质合金车刀车削螺纹时，最后一刀的切削厚度要大于 0.1 mm （3）切屑应垂直于轴线方向排出 （4）螺纹车刀刀杆伸出不能太长，提高刀杆刚性

做一做：试根据返回舱零件检测评分表完成图 3-1 所示返回舱零件的检测。

任务五　过程评价

按照项目三的要求,对本项目进行评价,如表 3-12 所示。

表 3-12　项目三过程评价表

第　　组	组长姓名		班级	
小组成员				
过程评价内容				
(1)小组讨论,自我评述完成情况及出现的问题,分析导致零件不合格的原因 (2)小组讨论提出改进方案 (3)教师对学生完成情况进行评价说明				
学生自我总结: 项目完成人签字: 日期:　　年　　月　　日				
指导老师评语: 指导老师签字: 日期:　　年　　月　　日				

做一做:试对本项目的完成情况进行评价,并进行交流。

课后复习题

1. 如图 3-23 所示工件,毛坯尺寸为 $\phi32\times82$,试编制其加工工艺、加工程序,并在数控车床上完成该零件的加工。

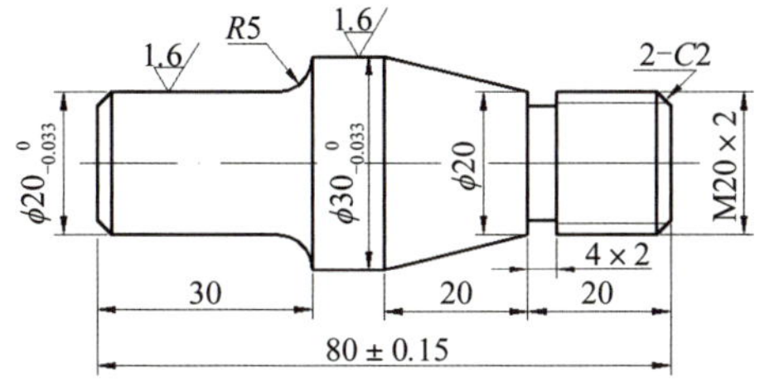

图 3-23

2. 如图 3-24 所示工件，毛坯尺寸为 $\phi80\times110$，试编制其加工工艺、加工程序，并在数控车床上完成该零件的加工。

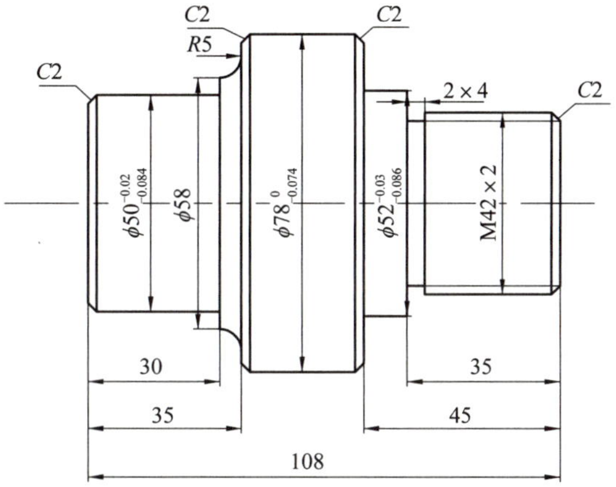

图 3-24

3. 如图 3-25 所示工件，毛坯尺寸为 $\phi55\times157$，试编制其加工工艺、加工程序，并在数控车床上完成该零件的加工。

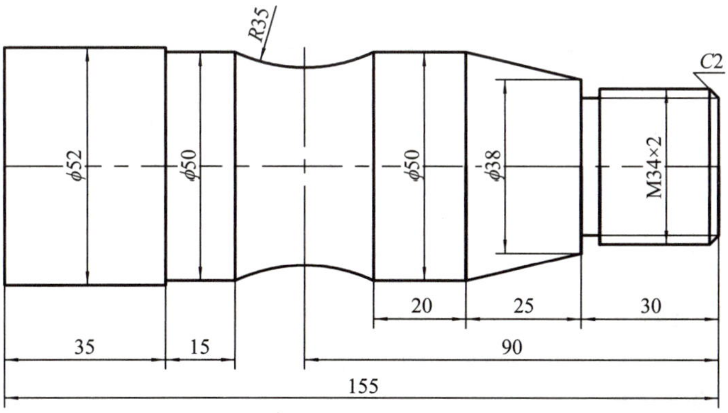

图 3-25

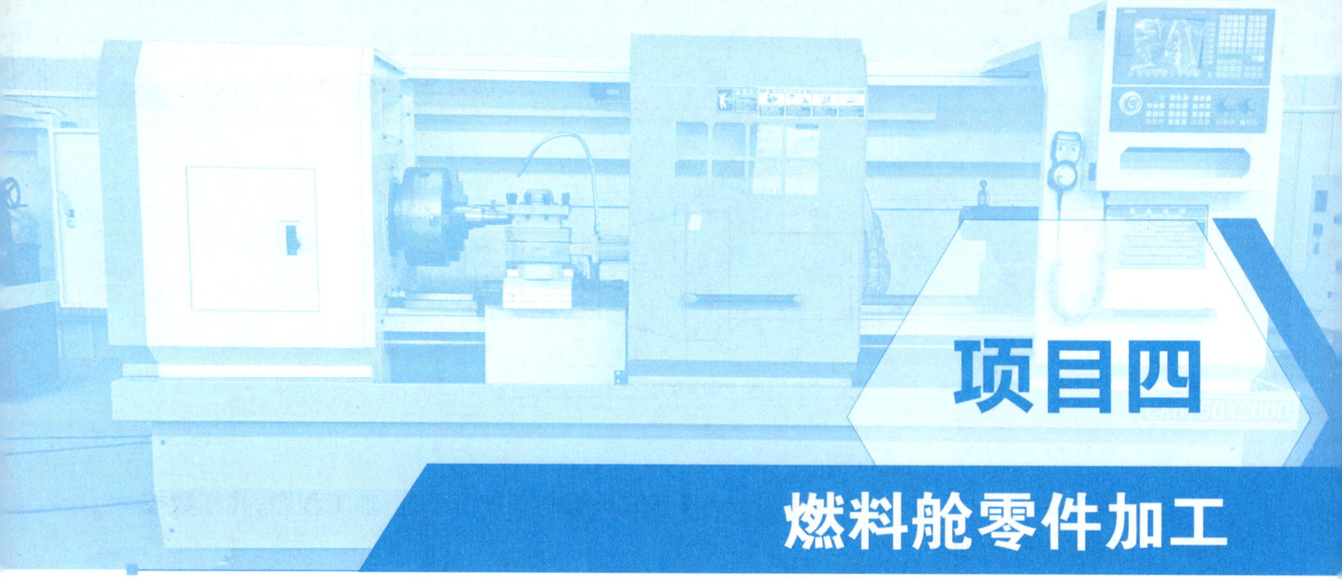

项目四

燃料舱零件加工

学习目标

完成图 4-1 所示燃料舱零件的编程与加工。

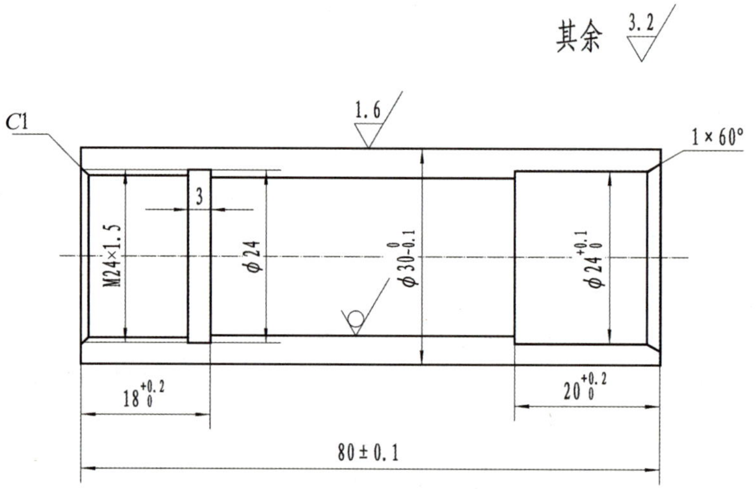

技术要求

1. 材料：铝圆管；
2. 毛坯：φ32×5；
3. 锐角按C0.2倒钝。

图 4-1　燃料舱零件

知识目标

（1）掌握孔加工工艺知识；
（2）掌握内孔编程的知识；
（3）掌握内孔车刀及参数的选用；
（4）掌握内沟槽、内螺纹加工工艺及参数的选用；
（5）掌握内沟槽、内螺纹的编程知识；
（6）掌握内孔加工多把刀具的对刀方法；
（7）掌握相关量具的使用方法。

能力目标

（1）能制定套筒类、内沟槽、内螺纹零件的加工工艺；
（2）能进行内孔、内沟槽、内螺纹的编程；
（3）能熟练操作数控车床加工出合格的套筒类零件；
（4）能选用合适的量具测量零件的加工精度。

素质目标

（1）培养学生的安全意识、纪律意识、责任意识、团队意识；
（2）引导学生养成自觉遵守操作规范的习惯，培育爱岗敬业的职业精神，树立良好的职业道德；
（3）培养学生的质量意识、成本意识、效率意识；
（4）培养学生科学、认真、严谨的工作态度。

工作任务

（1）填写引导文；
（2）在给定的毛坯上完成图 4-1 所示零件的加工；
（3）提交引导文、加工工艺文件、零件评分表和过程评价表。

课程思政

航天精神（三）
王亚平：中国首位太空女教师

人物事迹：王亚平，女，曾在 2013 年 6 月执行神舟十号任务，历时 15 天，成为中国首位太空教师。2021 年末，王亚平执行神舟十三号载人飞行任务，创下了多项纪录。作为中国首位进驻空间站的女航天员、中国首位进行出舱活动的女航天员，她不仅迈出了中国女性舱外太空行走的第一步，还成为目前在轨时间最长的中国女航天员。在载人飞行任务中，王亚平同乘组其他两名成员一起圆满完成数千项操作、数十项在轨科学实验。一堂几十分钟的太空授课，背后是200多个小时的反复试讲；一项简单的太空实验，背后是数百次的精心操练；一次惊艳的太空行走，背后是上千次的严苛训练……不懈的努力是探索浩瀚太空的唯一路径。

精神解读：保卫国家，不只是男生的特权，女生也可以。古有花木兰替父从军，穆桂英挂帅，巾帼不让须眉！今有中国女排精神，张伟丽勇夺UFC（终极格斗冠军赛）世界冠军，王亚平成为中国首位执行出舱任务的女航天员。女性在各行各业都创造了巨大成就。为了获得太空的"入场券"，王亚平就认准一个字：练！日复一日重负荷高强度训练，男航天员坚持多久，她就坚持多久，更是每次都在规定课时外自己加练。顶级的身体素质，超强的心理素质，铸就了今天的王亚平。身处在这个伟大的祖国和伟大的时代，越来越多的女性声音被大家听见，越来越多的女性力量被大家感知。在未来，女性力量还将迸发出更加耀眼的光芒，书写更加灿烂的篇章！

任务一　工艺编制

一、套筒类零件工艺特点

套筒类零件是机械中常见的零件，如支承旋转轴的各种形式的滑动轴承、夹具上引导刀具的导向套、内燃机气缸套、液压系统中的液压缸以及一般用途的套筒类零件等，如图4-2所示。

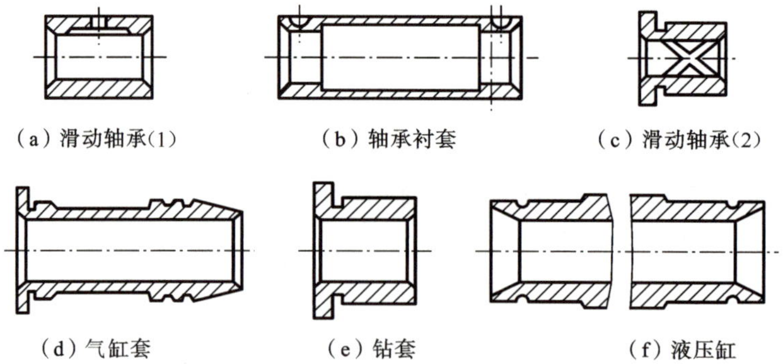

（a）滑动轴承（1）　（b）轴承衬套　（c）滑动轴承（2）

（d）气缸套　（e）钻套　（f）液压缸

图4-2　套筒类零件

套筒类零件通常起支承和导向的作用，不同功用的套筒类零件在结构和尺寸上有着很大的差别，但在结构上仍有共同点：主要表面为内外圆表面，有较高的尺寸精度、形状精度和表面粗糙度要求，且有较高的同轴度要求；零件壁厚较小且易变形；一般情况下，零件长度大于直径；等等。按形状结构来划分，套筒类零件大体可以分为短套筒和长套筒两大类，它们在加工中的装夹方法和加工方法都有很大的差别。

套筒类零件加工的主要工艺问题是如何保证其主要加工表面（内孔和外圆）之间的相互位置精度，以及内孔本身的加工精度和表面粗糙度要求。尤其是薄壁、深孔的套筒零件，由于受力后容易变形，加上深孔刀具的刚性和较差的排屑与散热条件，故深孔加工经常成为套筒零件加工的技术关键。

孔加工方法通常有钻孔、扩孔、车孔、铰孔和镗孔。在实心材料上加工内孔时，必须先用钻头钻孔，然后在已有孔的基础上扩大内孔。

钻孔属于粗加工，其尺寸精度一般可达 IT11~IT12，表面粗糙度（*Ra*）为 12.5~25 μm。钻孔使用的刀具称为钻头，根据结构和用途的不同，钻头分为扁钻、麻花钻、中心钻、锪孔钻、深孔钻等。扩孔使用的刀具有麻花钻和扩孔钻等，扩孔精度可达 IT10~IT11，*Ra* 为 6.3~12.5 μm。

对于铸造孔、锻造孔或用钻头钻出的孔，为达到所要求的尺寸精度、位置精度和表面粗糙度，可采用车孔的方法。车孔后的精度可达 IT7~IT8，*Ra* 为 1.6~3.2 μm，精车 *Ra* 可达 0.8 μm。

铰孔是用铰刀对未淬硬孔进行精加工的一种加工方法。铰孔的刀具是铰刀。铰刀是尺寸精确的多刃刀具，铰孔的质量好，效率高，操作简单。其精度可达 IT7~IT9，*Ra* 可达 0.4 μm。

镗孔是利用镗削方法扩大工件内孔的一种加工方法。镗孔和“钻→扩→铰”工艺相比，孔径尺寸不受刀具尺寸的限制，且镗孔具有较强的误差修正能力，可通过多次走刀来修正原孔轴线偏斜误差，而且能使所镗孔与定位表面保持较高的位置精度。其精度可达 IT7~IT9，*Ra* 为 0.4~3.2 μm。

二、车孔方法

在孔加工中，刀具实时切削情况较难观察，受到加工孔径限制，刀杆截面尺寸不能设计得很大，加之刀具刚性较差，容易出现振动等现象，加工中清除切屑较困难，切削液难以达到切削区域等。故在多工序加工中采用“先内后外、内外交叉”的原则，即粗加工时先进行内腔、内形粗加工，后进行外形粗加工；精加工时先进行内腔、内形精加工，后进行外形精加工。为避免多次装夹对零件形位公差产生影响，工序安排一般比较集中，在实际加工中可能对内孔各尺寸采用一次性加工完成的方式，甚至在一次装夹中将内外表面全部加工完成。

三、零件在车床上的装夹

待加工孔类零件的壁厚较大，选择以零件外圆定位时，可直接用三爪卡盘装夹；外圆轴向尺寸较小时，可与已加工过的端面组合定位装夹，如采用反爪装夹；当三爪卡盘规格无法满足零件外径尺寸要求时，可以选用四爪卡盘和花盘进行装夹。

用三爪自定心卡盘直接装夹加工工件，如图 4-3 所示。

三爪自定心卡盘能自动定心，一般不需找正。三爪自定心卡盘装夹工件夹紧力较小，适用于装夹外形规则的中、小型工件。三爪自定心卡盘可装成正爪或反爪两种形式，其中反爪用来装夹直径较大的工件。用三爪自定心卡盘装夹精加工过的表面时，被夹住的工件表面应包一层铜皮，以免夹伤工件表面。

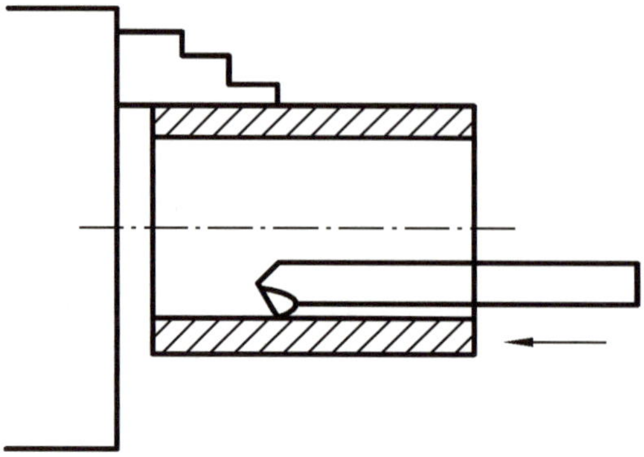

图 4-3　三爪自定心卡盘装夹工件

三爪卡盘不适合用于零件同轴度要求较高的二次装夹加工，或批量生产零件时按上道工序的已加工面装夹，或加工形位精度（如同轴度）要求高的零件。故单件生产时，可用找正法装夹加工，批量生产时常采用软爪。

四、内孔加工刀具及其选择

1. 内孔车刀

根据加工情况，内孔车刀可以分为通孔车刀和盲孔车刀两种，如图 4-4（a）、（b）所示。按车刀形状结构可分为整体式车刀、刀排式车刀和机夹可转位车刀。

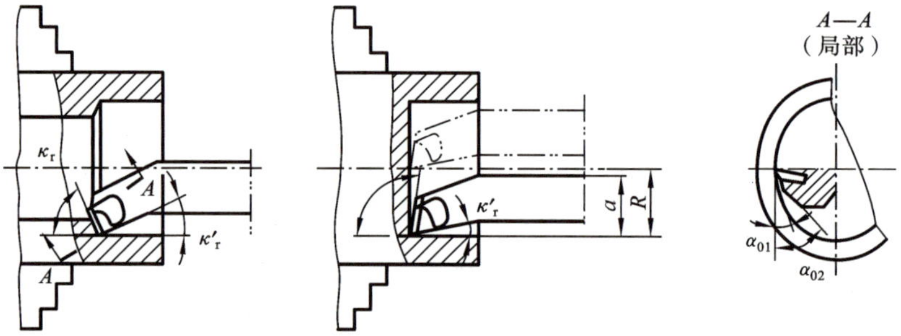

（a）通孔车刀　（b）盲孔车刀　（c）两个后角

图 4-4　内孔车刀

（1）通孔车刀：用于车通孔。车刀主偏角 κ_r 一般取 60°~75°，副偏角 κ'_r 取 15°~30°，后角 α_0 取 6°~8°。为防止车刀后面与孔臂之间的摩擦，车刀后角一般磨成两个（双重后角），见图 4-4（c）。

（2）盲孔车刀：用于车盲孔、台阶面及内端面。车刀主偏角应略大于 90°（κ_r=90°~95°），副偏角和后角与通孔车刀相同。车盲孔时，刀尖与刀杆外端的距离应小于内孔半径，否则无法车削孔底平面。

（3）整体式车刀：它把刀头部分与刀杆组成一体。刀杆部分用中碳钢制成，刀头部分用硬质合金焊接在刀杆前端。

（4）刀排式车刀：它可以把高速钢或硬质合金刀具做成很小的刀头，装在用中碳钢或合金钢制成的刀排前端方孔内，并用螺钉固定。根据刀排方孔的不同位置，可制成通孔刀排和盲孔刀排。采用刀排式车刀的主要目的是节省刀具材料，增加刀杆强度。

（5）机夹可转位车刀（图 4-5）：这种车刀特别适合用于数控机床的生产，当刀尖损坏或磨损后，更换相同规格的刀片后就可重新加工，无须重新对刀。它的刀杆和刀片都有相应的标准，在生产中可以根据所加工孔的情况选择相应的刀杆和刀片。

图 4-5　机夹可转位车刀

2. 内孔车刀的选择

圆柄车刀柄部为圆形，利于排屑，在加工相同直径的孔时应优先选择圆柄车刀。

车孔时，车刀刀杆直径受到孔径的限制，刀杆的悬臂伸出长度又要满足孔深要求，而且加工孔的过程又是在工件内部进行的，因此解决车刀的刚性和车削时的排屑问题是车孔的关键。

（1）刀杆：无论是整体式车刀还是刀排式车刀，都应尽可能选用截面尺寸较大的刀杆，以增加其刚性和强度。

为防止车孔时的振动，刀杆的悬臂伸出长度只要略大于孔的深度即可。图 4-6 所示为内孔车刀，其刀杆伸出长度固定，不能适应不同孔深的工件。图 4-7 所示的方形刀杆，可根据不同的孔深调整刀杆伸出长度，以利于发挥刀杆的最大刚性。

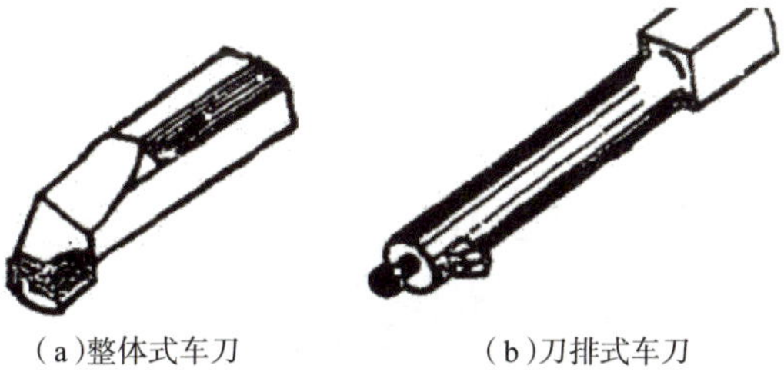

（a）整体式车刀　　（b）刀排式车刀

图 4-6　内孔车刀种类

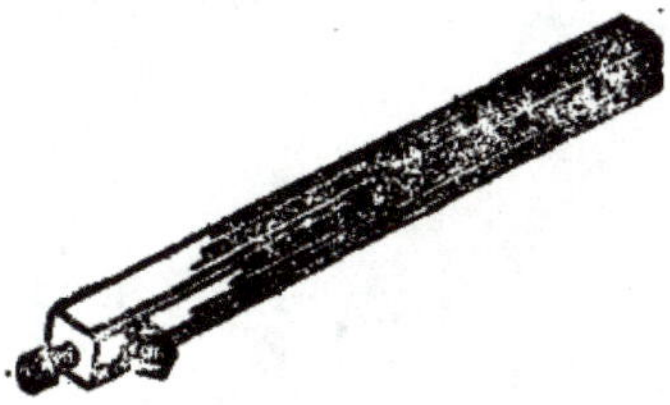

图 4-7　方形刀杆

（2）排屑：加工通孔时，为使已加工表面不被切屑划伤，要求切屑流向待加工表面（前排屑），这时宜选择刃倾角为正值的车刀；加工盲孔时，切屑只能从孔口排出（后排屑），这时宜选择刃倾角为负值的车刀。图 4-8 为两种典型的内孔车刀。

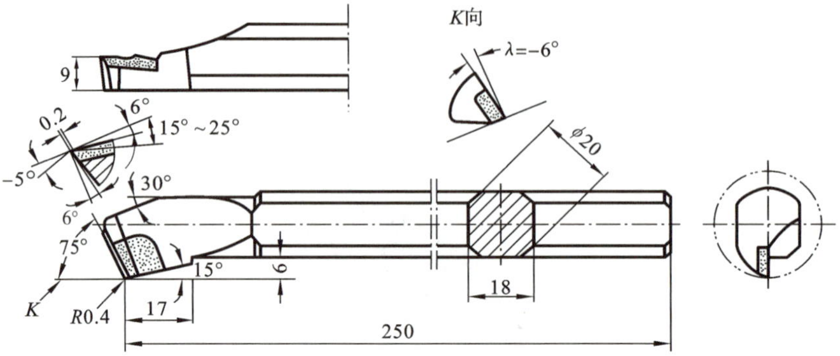

（a）前排屑通孔车刀

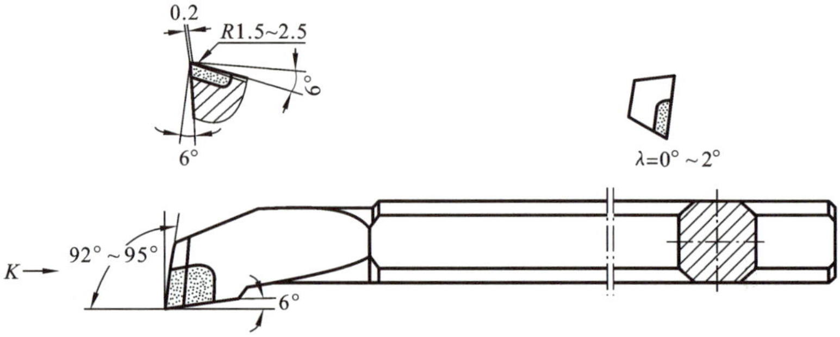

（b）后排屑盲孔车刀

图 4-8　内孔车刀

3. 内沟槽刀

内沟槽刀（图 4-9）可以在内孔中加工退刀槽、越程槽或内腔，一般有焊接式和机夹式两种。加工时，选择的内沟槽刀的宽度必须小于或等于被加工槽的宽度。选择焊接刀具加工前，必须准确测量刃磨的内沟槽刀的宽度。

图 4-9　内沟槽刀

4. 内螺纹刀

内螺纹刀(图 4-10)一般也有焊接式和机夹式两种。选择可转位机夹式螺纹刀加工时,应尽量选择与被加工螺纹的螺距一致的刀片。

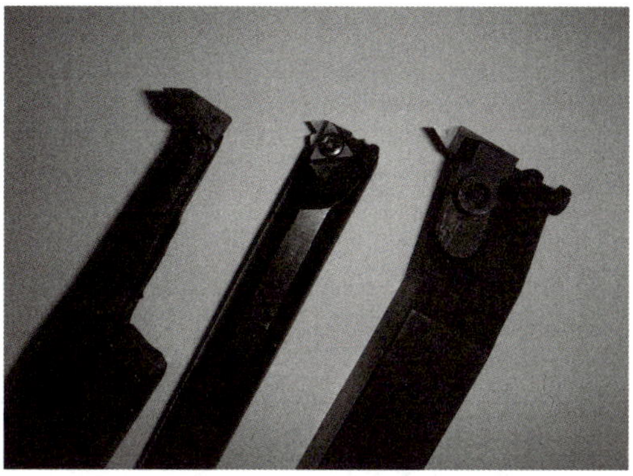

图 4-10　内螺纹刀

五、工艺编制示例

如图 4-11 所示,零件毛坯选用 $\phi 40$ 的 45#钢棒料,试进行该零件的工艺编制。

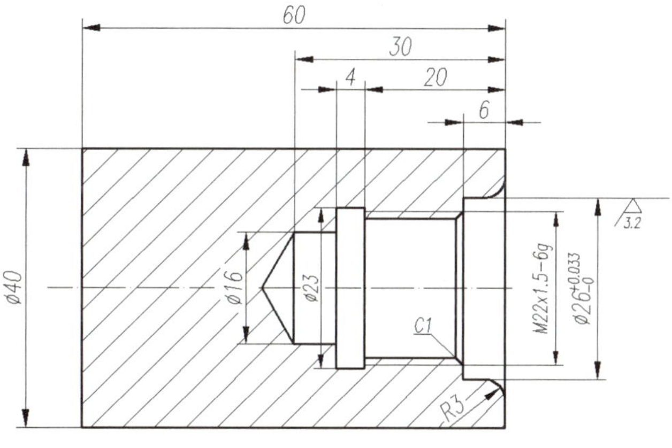

图 4-11　工艺编制示例

1. 刀具选择

$\phi 16$ 底孔选择 $\phi 16$ 的锥柄进行钻孔;台阶孔选择镗刀进行加工,所选镗刀杆的最小镗孔尺寸为 15 mm 左右,长度不小于 30 mm,镗孔时将 $\phi 23 \times 4$ 退刀槽和 M22 × 1.5 螺纹部分按照螺纹孔的底径尺寸进行加工,其余台阶按图纸加工;$\phi 23 \times 4$ 退刀槽选择槽宽为 4 mm 的切槽刀加工;M22 × 1.5 内螺纹选择内螺纹刀加工。

2. 数控加工刀具使用卡

数控加工刀具使用卡见表 4-1。

表 4-1　数控加工刀具使用卡

<table>
<tr><td>班级</td><td></td><td>组号</td><td></td><td>零件名称</td><td></td><td>零件型号</td><td></td></tr>
<tr><td colspan="4">数控加工刀具卡片</td><td>编制</td><td></td><td>校核</td><td></td></tr>
<tr><td>序号</td><td>刀具号</td><td colspan="3">刀具型号、规格、名称</td><td>用途</td><td colspan="2">备注</td></tr>
<tr><td>1</td><td>T01</td><td colspan="3">90° 外圆车刀</td><td>平端面</td><td colspan="2"></td></tr>
<tr><td>2</td><td>T02</td><td colspan="3">镗孔加工</td><td>加工内孔</td><td colspan="2"></td></tr>
<tr><td>3</td><td>T03</td><td colspan="3">内沟槽加工</td><td>加工内沟槽</td><td colspan="2"></td></tr>
<tr><td>4</td><td>T04</td><td colspan="3">内螺纹加工</td><td>加工内螺纹</td><td colspan="2"></td></tr>
</table>

工艺路线的规划：如图 4-11 所示，该套筒零件的内孔表面为主要加工表面，工艺路线为粗加工钻孔→平端面→粗镗孔→精镗孔→切内沟槽→加工内螺纹。

练一练：试对图 4-1 所示零件进行工艺路线规划。

3. 数控加工工艺规程卡

数控加工工艺规程卡见表 4-2。

表 4-2　数控加工工艺规程卡

<table>
<tr><td>零件名称</td><td>零件材料</td><td>毛坯种类</td><td>毛坯硬度</td><td>班级</td><td colspan="2">编制</td></tr>
<tr><td>台阶轴</td><td>45#钢</td><td>圆棒料</td><td>HRC20-30</td><td></td><td colspan="2"></td></tr>
<tr><td>工序号</td><td>工序名称</td><td>工序内容</td><td>车间</td><td>设备名称</td><td>夹具</td><td>备注</td></tr>
<tr><td>10</td><td>内孔加工</td><td>平端面、粗精车内孔、车内沟槽、车内螺纹</td><td>数控车间</td><td>数控车床</td><td>三爪卡盘</td><td></td></tr>
</table>

4. 数控加工工序卡

数控加工工序卡见表 4-3。

表 4-3　数控加工工序卡

<table>
<tr><td>班级</td><td></td><td colspan="2">编制</td><td></td><td>零件号</td><td colspan="2"></td></tr>
<tr><td colspan="2" rowspan="2">数控加工工序卡片</td><td colspan="2">零件名称</td><td></td><td>程序号</td><td colspan="2">%4101</td></tr>
<tr><td colspan="2">材料</td><td>45#钢</td><td>使用设备</td><td colspan="2">数控车床</td></tr>
<tr><td>工序号</td><td>10</td><td colspan="2">夹具编号</td><td></td><td>车间</td><td colspan="2">数控加工车间</td></tr>
<tr><td rowspan="2">工步号</td><td rowspan="2">工步内容</td><td colspan="2">刀具名称</td><td colspan="3">切削用量</td><td rowspan="2">备注</td></tr>
<tr><td>编号</td><td>规格</td><td>转速/（r/min）</td><td>进给速度/（mm/min）</td><td>背吃刀量/mm</td></tr>
<tr><td>1</td><td>钻孔</td><td>麻花钻</td><td></td><td>300</td><td>—</td><td>—</td><td></td></tr>
</table>

续表

班级		编制			零件号		
2	平端面	T01		500	75	0.5	
3	粗镗孔	T02		500	120	1.5	
4	精镗孔	T02		600	60	0.4	
5	切内沟槽	T03		400	—	—	
6	加工内螺纹	T04		500	—	—	

做一做：试编写图 4-1 所示燃料舱零件的工艺文件。

任务二　程序编制

本任务主要是加工外圆和内孔，可以用 G71 复合循环指令。

使用 G71 指令加工内孔时的格式如下：

G71 U(Δd) R(r) P(ns) Q(nf) X(Δx) Z(Δz) F(f) S(s) T(t);

与外圆加工不同之处是 X 方向精加工余量 Δx 为负值。

一、内孔加工程序编制

1. 坐标系统设定

因数控车床的 T 指令在换刀的同时，调用刀具补偿，即建立工件坐标系，实质上，每把刀具所建立的坐标系是独立的，但为了操作方便，这些坐标系与编程坐标系应该是重合的，对于内孔加工，一般将工件坐标系的原点设置在工件的右端面中心。

2. 刀具补偿指令

刀具半径补偿：内孔车刀也有刀具半径，在编程精加工轮廓时，如果使用刀尖圆弧半径补偿指令(如 G41、G42)，要注意补偿方向与外圆车削相反。

3. 循环指令应用

内孔加工可以使用固定循环或复合循环指令来提高编程效率，但在使用这些循环指令时，要准确设置循环参数，如每次切削的背吃刀量、退刀量、精加工余量等。因内孔加工时空间有限，特别需要注意的是循环起点的设置，循环起点位置应略小于底孔孔径，否则可能引起刀杆后部与工件发生碰撞的情况。

4. 编程安全

在编程时，要考虑内孔加工的特殊性，避免刀具与工件、卡盘等发生碰撞。具体来说，应注意以下几个方面：

(1)在刀具接近内孔加工起点时，要以较低的进给速度接近，并且要设置合理的安全距离；

（2）程序调试时，刀具在孔内部 X 方向退刀时尽量使用 G01，避免发生事故；

（3）在退刀时，要注意退刀方向和退刀距离，防止刀具划伤已加工表面或发生碰撞。

5. 编程示例

用内径粗加工复合循环编制图 4-12 所示零件的加工程序：切削深度为 1.5 mm（半径量），退刀量为 1 mm，X 方向精加工余量为 0.4 mm，Z 方向精加工余量为 0.1 mm，其中点画线部分为工件毛坯。

内孔 G71 指令讲解

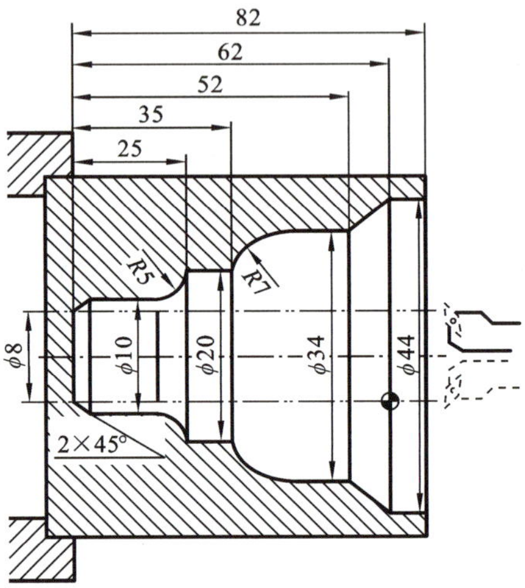

图 4-12　G71 内径复合循环编程实例

%4001	程序名
N1　T0101	调用 1 号刀具、1 号刀补
N2　G00 X80 Z80	到换刀点
N3　M03 S500	主轴以 500 r/min 转速正转
N4　X7 Z1	到循环起点位置
N5　G71 U1 R1 P10 Q20 X-0.6 Z0.1 F100	内径粗切循环加工
N6　G00 Z80	粗切后 Z 向回到换刀点位置
N7　X80	粗切后 X 向回到换刀点位置
N8　T0202	换 2 号刀，确定其坐标系
N9　G00 G41 X6 Z5	2 号刀加入刀尖圆弧半径补偿
N10　N10 G00 X44	精加工轮廓开始，到 $\phi44$ 外圆处
N11　G01 W-20 F80	精加工 $\phi44$ 外圆
N12　U-10 W-10	精加工外圆锥
N13　W-10	精加工 $\phi34$ 外圆
N14　G03 U-14 W-7 R7	精加工 $R7$ 圆弧
N15　G01 W-10	精加工 $\phi20$ 外圆
N16　G02 U-10 W-5 R5	精加工 $R5$ 圆弧
N17　G01 Z-80	精加工 $\phi10$ 外圆

N18　U-4 W-2	精加工 2 × 45° 倒角，精加工轮廓结束
N19　N20 G40 X4	退出已加工表面，取消刀尖圆弧半径补偿
N20　G00 Z80	退出工件内孔
N21　X80	回程序起点或换刀点位置
N22　M30	主轴停，主程序结束并复位

二、内沟槽加工程序编制

内沟槽的编程方法与外沟槽相同，所用指令也相同，下面用实例对内沟槽的程序编写进行说明。

例 1　如图 4-13 所示，底孔 ϕ20 和内螺纹底孔 ϕ22.5 以及倒角 *C*2 已经加工完成，试编制 6 mm × 1.5 mm 内沟槽的加工程序。

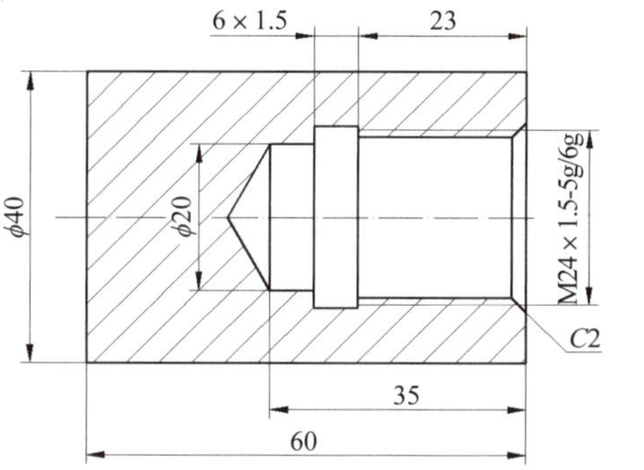

图 4-13　编程示例

选择的内沟槽刀宽度为 4 mm，根据内螺纹底孔 ϕ22.5，计算出内沟槽的直径为 25.5 mm。利用 G01 与 G00 方法编写程序如下：

%4002	程序名
N1　T0303	调用 3 号刀具、3 号刀补
N2　M03 S500	主轴以 500 r/min 转速正转
N3　G00 X18 Z2	移至工件端面
N4　G00 Z-29	快速定位到内沟槽起点
N5　G01 X25.4	*X* 向进给加工内沟槽
N6　X18	*X* 向退刀
N7　G00 Z-27	*Z* 向进给至内沟槽的终点
N8　G01 X25.5	*X* 向进给加工内沟槽
N9　Z-29	*Z* 向进给精加工内沟槽
N10　X18	*X* 向退刀
N11　G00 Z100	*Z* 向快速退刀，离开工件
N12　X100	*X* 向快速退刀
N13　M30	程序结束

三、内螺纹加工程序编制

内螺纹的编程方法与外螺纹相同，所用指令也相同，即单行程螺纹切削指令 G32、螺纹切削单一循环指令 G82、螺纹切削复合循环指令 G76。利用循环指令 G82 或 G76 编程时注意起刀点的 X 坐标必须小于内螺纹的底径 1 mm 左右，否则退刀时会与内螺纹牙顶发生干涉。

内螺纹孔底径的尺寸计算方法如下。

加工钢件或塑性材料时

$$D \approx d - P$$

加工铸铁或脆性材料时

$$D \approx d - (1.05 \sim 1.1)P$$

式中　D——底孔直径（mm）；

d——螺纹公称直径（mm）；

P——螺距（mm）。

如果螺纹螺距较大，牙型较深，可分几次进给，背吃刀量可参考表 3-3。

例 2　如图 4-13 所示，编写内螺纹 M24 × 1.5 的加工程序。

M24 × 1.5 内螺纹的底径 D=24−1.5=22.5 mm。

方法一：利用单行程螺纹切削指令 G32 编程如下。

%4003		程序名
N1	T0404	调用 4 号刀具、4 号刀补
N2	M03 S500	主轴以 500 r/min 转速正转
N3	G00 X23.4 Z2	快速定位到螺纹第一刀的 X 深度与起点 Z
N4	G32 Z-25 F1.5	加工螺纹第一刀
N5	G00 X21	X 向快速退刀
N6	Z2	Z 向快速退刀
N7	X22.9	快速定位到螺纹第二刀的 X 深度
N8	G32 Z-25 F1.5	加工螺纹第二刀
N9	G00 X21	X 向快速退刀
N10	Z2	Z 向快速退刀
N11	X22.4	快速定位到螺纹第三刀的 X 深度
N12	G32 Z-25 F1.5	加工螺纹第三刀
N13	G00 X21	X 向快速退刀
N14	Z2	Z 向快速退刀
N15	X22.15	快速定位到螺纹第四刀的 X 深度
N16	G32 Z-25 F1.5	加工螺纹第四刀
N17	G00 X21	X 向快速退刀
N18	Z2	Z 向快速退刀
N19	X22.05	快速定位到螺纹最后一刀的 X 深度

```
N20  G32 Z-25 F1.5              加工螺纹最后一刀
N21  G00 X21                    X向快速退刀
N22  Z100                       Z向快速退刀
N23  X100                       X向快速退刀
N24  M30                        程序结束
```

方法二：利用螺纹切削单一循环指令 G82 编程如下。

```
%4006
N1   T0404                      调用4号刀具、4号刀补
N2   M03 S500                   主轴以500 r/min转速正转
N3   G00 X21 Z2                 快速定位到螺纹的起点X和Z
N4   G82 X23.4 Z-25 F1.5        加工螺纹第一刀
N5   X22.9                      加工螺纹第二刀
N6   X22.4                      加工螺纹第三刀
N7   X22.15                     加工螺纹第四刀
N8   X22.05                     加工螺纹最后一刀
N9   G00 X100 Z100              X与Z向快速退刀
N10  M30                        程序结束
```

方法三：利用螺纹切削复合循环指令 G76 编程如下。

```
%4005
N1   T0404                                           调用4号刀具、4号刀补
N2   M03 S500                                        主轴以500 r/min转速正转
N3   G00 X21 Z2                                      快速定位到螺纹的起点X和Z
N4   G76 C2 A60 X24 Z-25 K0.93 U0.1 V0.1 Q0.4 F1.5   复合循环加工内螺纹
N5   G00 X100 Z100                                   X与Z向快速退刀
N6   M30                                             程序结束
```

做一做：试编写图 4-1 所示燃料舱零件的加工程序。

任务三　机床操作

一、内孔加工刀具的安装

相对于外轮廓、外沟槽及外螺纹来说，内轮廓、内沟槽及内螺纹的切削要困难得多，主要体现在刀具的选择、刃磨、安装及切削用量的选择上。

1. 内孔车刀的安装

（1）车孔时，由于刀杆刚性较差，容易引起振动，因此切削用量应比车外圆时小些。

（2）为提高刀杆刚性，刀杆应尽量短，并保证刀尖对准工件中心。

（3）车内平面时，要求横向有足够的退刀空间。

（4）精车内孔时，要保持刀刃锋利，否则容易产生“让刀”现象而把孔车成锥形。

（5）测量内孔时，要注意工件的热胀冷缩现象，特别是薄壁套筒类零件，要防止因冷缩而使孔径达不到要求的尺寸。

（6）车小孔时，应随时注意排屑，防止因内孔被切屑阻塞而使工件报废。

2. 内沟槽刀的安装

（1）根据内沟槽所在的位置确定刀杆伸出的长度，不宜过长，否则在切削时易产生振动。

（2）主切削刃要与工件回转中心等高。

（3）切槽刀主切削刃要平直，各角度要适当。

3. 内螺纹刀的安装

与外螺纹车刀相似，为了保证牙型正确，对安装内螺纹车刀也提出了较严格的要求。

1）刀尖高

装夹螺纹车刀时，刀尖位置一般应与车床主轴轴线等高。特别是内螺纹车刀的刀尖高必须严格保证，以免出现“扎刀”“阻刀”“让刀”及螺纹面不光等现象。

2）牙型半角

装夹螺纹车刀时，要求它的刀尖齿形对称并垂直于工件轴线。如果内螺纹刀装歪，所车螺纹就会产生牙型歪斜等质量异常现象，从而影响正常旋合。对于焊接式内螺纹车刀，装刀时可按照图 4-14 所示，用样板校对刀型与工件端面平行的方法安装内螺纹刀；对于机械夹固式内螺纹车刀，则主要通过刀夹或者通过刀杆与刀架的平行作为参考进行安装。

3）刀头伸出长度

内螺纹车刀刀头的伸出长度以略超出螺纹终止位置为宜，不宜过大。

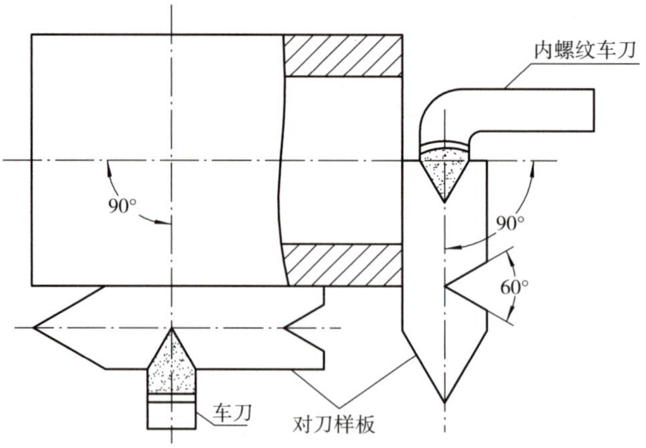

图 4-14　内螺纹刀的安装

二、内孔加工刀具的对刀

由于加工内沟槽之前一般都要进行镗孔加工，故内沟槽与内螺纹刀具的对刀在镗孔刀对刀之后。具体方法如表 4-4 所示。

内孔加工刀具的对刀

表 4-4　常用车刀对刀操作简表

刀号	X 向对刀操作	Z 向对刀操作	备注
1 号刀（90° 外圆车刀）	车外圆→测量→输入 X 值	平端面→输入 Z 值	（1）此表中的“输入 X 值”“输入 Z 值”要注意对应的刀号，如果输错位置将十分危险 （2）3 号刀和 4 号刀在 X 向对刀方法中的“靠内孔”中的“内孔”指的是对 2 号刀时所车削的已知尺寸的内孔
2 号刀（内孔车刀）	车外圆→测量→输入 X 值	靠端面→输入 Z 值	
3 号刀（内切槽刀）	方法 1：车内孔→测量→输入 X 值 方法 2：靠内孔→输入 X 值	靠端面→输入 Z 值	
4 号刀（内外螺纹刀）	方法 1：车内孔→测量→输入 X 值 方法 2：靠内孔→输入 X 值	对端面→输入 Z 值	

做一做：试操作机床完成对刀，并进行图 4-1 所示燃料舱零件的加工。

任务四　零件检测

从图纸要求来看，图 9-1 的主要尺寸为直径和长度，其中外径可采用外径千分尺检测，长度尺寸可采用游标卡尺及深度游标卡尺检测，这些量具在前面的项目中已经介绍，在此只介绍内孔测量的相关量具。

一、内测千分尺

内测千分尺如图 4-15 所示，可测量小尺寸内径和内侧面槽的宽度。其特点是容易找正内孔直径，测量方便。国产内测千分尺的最小刻度值为 0.01 mm，测量范围有 5~30 mm 和 25~50 mm 两种，图 4-15 所示的是测量范围为 5~30 mm 的内测千分尺。内测千分尺的读数方法与外径千分尺相同，只是套筒上刻度对应数字的顺序与外径千分尺相反，另外它的测量方向和读数方向也都与外径千分尺相反。

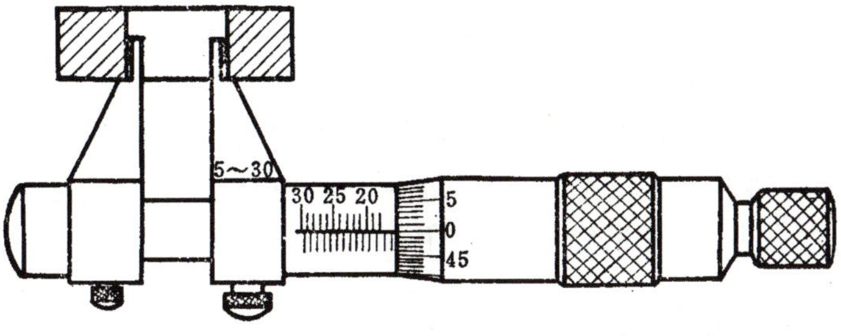

图 4-15　内测千分尺

二、内径百分表

1. 内径百分表的结构

内径百分表是内量杠杆式测量架和百分表的组合，如图 4-16 所示，用以测量或检验零件的内孔、深孔直径及形状精度。

在三通管 3 的一端装着活动测量头 1，另一端装着可换测量头 2，垂直管口一端通过连杆 4 装有百分表 5。活动测量头 1 的移动，使传动杠杆 7 回转，通过活动杆 6 推动百分表的测量杆，使百分表指针产生回转。由于传动杠杆 7 的两侧触点是等距离的，当活动测量头移动 1 mm 时，活动杆也移动 1 mm，推动百分表指针回转一圈，所以活动测量头的移动量可以在百分表上读出来。

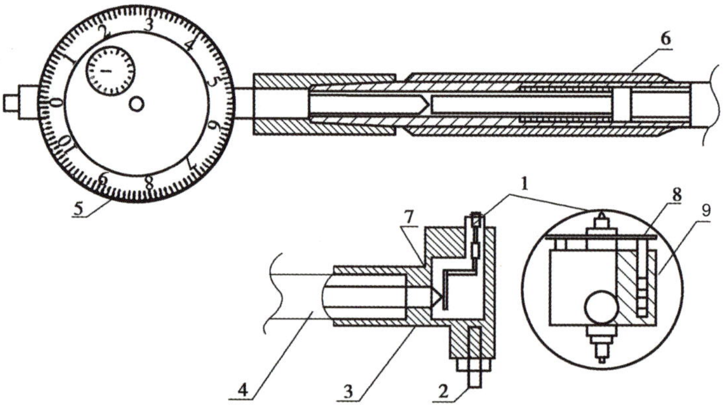

1—活动测量头；2—可换测量头；3—三通管；4—连杆；5—百分表；6—活动杆；
7—传动杠杆；8—定心护桥；9—弹簧

图 4-16　内径百分表

两触点量具在测量内径时，不容易找正孔的直径方向，定心护桥 8 和弹簧 9 就起到帮助找正直径位置的作用，使内径百分表的两个测量头正好在内孔直径的两端。活动测量头的测量压力由活动杆 6 上的弹簧控制，保证测量压力一致。

内径百分表活动测量头的移动量，小尺寸的只有 0~1 mm，大尺寸的可有 0~3 mm，它的测量范围是由更换或调整可换测量头的长度来达到的。因此，每个内径百分表都附有成套的可换测量头。国产内径百分表的最小刻度值为 0.01 mm，测量范围有 10~18 mm、18~35 mm、35~50 mm、50~100 mm、100~160 mm、160~250 mm、250~450 mm。

用内径百分表测量内径是一种比较量法，测量前应根据被测孔径的大小，在专用的环规或百分尺上调整好尺寸后才能使用。调整内径百分表的尺寸时，选用可换测量头的长度及其伸出的距离（大尺寸内径百分表的可换测量头是用螺纹旋上去的，故可调整伸出的距离，小尺寸的不能调整），应使被测尺寸在活动测量头总移动量的中间位置。

内径百分表的示值误差比较大，如测量范围为 35~50 mm 的内径百分表，其示值误差为 ±0.015 mm。为此，使用时应当经常在专用环规或百分尺上校对尺寸（习惯上称校对零位）。

内径百分表的指针摆动读数，刻度盘上每一格为 0.01 mm，盘上刻有 100 格，即指针每转一圈为 1 mm。

2. 内径百分表的使用方法

内径百分表用来测量圆柱孔，它附有成套的可调测量头，使用前必须先进行组合和校对零位。

组合时，将百分表装入连杆内，压入深度以百分表小指针处于 0 和 1 之间且长针与连杆轴线平行为准，刻度盘上的字应垂直向下，以便于测量时观察，装好后应予紧固。

内径百分表与其他精密量具一样属贵重仪器，其调校精度直接影响工件的加工精度，适用于精加工时的测量。应避免在粗加工时使用，一方面受量程限制，另一方面粗加工时工件加工表面粗糙不平易磨损测量头，影响其使用寿命和精度。

测量前应根据被测孔径大小用外径百分尺调整好尺寸后才能使用，如图 4-17 所示。在调整尺寸时，应正确选用可换测量头的长度及其伸出距离，使被测尺寸在活动测量头总移动量的中间位置。

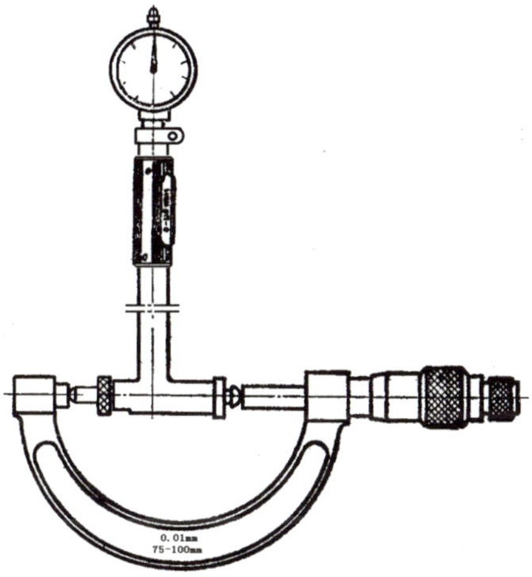

图 4-17　用外径百分尺调整尺寸

测量时，连杆中心线应与工件中心线平行，不得歪斜，同时应在圆周上多测几个点，找出孔径的实际尺寸，看是否在公差范围以内，如图 4-18 所示。

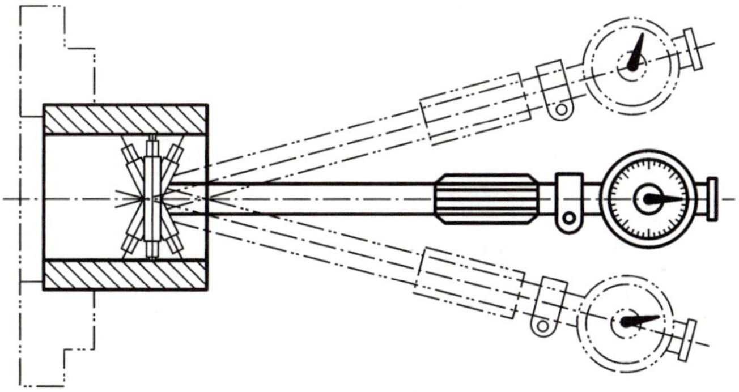

图 4-18　内径百分表的测量方法

三、螺纹塞规

螺纹的检验通常用检测螺纹中径极限尺寸是否合格的螺纹量规。检测内螺纹的量规叫作螺纹塞规。如图 4-19 所示是螺纹塞规及其牙型。

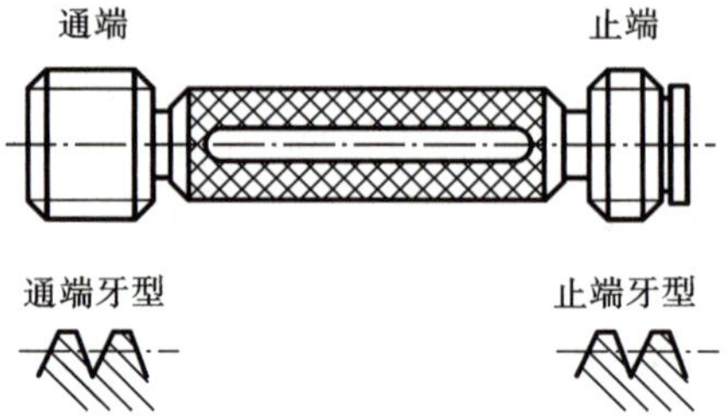

图 4-19　螺纹塞规及其牙型

螺纹的止规用来控制外螺纹的中径最大极限尺寸，螺纹的通规用来控制外螺纹的中径最小极限尺寸。螺纹的通规通过，止规不过，即可以判断螺纹合格。

通端螺纹环、塞规用来控制作用中径，应采用完整牙型，其长度应等于旋合长度。而止端螺纹环、塞规采用截牙型，其长度也可较短，以减小螺距误差及牙型半角误差对检验结果的影响。在成批生产中，多采用这种方法检测螺纹。

另外，螺纹的检测方法还有：用螺纹千分尺直接测量中径尺寸大小的方法；用来间接测量中径的三针测量法；用来测量螺纹螺距、中径和牙型半角等参数的工具显微镜测量法。

四、燃料舱零件检测评分表

燃料舱零件检测评分表见表 4-5。

表 4-5　燃料舱零件检测评分表

工件编号				工件得分				
序号	项目	配分	评分标准	自检		互检		备注
				检测结果	得分	检测结果	得分	
1	机床操作	5	操作正确，动作熟练					
2	工件装夹	5	酌情扣分					
3	刀具选择及安装	5	酌情扣分					
4	工量具使用及摆放	5	酌情扣分					
5	$\phi30^{0}_{-0.1}$	10	每超差 0.01 扣 1 分					
6	$\phi24^{0.1}_{0}$	10	每超差 0.01 扣 1 分					
7	$\phi24$	6	每超差 0.01 扣 1 分					
8	$20^{0.2}_{0}$	8	每超差 0.02 扣 1 分					
9	$18^{0.2}_{0}$	8	每超差 0.02 扣 1 分					
10	80 ± 0.1	10	每超差 0.02 扣 1 分					

续表

序号	项目	配分	评分标准	自检		互检		备注
				检测结果	得分	检测结果	得分	
11	槽宽 3 mm	5	未完成不得分					
12	$C1$	3	未完成不得分					
13	1 × 60°	3	未完成不得分					
14	$Ra1.6$	4	每超差一处扣 2 分					
15	$Ra3.2$	3	每超差一处扣 1 分					
16	安全生产	5	正确安全操作机床					
17	文明生产	5	着装、工作环境、机床保养					
18	总分	100	—	—		—		

五、零件加工常见问题及解决方法

零件加工常见问题及解决方法见表 4-6。

表 4-6 镗孔时产生质量问题的原因及解决方法

常见质量问题	产生原因	解决方法
尺寸不对	(1)量具本身有误差或测量方法不正确，读数不正确 (2)镗刀安装不正确，刀杆与孔壁相碰 (3)在过热的情况下精车，工件冷却后，内孔收缩，使孔缩小	(1)量具使用前，必须仔细检查和调整零位，正确掌握测量方法 (2)选择合理的刀杆直径，在试装镗刀时，保证刀杆与孔壁不发生碰撞 (3)使工件冷却后，在常温时精车内孔
内孔有锥度	(1)刀具磨损 (2)刀杆刚性差，切削刃不锋利，产生“让刀”现象，使孔外大里小	(1)采用耐磨的硬质合金刀具 (2)增加刀杆的刚性，研磨车刀，保持切削刃锋利，精镗后，在同一位置再进给一次
内孔不光	(1)镗刀磨损 (2)镗刀刃磨不良或装刀时刀尖低于孔的中心 (3)切削用量选择不当 (4)刀杆刚性不够，产生振动	(1)重新刃磨镗刀 (2)保证切削刃锋利，无崩刃、无裂纹，精镗刀安装时可略高于工件中心 (3)适当降低切削速度，减少进给量，精镗时切削深度不宜过大 (4)尽可能采用较粗的刀杆或降低切削速度

做一做：试完成图 4-1 所示燃料舱零件的检测，填写检测评分表。

任务五　过程评价

按照项目四的要求，对本项目进行评价，如表 4-7 所示。

表 4-7　项目四过程评价表

第　　组	组长姓名		班级	
小组成员				
过程评价内容				
(1)小组讨论，自我评述完成情况及出现的问题，分析导致零件不合格的原因 (2)小组讨论提出改进方案 (3)教师对学生完成情况进行评价说明				
学生自我总结： 项目完成人签字： 日期：　　年　　月　　日				
指导老师评语： 指导老师签字： 日期：　　年　　月　　日				

做一做：试对本项目的完成情况进行评价，并进行交流。

课后复习题

1. 简述内孔加工应注意的主要事项。
2. 如图 4-20 所示工件，试编制其加工工艺、加工程序，并在数控车床上完成该零件的加工。

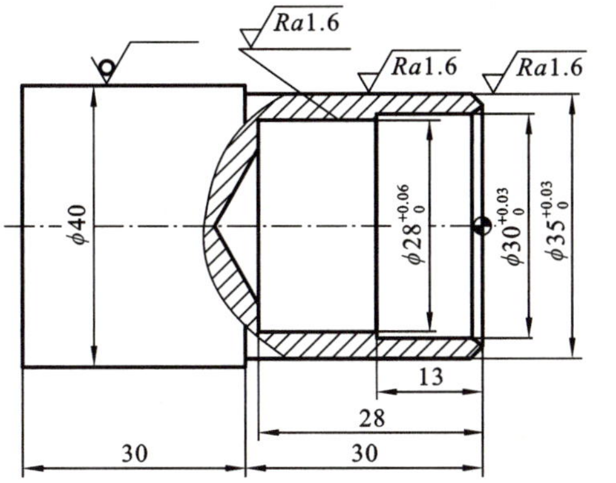

图 4-20

3. 如图 4-21 所示工件，试编制其加工工艺、加工程序，并在数控车床上完成该零件的加工。

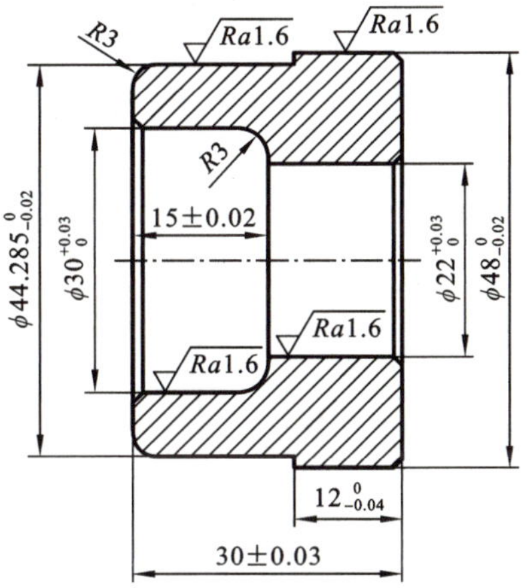

图 4-21

4. 如图 4-22 所示工件，试编制其加工工艺、加工程序，并在数控车床上完成该零件的加工。

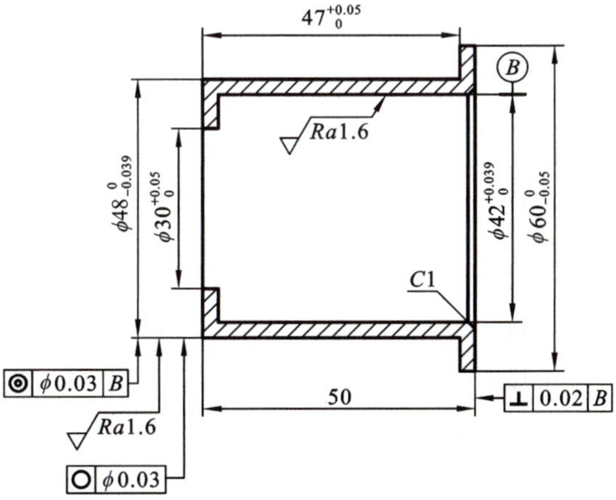

图 4-22

5. 如图 4-23 所示工件，试编制其加工工艺、加工程序，并在数控车床上完成该零件的加工。

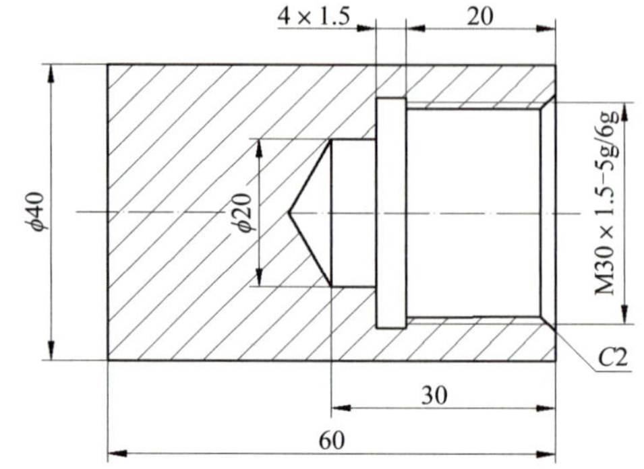

图 4-23

6. 如图 4-24 所示工件，试编制其加工工艺、加工程序，并在数控车床上完成该零件的加工。

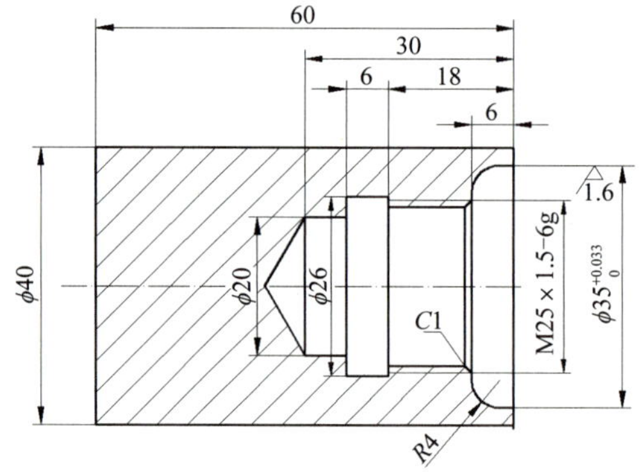

图 4-24

7. 如图 4-25 所示工件，试编制其加工工艺、加工程序，并在数控车床上完成该零件的加工。

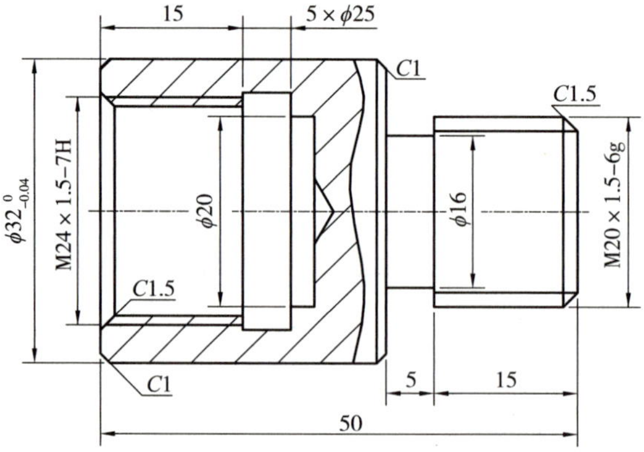

图 4-25

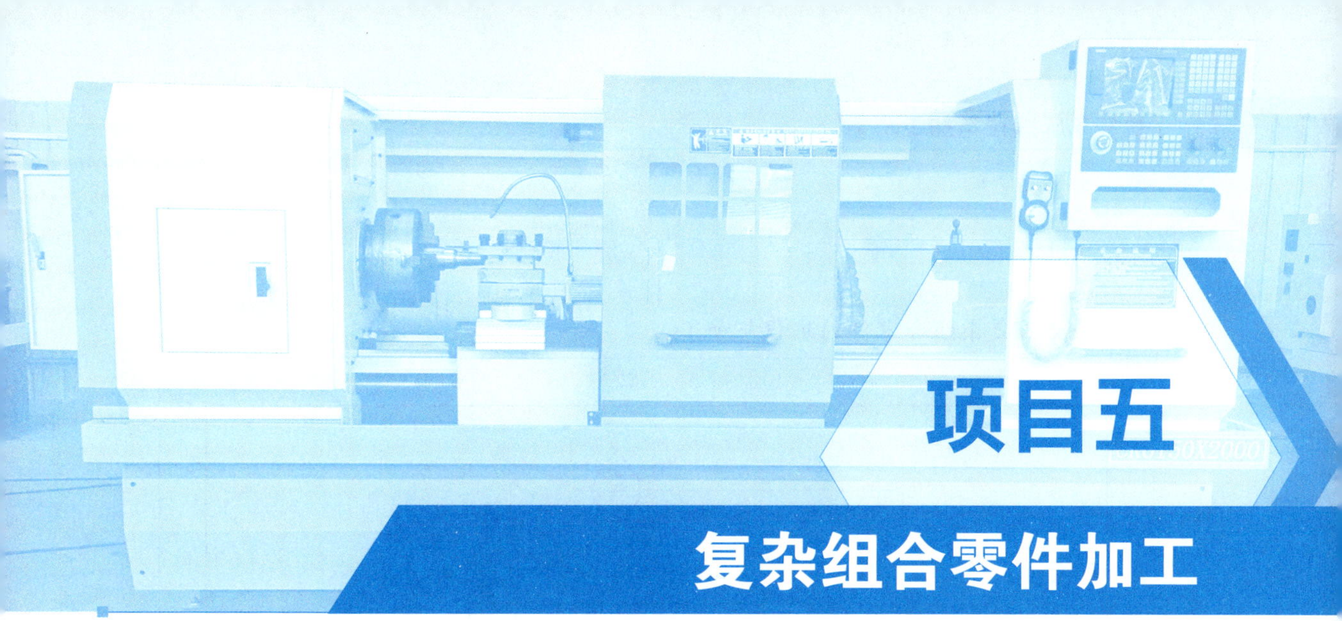

项目五

复杂组合零件加工

知识目标

(1)掌握数控车床自动编程软件的使用方法;
(2)掌握复杂组合零件加工相关工艺知识;
(3)掌握复杂组合零件的加工方法。

能力目标

(1)能制定复杂组合零件的加工工艺,填写工艺卡;
(2)能使用自动编程软件进行程序编制;
(3)能熟练操作数控车床加工出合格的配合零件;
(4)能选用合适的量具测量零件的加工精度。

素质目标

(1)培养学生的安全意识、纪律意识、责任意识、团队意识;
(2)引导学生养成自觉遵守操作规范的习惯,培育爱岗敬业的职业精神,树立良好的职业道德;
(3)培养学生的质量意识、成本意识、效率意识;
(4)培养学生科学、认真、严谨的工作态度;
(5)培养学生独立思考的工作习惯和勇于创新的精神。

学习目标

完成图 5-1 复杂组合零件的编程与加工。

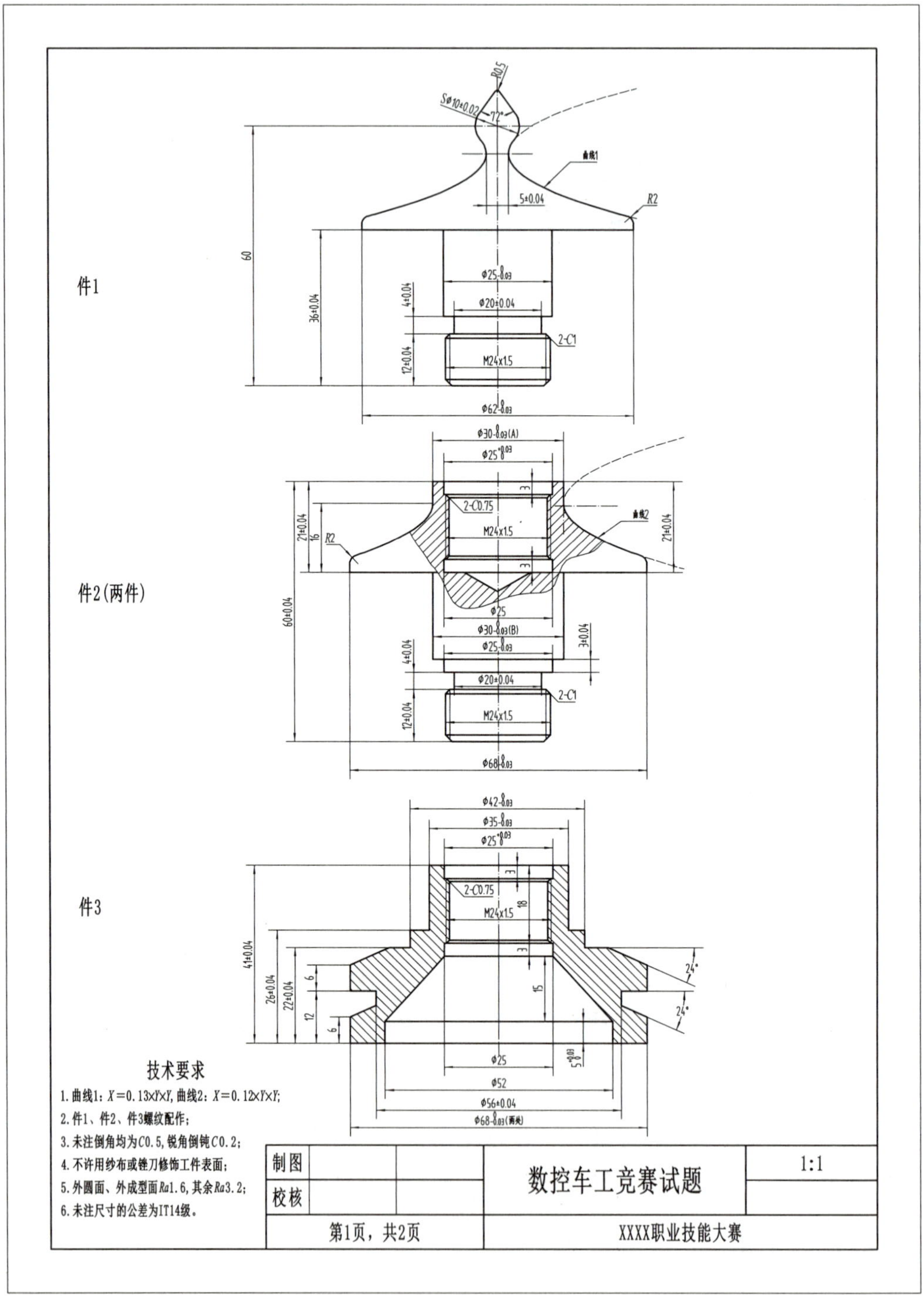

(a)零件图

技术要求

1. 件1，件3未加工完整者，件2只计得分较高一件的成绩；
2. 件1、件3加工完整是指除倒角外所有表面均要加工成形；
3. 工件装配松紧合适，评委用常规方法打不开时，责任由选手自负；
4. 不许用纱布或锉刀修饰工件表面。

制图			数控车工竞赛试题（装配图）	1:1
校核				
第2页，共2页			XXXX职业技能大赛	

（b）装配图

图 5-1　复杂组合零件实例零件图

工作任务

(1)填写引导文;
(2)在给定的毛坯上完成图 5-1 所示零件的加工;
(3)提交引导文、加工工艺文件、零件评分表和过程评价表。

课程思政

中国的古塔

在中国广袤的土地上,古塔星罗棋布,各具特色。应县木塔以其纯木结构屹立千年,被誉为“天下奇观”,大雁塔则承载着佛教文化的深厚底蕴,见证着丝绸之路的繁华。开封铁塔的琉璃砖瓦在阳光下熠熠生辉,飞虹塔的彩绘与琉璃工艺精妙绝伦,展现出古代工匠的高超技艺。虎丘塔斜而不倒,诉说着岁月沧桑;崇圣寺三塔在洱海之畔静静矗立,见证着历史的变迁。嵩岳寺塔的密檐式建筑古朴典雅,开元寺双塔则以精湛的砖石工艺彰显卓越的建筑艺术。每一座古塔都是历史的见证,是文化的瑰宝,它们承载着无数故事,散发着独特的魅力,吸引着人们去探寻、去品味。

1. 山西朔州·应县木塔

应县木塔始建于辽代,距今已有近千年的历史,整座建筑使用的全是中国古典木工艺术——榫卯结构,没有使用一颗钉子,但历经千年风吹雨打,经历地震和战火洗礼,却依旧屹立不倒,素有“天下第一塔”之美誉。

2. 陕西西安·大雁塔

大雁塔是西安古城的独特标志,至今已有 1 300 多年的历史。唐高宗时期,玄奘法师为了存放从天竺求取回来的佛经和佛像,亲自向唐高宗申请并主持修建,这里每一层都藏着不同的宝物,舍利子和天竺真经均放在此塔中。

3. 河南开封·铁塔

开封铁塔始建于北宋年间,名为铁塔,其实是我国最高大、历史最悠久、保存最完整的一座琉璃塔,虽被洪水多次淹没,但黄河淤泥仅仅淹没了铁塔的塔座,塔身至今依旧高耸入云,和应县木塔同享“天下第一塔”之美誉。

4. 山西临汾·飞虹塔

飞虹塔始建于东汉时期,元代因地震损毁后,在明朝重建,是中国四大名塔之一,也是世界上最高、保存最完好的多彩琉璃塔。塔身由青砖砌成,外部则镶嵌着五彩琉璃,每个细节都巧夺天工,是一个巨大而精致的艺术品。

5. 江苏苏州·虎丘塔

虎丘塔是江南最古老的砖塔,距今已有 1 000 多年历史,是苏州城的地标。整个塔身由砖石堆砌而成,却宛如木结构轻盈优雅,尽管倾斜超过 2 m,却依旧屹立千年不倒,作为世界第二斜塔,它比第一斜塔早建 200 多年。

6. 云南大理·崇圣寺三塔

崇圣寺三塔是东南亚唯一开过金光的塔，它们背靠苍山，面朝洱海，见证了大理的兴衰历史。其中的千寻塔是三塔中的主塔，始建于唐朝，距今已有 1 200 多年的历史，没有地基，却经历了 30 多次地震，依旧屹立不倒。

7. 河南登封·嵩岳寺塔

嵩岳寺塔始建于北魏年间，距今已有 1 500 多年的历史，是我国现存最古老的砖塔，素有“华夏第一塔”之美誉。同时它是全世界唯一塔身平面为十二边形的塔，整体结构严谨又灵动，彰显出了泱泱华夏的卓越建筑艺术。

8. 福建泉州·开元寺双塔

开元寺双塔即东西二塔，分别建于唐末和五代，是中国最高的一对石塔，位于开元寺内的双塔，经历多次地震和台风的考验，依旧屹立千年而不倒，它见证了整个泉州城的历史变迁，是当之无愧的泉州古城的地标。

9. 江苏苏州·报恩寺塔

报恩寺塔又称北寺塔，始建于三国时期，距今已有 1 700 多年的历史，从“未进姑苏城，先见北寺塔”这句俗语，足见其在古苏州的地位，拙政园也在园中借景此塔。漫步在后花园中，可以感受苏州古典园林的曲径通幽。

10. 浙江杭州·六和塔

六和塔始建于宋朝，当初为镇钱塘江潮水而建，塔外为木结构，塔内为砖雕结构，是一座矗立在山水之间的千年砖木结构古塔，乾隆六下江南曾 7 次登塔，并为每层题字，登顶六和塔，可以俯瞰整个钱塘江的壮阔美景。

任务一　工艺编制

1. 刀具的选用

本项目的任务是加工复杂组合件，采用的项目载体是某职业技能竞赛试题，从试题图纸分析来看，至少需要 6 把车刀（为表述方便，对 6 把刀进行编号，但与程序中的刀具号并不对应），根据零件轮廓，所有刀具可选用标准的机械夹固式车刀，主要参数如下。

（1）1 号 90° 外圆车刀：精加工端面和粗、精加工外轮廓选用带涂层硬质合金、主偏角为 93° 的外圆车刀，刀尖角为 35°，刀尖圆弧半径为 0.4 mm。

（2）2 号外沟槽刀：车削外槽选用带涂层硬质合金、刀宽为 3 mm 的外切槽刀，刀尖圆弧半径为 0.4 mm。

（3）3 号外螺纹刀：外螺纹选用带涂层硬质合金、60° 外螺纹车刀，选用车削螺距 P=2 mm 的螺纹刀片。

（4）4 号内孔车刀：粗、精加工内轮廓选用带涂层硬质合金、主偏角为 93° 的右偏内孔车刀，刀尖圆弧半径为 0.4 mm，刀杆直径为 18 mm。

（5）5 号内沟槽刀：车削内槽选用带涂层硬质合金、刀宽为 2 mm 的内切槽刀，切深

4 mm，刀尖圆弧半径为 0.4 mm，刀杆直径为 16 mm。

（6）6 号内螺纹刀：内螺纹选用带涂层硬质合金、60° 内螺纹车刀，选用车削螺距 P=2 mm 的螺纹刀片，刀杆直径为 16 mm。

（7）钻孔选用 ϕ20 麻花钻。

2. 工艺路线的规划

1）件 1（图 5-2）工艺路线规划

（1）1 号刀粗、精车图示右端端面、外圆和倒角等，加工到 Z-36 处；

（2）2 号刀加工外沟槽及槽右侧倒角；

（3）3 号刀加工外螺纹；

（4）工件调头夹 ϕ25 外圆；

（5）1 号刀粗、精车图示左端锥体、圆球及曲线等。

2）件 2（图 5-3）工艺路线规划

（1）1 号刀粗、精车图示右端端面、外圆和倒角等，加工到 Z-39 处；

（2）2 号刀加工外沟槽及槽侧倒角；

（3）3 号刀加工外螺纹；

（4）工件调头夹 ϕ30 外圆；

（5）ϕ20 麻花钻钻孔，深度不小于 21 mm；

（6）1 号刀粗、精车图示左端端面、外圆及曲线等；

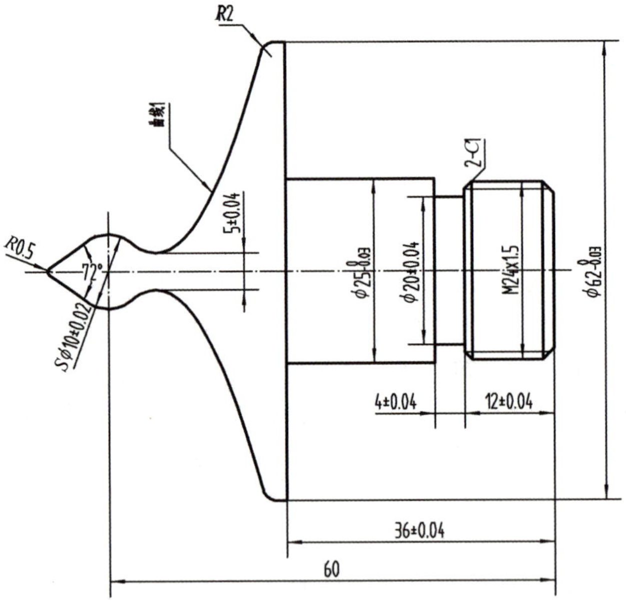

图 5-2　件 1

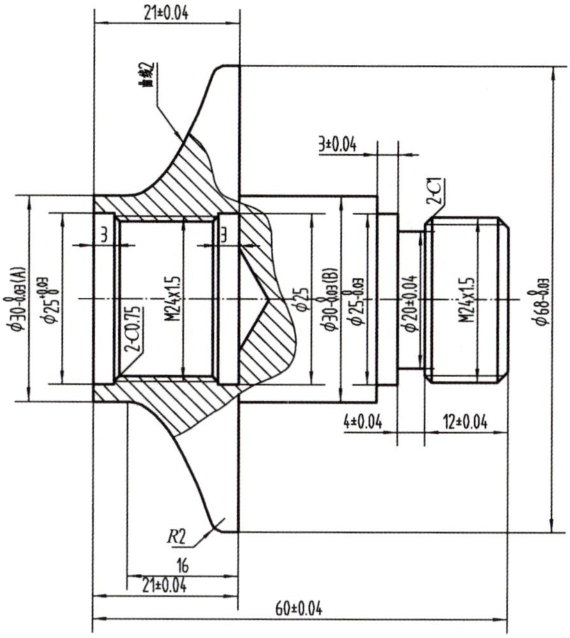

图 5-3 件 2

（7）4 号刀粗、精车内孔、倒角等；

（8）5 号刀加工内沟槽及槽侧倒角；

（9）6 号刀加工内螺纹等。

3）件 3（图 5-4）工艺路线规划

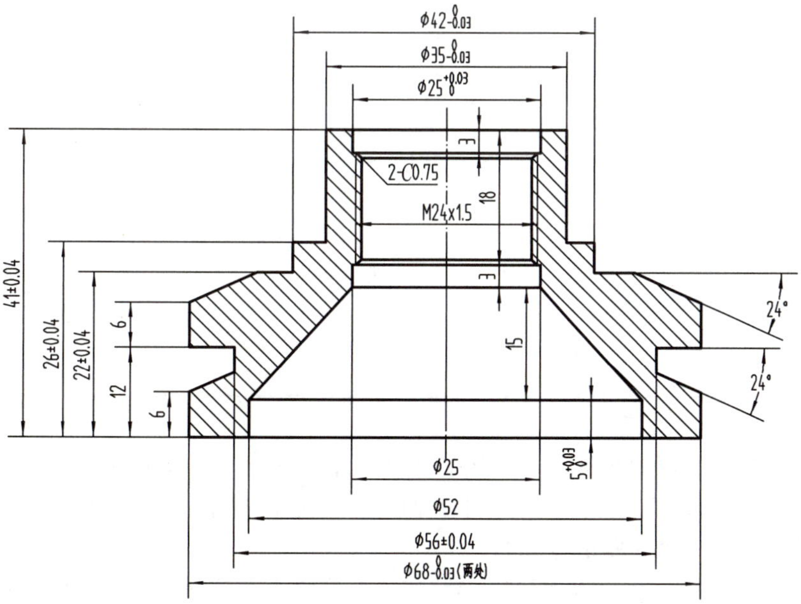

图 5-4 件 3

（1）ϕ20 麻花钻钻通孔；

（2）1 号刀粗、精车图示右端端面、外圆和倒角等，加工到 Z-22 处；

（3）2 号刀加工外沟槽及槽侧倒角；

（4）4 号刀粗、精车内孔、倒角等，加工至螺纹右侧倒角；

（5）工件调头夹 ϕ68 外圆；

（6）1 号刀粗、精车图示左端端面、外圆、倒角及锥体等；

（7）4 号刀粗、精车内孔、倒角等；

（8）6 号刀加工内螺纹等。

3. 编制工艺卡

根据上面各个零件工艺路线的规划来看，件 1 至少需要 3 把刀具，件 2 至少需要 6 把刀具，件 3 至少需要 4 把刀具。目前大多数数控车床依然采用的是四工位转塔式刀架，一般可同时安装 4 把车刀。在竞赛中，每人完成一套组合件，为了在规定时间内完成所有零件的加工，最有效的办法就是减少刀具的拆装次数，那么就需要对 3 个零件的加工顺序进行统筹规划，如表 5-1 所示。

表 5-1　宝塔组合件加工方案

加工阶段	安装刀具	加工零件	加工内容
第一阶段	1 号刀（90° 外圆车刀） 2 号刀（外沟槽刀） 3 号刀（外螺纹刀） 4 号刀（内孔车刀）	件 1	1 号刀粗、精车图示右端端面、外圆和倒角等，加工到 Z-36 处 2 号刀加工外沟槽及槽右侧倒角 3 号刀加工外螺纹
		件 2	1 号刀粗、精车图示右端端面、外圆和倒角等，加工到 Z-39 处 2 号刀加工外沟槽及槽侧倒角 3 号刀加工外螺纹
		件 3	1 号刀粗、精车图示右端端面、外圆和倒角等，加工到 Z-22 处 2 号刀加工外沟槽及槽侧倒角 4 号刀粗、精车内孔、倒角等，加工至螺纹右侧倒角
第二阶段	1 号刀（90° 外圆车刀） 4 号刀（内孔车刀） 5 号刀（内沟槽刀） 6 号刀（内螺纹刀）	件 1	1 号刀粗、精车图示左端锥体、圆球及曲线等
		件 2	1 号刀粗、精车图示左端端面、外圆及曲线等 4 号刀粗、精车内孔、倒角等 5 号刀加工内沟槽及槽侧倒角 6 号刀加工内螺纹等
		件 3	1 号刀粗、精车图示左端端面、外圆、倒角及锥体等 4 号刀粗、精车内孔、倒角等 6 号刀加工内螺纹等

在实际教学中，建议分组完成一套零件的加工，其中件 2 的数量可根据小组人数进行调整，比如小组有 5 人，件 2 可加工 3 件，件 1 和件 3 各完成 1 件，这样小组内每人完成一个零件加工，最终可提交一个完整的组合件。

各小组在加工过程中，一方面可以参照表 5-1 分两个阶段进行，另一方面可以安排两台数控车床，即第一阶段和第二阶段的操作在不同的机床上完成。下面以此为例编写工艺文件。

1）数控加工刀具使用卡

数控加工刀具使用卡见表 5-2。

表 5-2　数控加工刀具使用卡

班级		组号		零件名称	复杂组合零件	零件型号	
数控加工刀具卡片				编制		校核	
序号	刀具号	刀具型号、规格、名称			用途	备注	
1		ϕ20 麻花钻			钻内孔		
2	1	90° 外圆车刀			外圆粗、精加工	刀尖角 35°，刀尖半径 0.4 mm	
3	2	外沟槽刀			切槽	刀尖半径 0.4 mm	
4	3	60° 外螺纹刀			切削螺纹		
5	4	内孔车刀			车内孔	刀尖半径 0.4 mm	
6	5	内沟槽刀			切槽	刀尖半径 0.4 mm	
7	6	60° 内螺纹刀			内螺纹		

2）数控加工工艺规程卡

数控加工工艺规程卡见表 5-3。

表 5-3　数控加工工艺规程卡

零件名称	零件材料	毛坯种类	毛坯硬度	班级	编制	
宝塔组合件	45#钢	圆棒料	HB≤197			
工序号	工序名称	工序内容	车间	设备名称	夹具	备注
10	车件 1 右端	件 1：粗、精车右端外圆、倒角；车外沟槽；车外螺纹	数控车间	CK6136	01 三爪卡盘	
20	车件 2 右端	件 2：粗、精车右端外圆、倒角、外沟槽；外螺纹	数控车间	CK6136	01 三爪卡盘	
30	车件 3 右端	件 3：钻通孔；粗、精车右端外圆、倒角；车外沟槽；粗、精车内孔、倒角	数控车间	CK6136	01 三爪卡盘	
40	车件 1 左端	件 1：粗、精车左端锥体、圆球及曲线，保证总长	数控车间	CK6136	02 三爪卡盘，配软爪	
50	车件 2 左端	件 2：钻内孔；粗、精车左端端面、外圆及曲线，保证总长；粗、精车内孔、倒角；车内沟槽；车内螺纹	数控车间	CK6136	02 三爪卡盘，配软爪	
60	车件 3 左端	件 3：粗、精车左端端面、外圆、倒角及锥体，保证总长；粗、精车内孔、倒角；车内沟槽；车内螺纹	数控车间	CK6136	02 三爪卡盘，配软爪	

3）数控加工工序卡

数控加工工序卡见表 5-4~表 5-9。

表 5-4　数控加工工序卡（1）

班级		编制			零件号	01	
数控加工工序卡片		零件名称		件 1	程序号	%5101	
		材料		45#钢	使用设备	CK6136	
工序号	10	夹具编号		01	车间	数控车间	
工步号	工步内容	刀具名称		切削用量			备注
		刀具号	规格	转速/（r/min）	进给速度/（mm/min）	背吃刀量/mm	
1	粗车右端端面、外圆和倒角	T01	20×20	600	120	1.5	自动
2	精车右端端面、外圆和倒角	T01	20×20	800	120	0.5	自动
3	车退刀槽	T02	20×20	500	30	—	自动
4	车外螺纹	T03	20×20	500	—	—	自动

表 5-5　数控加工工序卡（2）

班级		编制			零件号	02	
数控加工工序卡片		零件名称		件 2	程序号	%5201	
		材料		45#钢	使用设备	CK6136	
工序号	20	夹具编号		01	车间	数控车间	
工步号	工步内容	刀具名称		切削用量			备注
		刀具号	规格	转速/（r/min）	进给速度/（mm/min）	背吃刀量/mm	
1	粗车右端端面、外圆和倒角	T01	20×20	600	120	1.5	自动
2	精车右端端面、外圆和倒角	T01	20×20	800	120	0.5	自动
3	车退刀槽	T02	20×20	500	30	—	自动
4	车外螺纹	T03	20×20	500	—	—	自动

表 5-6　数控加工工序卡(3)

班级		编制			零件号	03		
数控加工工序卡片		零件名称		件 3	程序号	%5301		
		材料		45#钢	使用设备	CK6136		
工序号	30	夹具编号		01	车间	数控车间		
工步号	工步内容	刀具名称		切削用量			备注
		刀具号	规格	转速/(r/min)	进给速度/(mm/min)	背吃刀量/mm	
1	钻右端孔	麻花钻	$\phi16$	400	—	—	手动
2	粗车右端端面、外圆和倒角	T01	20×20	600	120	1.5	自动
3	精车右端端面、外圆和倒角	T01	20×20	800	120	0.5	自动
4	车外沟槽	T02	20×20	500	30	—	自动
5	粗镗孔	T04	20×20	600	120	1	自动
6	精镗孔	T04	20×20	800	100	0.5	自动

表 5-7　数控加工工序卡(4)

班级		编制			零件号	01	
数控加工工序卡片		零件名称		件 1	程序号	%5102	
		材料		45#钢	使用设备	CK6136	
工序号	40	夹具编号		02	车间	数控车间	
工步号	工步内容	刀具名称		切削用量			备注
		刀具号	规格	转速/(r/min)	进给速度/(mm/min)	背吃刀量/mm	
1	粗车左端锥体、圆球及曲线	T01	20×20	600	120	1.5	自动
2	精车左端锥体、圆球及曲线	T01	20×20	800	120	0.5	自动

表 5-8　数控加工工序卡(5)

班级		编制			零件号	02	
数控加工工序卡片		零件名称		件 2	程序号	%5202	
		材料		45#钢	使用设备	CK6136	
工序号	50	夹具编号		02	车间	数控车间	
工步号	工步内容	刀具名称		切削用量			备注
		刀具号	规格	转速/(r/min)	进给速度/(mm/min)	背吃刀量/mm	
1	钻内孔	麻花钻	$\phi20$	400	—	—	手动
2	粗车右端端面、外圆及曲线	T01	20×20	600	120	1.5	自动
3	精车右端端面、外圆及曲线	T01	20×20	800	120	0.5	自动
4	粗车内孔、倒角	T02	20×20	600	120	1	自动
5	精车内孔、倒角	T02	20×20	800	100	0.5	自动
6	车内沟槽	T03	20×20	500	30	—	自动
7	粗、精车内螺纹	T04	20×20	500	—	—	自动

表 5-9 数控加工工序卡(6)

班级		编制			零件号	03	
数控加工工序卡片		零件名称		件 3	程序号	%5302	
		材料		45#钢	使用设备	CK6136	
工序号	60	夹具编号		02	车间	数控车间	
工步号	工步内容	刀具名称		切削用量			备注
		刀具号	规格	转速/(r/min)	进给速度/(mm/min)	背吃刀量/mm	
1	粗车右端端面、外圆倒角及锥体	T01	20×20	600	120	1.5	自动
2	精车右端端面、外圆倒角及锥体	T01	20×20	800	120	0.5	自动
3	粗车内孔、倒角	T02	20×20	600	120	1	自动
4	精车内孔、倒角	T02	20×20	800	100	0.5	自动
5	车内沟槽	T03	20×20	500	30	—	自动
6	粗、精车内螺纹	T04	20×20	500	—	—	自动

想一想:图 5-1 所示复杂组合零件还有没有其他的加工方法?
做一做:试根据以上提示对图 5-1 所示复杂组合零件的工艺文件进行整理。

任务二　程序编制

本项目三个零件的组成要素除前几个项目已经学习的外圆、锥体、圆弧、沟槽及螺纹外,增加了公式曲线,对于公式曲线一般采用宏程序进行加工程序编制,但对于复杂的公式曲线来说,手工编程远不如自动编程快捷,本项目就以我国自主研发的数控车削自动编程软件CAXA CAM 数控车为例进行程序编制。该软件有 CAD 造型和 CAM 加工两个功能,由于篇幅有限,在此只针对本项目介绍 CAM 加工功能的基本应用,详细使用方法可参考 CAXA 官方网站(https://www.caxa.com/)中的相关教程。

一、刀库与车削刀具

该功能定义、确定刀具的有关数据,以便于用户从刀具库中获取刀具信息和对刀具库进行维护。刀具库管理功能包括轮廓车刀、切槽刀具、螺纹车刀、钻孔刀具四种刀具类型的管理。操作方法及注意事项如下。

(1)在菜单区中"数控车"子菜单区选取"创建刀具"菜单项,系统弹出"创建刀具"对话框,用户可按自己的需要添加新的刀具。新创建的刀具列表会显示在绘图区左侧的管理树刀库节点下。

（2）双击刀库节点下的刀具节点，可以弹出“编辑刀具”对话框，从中可改变刀具参数。

（3）在刀库节点单击鼠标右键，从弹出的快捷菜单中选择“导出刀具”命令，可以将所有刀具的信息保存到一个文件中。

（4）在刀库节点单击鼠标右键，从弹出的快捷菜单中选择“导入刀具”命令，可以将保存到文件中的刀具信息全部读入文档中，并添加到刀库节点下。

刀库与刀具设置

（5）需要指出的是，刀具库中的各种刀具只是同一类刀具的抽象描述，并非符合国标或其他标准的详细刀具库。所以只列出了对轨迹生成有影响的部分参数，其他与具体加工工艺相关的刀具参数并未列出。例如，将各种外轮廓、内轮廓、端面的粗、精车刀均归为轮廓车刀，对轨迹生成没有影响，若刀具的主要参数没有变化，可以不必创建多把，生成代码后，再对刀具号、切削用量等数据进行修改。

1. 轮廓车刀参数设置

刀具号：用于后置处理的自动换刀指令，刀具号是唯一的，并对应机床的刀库。

半径补偿号：刀具补偿号，其值对应于机床的刀偏表。

针对本项目，外圆车刀和内孔车刀各参数的含义及数值如图 5-5 所示。

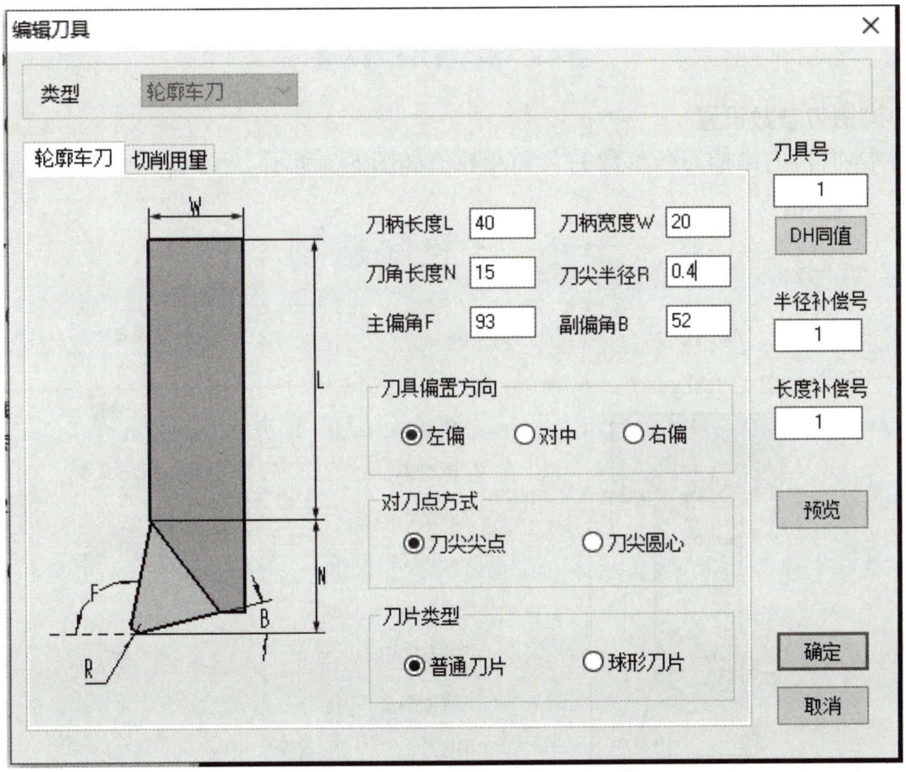

图 5-5　轮廓车刀参数设置

2. 外沟槽刀参数设置

针对本项目，外沟槽刀各参数的含义及数值如图 5-6 所示。

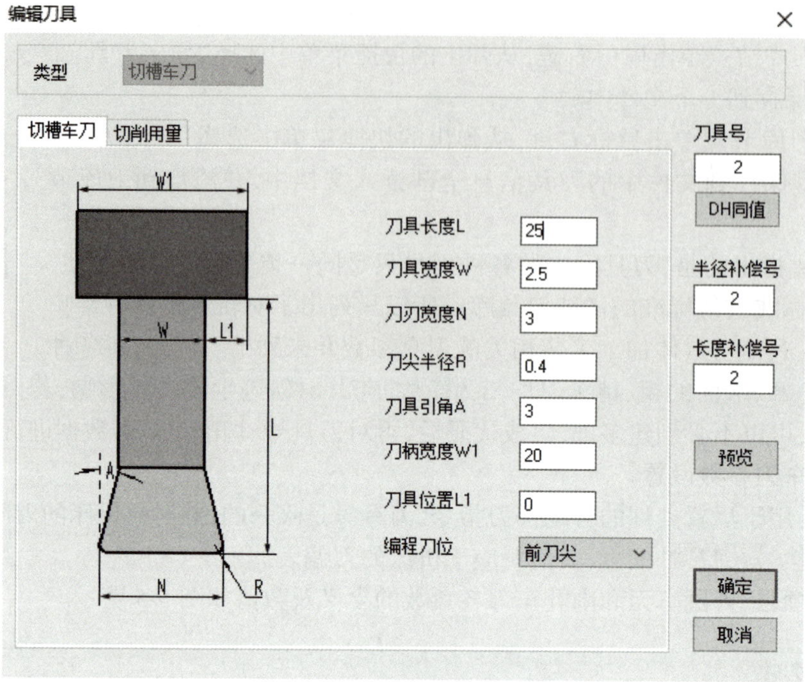

图 5-6　外沟槽刀参数设置

3. 内沟槽刀参数设置

针对本项目，内沟槽刀各参数的含义及数值如图 5-7 所示。

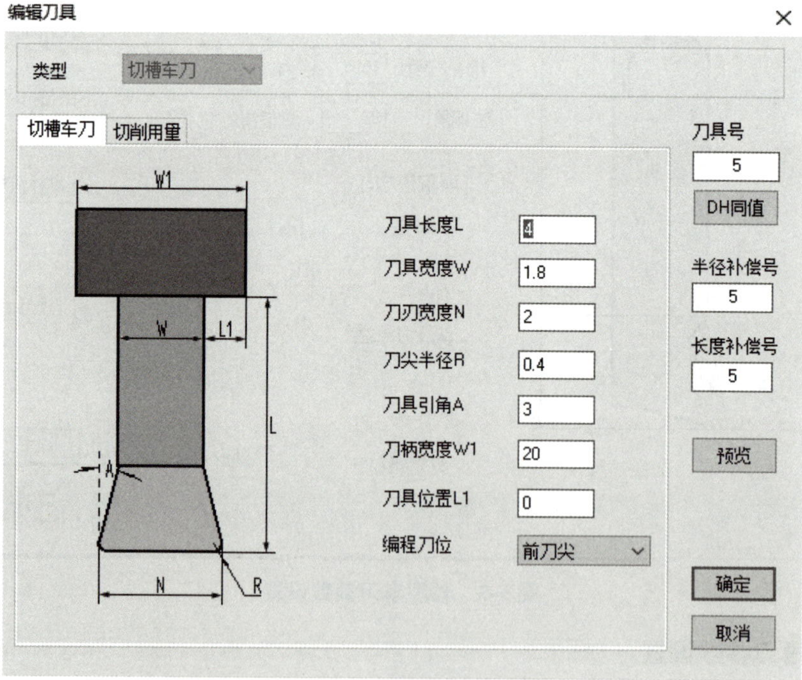

图 5-7　内沟槽刀参数设置

4. 螺纹车刀参数设置

针对本项目,内、外螺纹车刀各参数的含义及数值如图 5-8 所示。

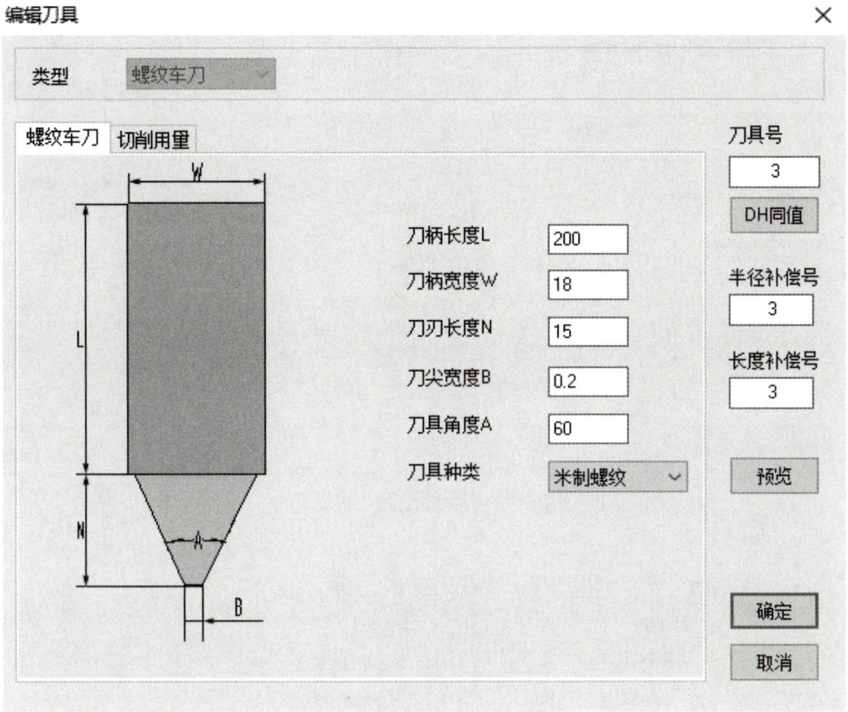

图 5-8　螺纹车刀参数设置

二、后置设置

后置设置就是针对不同的机床、不同的数控系统,设置特定的数控代码、数控程序格式及参数,并生成配置文件。生成数控程序时,系统根据该配置文件的定义生成用户所需要的具有特定代码格式的加工指令。在“数控车”子菜单区中选取“后置设置”功能项,系统弹出“后置设置”对话框,如图 5-9 所示。通过设置系统配置参数,后置处理所生成的数控程序可以直接输入数控机床或加工中心进行加工,而无须进行修改。如果已有的机床类型中没有所需的机床,可增加新的机床类型以满足使用需求,并可对新增的机床进行设置。在“后置设置”对话框左侧的上下两个列表中分别列出了现有的控制系统与机床配置文件,在中间的各个选项卡下可以对相关参数进行设置,在右侧的“测试”区可以选中轨迹,并点击“生成代码”按钮,可以在“代码”选项卡下看到当前后置设置下选中轨迹所生成的 G 代码,便于用户对照后置设置的效果。

后置设置包含“通常”“运动”“主轴”“地址”“关联”“程序”“车削”“机床”等选项卡。选定好控制系统和配置文件后,各个选项卡下的信息大多不必修改,本项目采用的设置值可参考图 5-10。

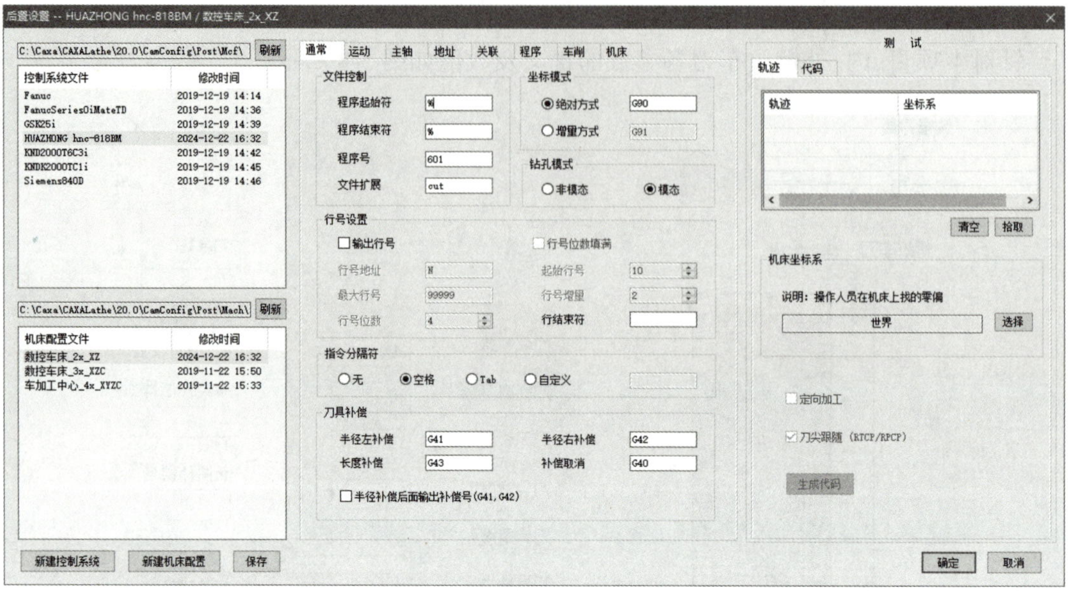

图 5-9 “后置设置”对话框

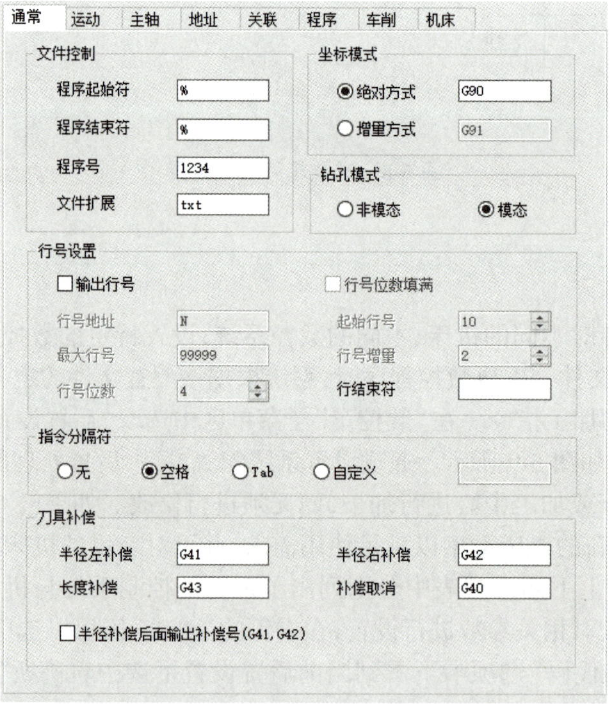

图 5-10 “通常”选项卡参考设置

程序号可以自己设定，如果不使用传输软件，也可以导出后再进行修改。进行行号设置时，若使用华中数控系统，可以不输入行号和行结束符；若使用其他数控系统，可根据情况设定。

在“运动”选项卡下“坐标平面圆弧的控制方式”区主要设置控制圆弧的编程方式，如图 5-11 所示，即采用圆心编程方式还是采用半径编程方式。

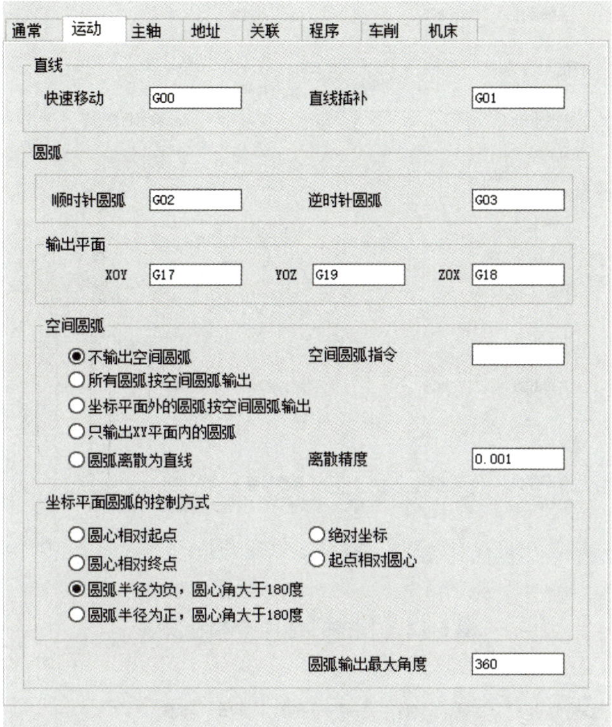

图 5-11　“运动”选项卡参考设置

1）圆心编程

当采用圆心编程方式时，圆心坐标（I,J,K）有以下四种含义。

（1）绝对坐标：采用绝对编程方式，圆心坐标（I, J, K）的坐标值为相对于工件零点绝对坐标系的绝对值。

（2）圆心相对起点：圆心坐标以圆弧起点为参考点取值。

（3）圆心相对终点：圆心坐标以圆弧终点为参考点取值。

（4）起点相对圆心：圆弧起点坐标以圆心坐标为参考点取值。

采用圆心编程方式时，圆心坐标的各种含义是针对不同的数控机床而言的。不同机床的圆心坐标含义不同，但对于特定的机床，其含义只有其中一种。

2）半径编程

当采用半径编程方式时，采用半径正负区别的方法来控制圆弧输出，圆弧半径 R 的含义表现为以下两种。

（1）圆弧半径为负：圆心角大于 180°，即圆弧大于 180°。

（2）圆弧半径为正：圆心角小于 180°，即圆弧小于 180°。

为了便于人工检查程序，此处建议采用半径编程方式。

“主轴”“车削”选项卡参考设置如图 5-12、图 5-13 所示。

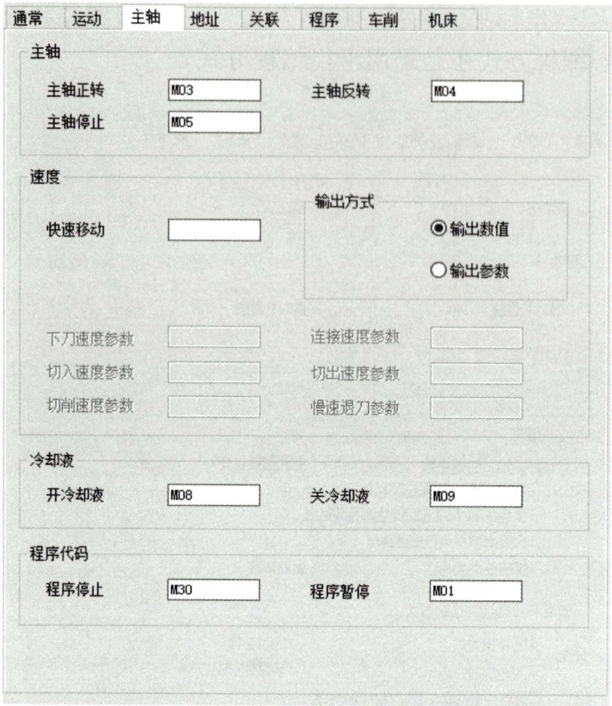

图 5-12 “主轴”选项卡参考设置

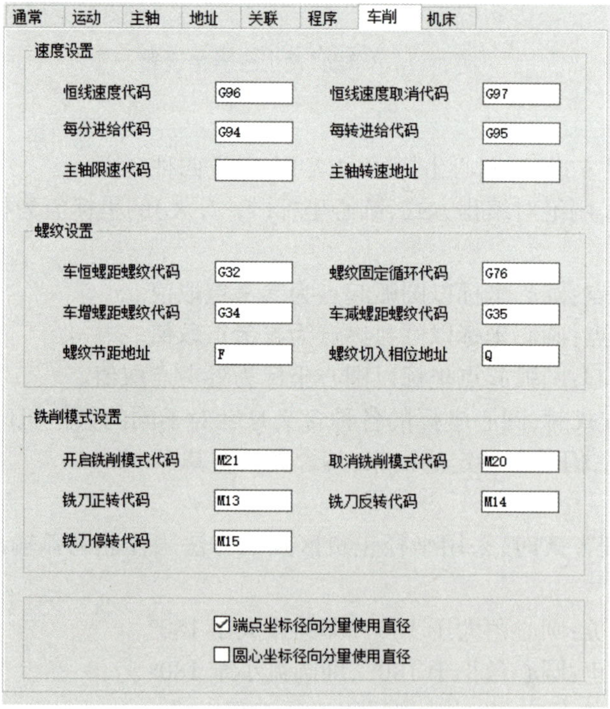

图 5-13 “车削”选项卡参考设置

"地址""关联""程序""机床"选项卡按系统默认值即可。

三、车削粗加工

车削粗加工

该功能用于快速清除毛坯的多余部分,实现对工件外轮廓表面、内轮廓表面和端面的粗车加工。

做车削粗加工时要确定被加工轮廓和毛坯轮廓。被加工轮廓就是加工结束后的工件表面轮廓,毛坯轮廓就是加工前毛坯的表面轮廓。被加工轮廓和毛坯轮廓两端点相连,两轮廓共同构成一个封闭的加工区域,在此区域的材料将被加工去除。需要注意的是,被加工轮廓和毛坯轮廓不能单独闭合或自相交。

1. 轮廓线编辑

下面就以本项目的几个零件为例对车削粗加工进行讲解,打开件 1 图形文件,平移工件,使右端编程零点与绘图区坐标系零点重合,然后对被加工轮廓和毛坯轮廓进行编辑,如图 5-14 所示:

(1)删除尺寸标注;

(2)将轮廓尺寸改成中差尺寸,如 $\phi25^{0}_{-0.03}$ 应该修改为 $\phi24.985$;

(3)断开交叉点或者删除多余线条;

(4)对槽、倒角等其他刀具加工或接刀的部位进行修补;

(5)绘制毛坯轮廓,且与被加工轮廓两端点相连。

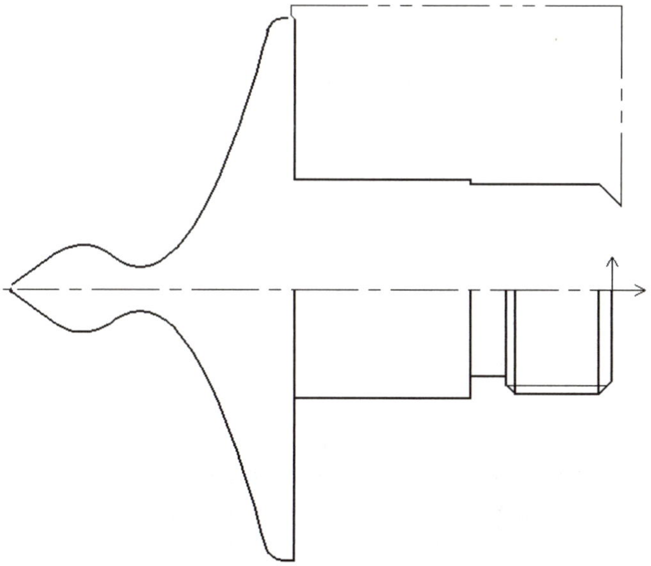

图 5-14　轮廓线编辑

2. 加工参数

在菜单区中的"数控车"子菜单区中选取"车削粗加工"菜单项,系统弹出加工参数表,根据工艺文件,参数设置如图 5-15 所示。

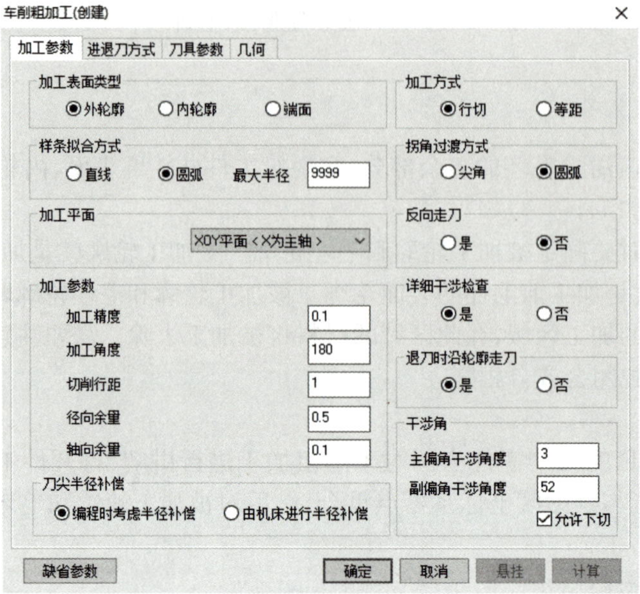

图 5-15　车削粗加工加工参数设置

3. 进退刀方式

点击图 5-15 中的“进退刀方式”选项卡即进入进退刀方式参数表(图 5-16)。该参数表用于对加工中的进退刀方式进行设定。

1)进刀方式

每行相对毛坯进刀方式用于指定对毛坯部分进行切削时的进刀方式,每行相对加工表面进刀方式用于指定对加工表面部分进行切削时的进刀方式。

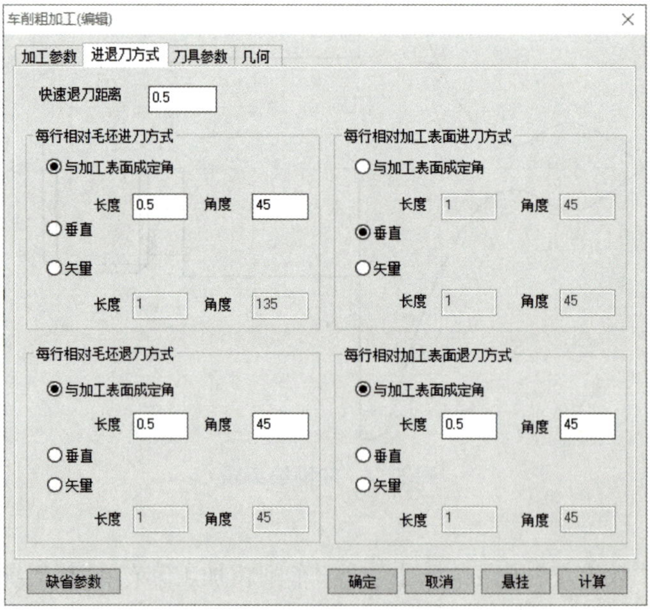

图 5-16　车削粗加工进退刀方式

(1)与加工表面成定角:指在每一切削行前加入一段与轨迹切削方向呈一定夹角的进刀段,刀具垂直进刀到该进刀段的起点,再沿该进刀段进刀至切削行。角度定义该进刀段与轨迹切削方向的夹角,长度定义该进刀段的长度。

(2)垂直:指刀具直接进刀到每一切削行的起始点。

(3)矢量:指在每一切削行前加入一段与系统 X 轴(机床 Z 轴)正方向呈一定夹角的进刀段,刀具进刀到该进刀段的起点,再沿该进刀段进刀至切削行。角度定义矢量(进刀段)与系统 X 轴正方向的夹角,长度定义矢量(进刀段)的长度。

2)*退刀方式*

每行相对毛坯退刀方式用于指定对毛坯部分进行切削时的退刀方式,每行相对加工表面退刀方式用于指定对加工表面部分进行切削时的退刀方式。

(1)与加工表面成定角:指在每一切削行后加入一段与轨迹切削方向呈一定夹角的退刀段,刀具先沿该退刀段退刀,再从该退刀段的末点开始垂直退刀。角度定义该退刀段与轨迹切削方向的夹角,长度定义该退刀段的长度。

(2)垂直:指刀具直接进刀到每一切削行的起始点。

(3)矢量:指在每一切削行后加入一段与系统 X 轴(机床 Z 轴)正方向呈一定夹角的退刀段,刀具先沿该退刀段退刀,再从该退刀段的末点开始垂直退刀。角度定义矢量(退刀段)与系统 X 轴正方向的夹角,长度定义矢量(退刀段)的长度。

(4)快速退刀距离:以给定的退刀速度回退的距离(相对值),在此距离上以机床允许的最大进给速度 G0 退刀。

4. 刀具参数

前面已在刀库中设定了刀具参数,此时点“刀库”,选择对应刀具即可。如果未提前设计,此时按工艺文件中的刀具参数设计即可,如图 5-17 所示。

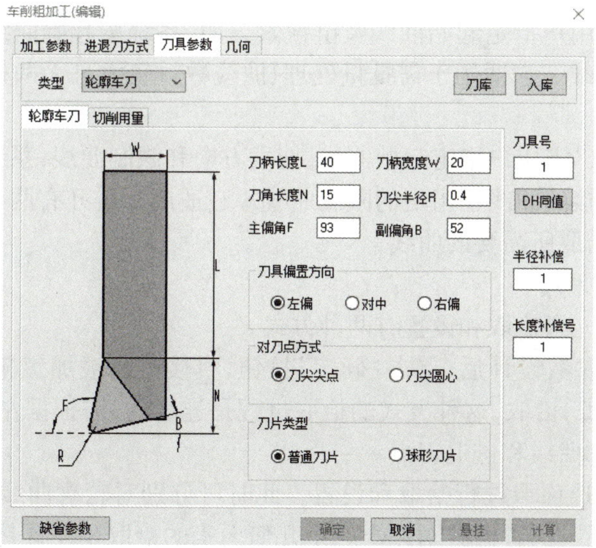

图 5-17 车削粗加工刀具参数设置

5. 几何

“几何”选项卡主要用于拾取和设置轮廓曲线、毛坯轮廓曲线和进退刀点等几何元素。在轮廓拾取时，对于多段曲线组成的轮廓，使用“限制链拾取”将极大地方便拾取，本项目几何元素拾取如图 5-18 所示。需要注意的是，采用“链拾取”和“限制链拾取”时的拾取箭头方向与实际的加工方向无关。在完成轮廓曲线和毛坯轮廓曲线拾取后，再确定进退刀点，可以指定一点（输入坐标值）为刀具加工前和加工后所在的位置，也可以用鼠标在绘图区合适位置点击指定。

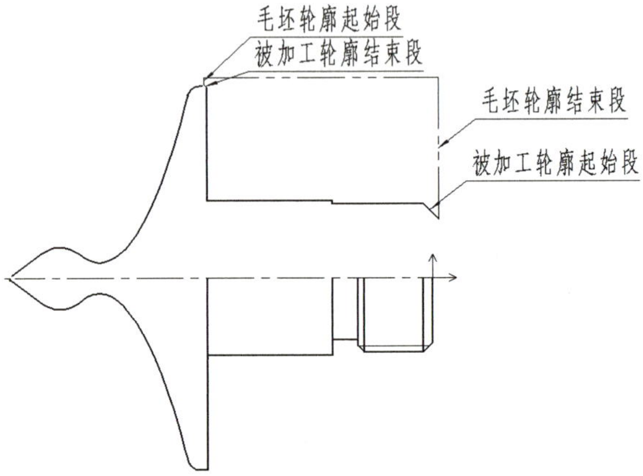

图 5-18　粗加工轮廓几何元素拾取示意图

1）轮廓拾取方式

轮廓拾取工具提供三种拾取方式：“单个拾取”“链拾取”和“限制链拾取”。

（1）“单个拾取”需用户挨个拾取需批量处理的各条曲线。它适用于曲线条数不多且不适合“链拾取”的情形。

（2）“链拾取”需用户指定起始曲线及链搜索方向，系统按起始曲线及搜索方向自动寻找所有首尾搭接的曲线。它适用于需批量处理、曲线数目较大且无两根以上曲线搭接在一起的情形。

（3）“限制链拾取”需用户指定起始曲线、搜索方向和限制曲线，系统按起始曲线及搜索方向自动寻找首尾搭接的曲线至指定的限制曲线。它适用于避开有两根以上曲线搭接在一起的情形，以正确地拾取所需要的曲线。

2）几何元素拾取方式

车削粗加工几何元素拾取和设置有两种方式。

（1）在完成以上参数设计后，点击“确定”按钮，直接进行被加工轮廓（轮廓曲线）和毛坯轮廓（毛坯轮廓曲线）拾取，这种方式的拾取过程是连续的，需根据左下角的提示，分别拾取轮廓曲线、毛坯轮廓曲线和进退刀点。

（2）使用“几何”选项卡进行拾取和设置。此时可分别对轮廓曲线、毛坯轮廓曲线和进退刀点进行拾取和设置，这种方式对以上三个几何元素的拾取和设置是独立的，如果发现错误可即时修改，如图 5-19 所示。

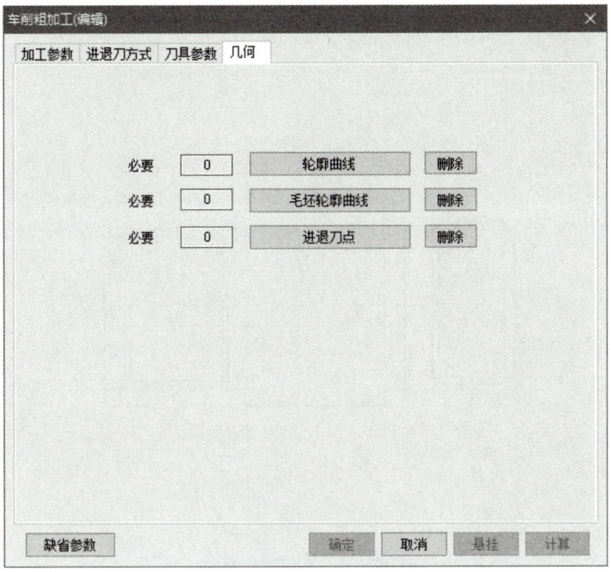

图 5-19　粗加工轮廓几何元素拾取对话框

全部设置完成后，点击“确定”按钮即可生成加工轨迹，如图 5-20 所示。

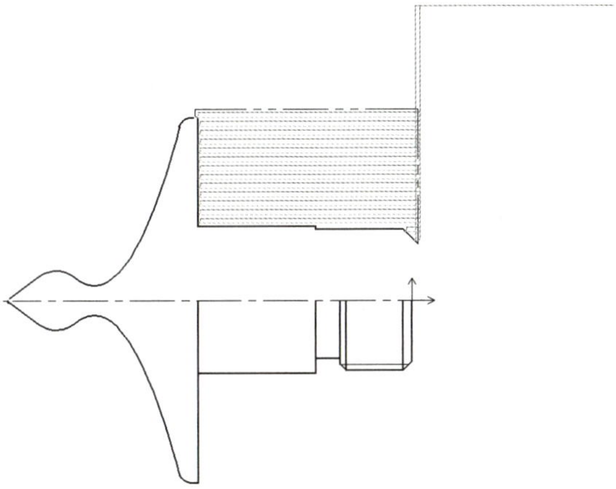

图 5-20　车削粗加工轨迹

四、车削精加工

车削精加工

该功能用于实现对工件外轮廓表面、内轮廓表面和端面的精车加工。做车削精加工时要确定被加工轮廓(即加工结束后的工件表面轮廓)，被加工轮廓不能闭合或自相交。

1. 轮廓线编辑

车削精加工的轮廓线编辑与粗加工要求一致，下面以件 2 的内孔加工为例进行介绍。打开件 2 图形文件，平移、旋转工件，使左端编程零点与绘图区坐标系零点重合，然后对加工轮廓和毛坯轮廓进行编辑，如图 5-21 所示。

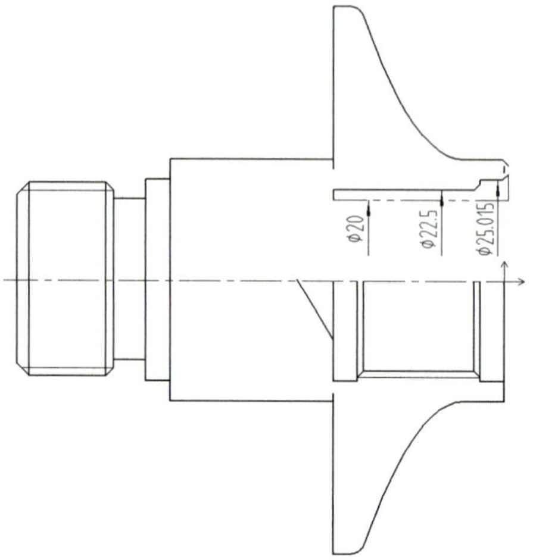

图 5-21　轮廓线编辑

2. 加工参数

在菜单区中的“数控车”子菜单区中选取“车削精加工”菜单项，系统弹出加工参数表，根据工艺文件，参数设置如图 5-22 所示。

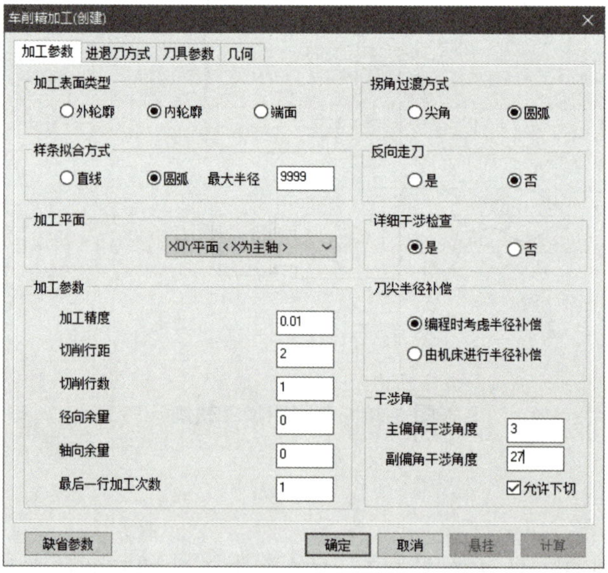

图 5-22　车削精加工加工参数设置

3. 进退刀方式

点击图 5-22 中的“进退刀方式”选项卡即进入进退刀方式参数表。车削精加工进退刀方式与车削粗加工对应项目的含义一致，参考设置如图 5-23 所示。

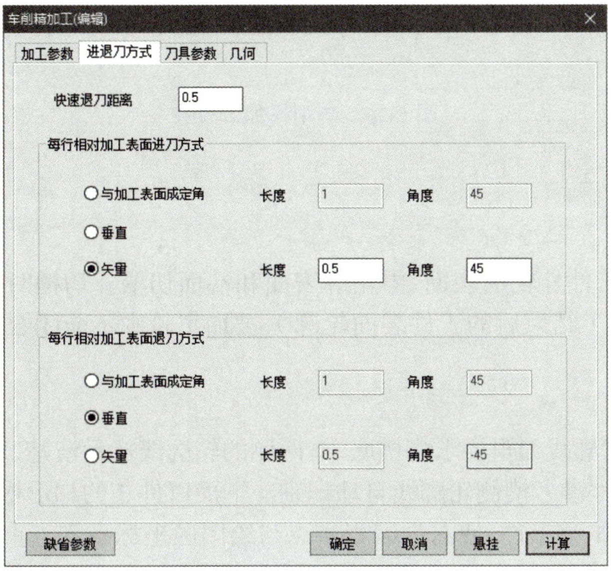

图 5-23　车削精加工进退刀方式设置

4. 刀具参数

前面已在刀库中设定了刀具参数，此时点“刀库”，选择对应刀具即可。如果未提前设计，此时按工艺文件中的刀具参数设计即可，如图 5-24 所示。

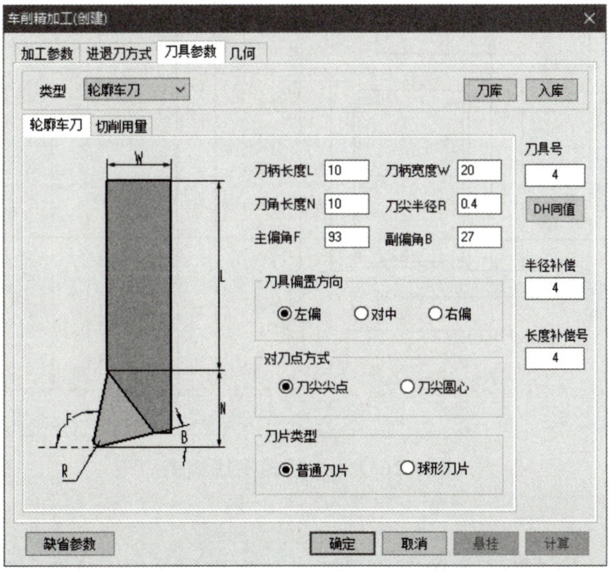

图 5-24　车削精加工刀具参数设置

5. 几何

车削精加工几何元素拾取和设置与车削粗加工对应项目的含义一致，全部设置完成后，点击“确定”按钮即可生成加工轨迹，如图 5-25 所示。

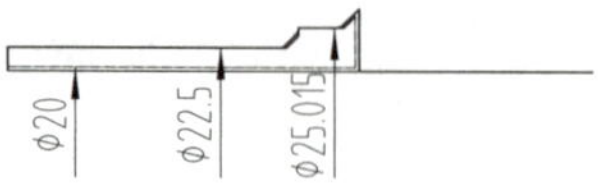

图 5-25　车削精加工轨迹

五、车削槽加工

车削槽加工

该功能用于在工件外轮廓表面、内轮廓表面和端面切槽。切槽时要确定被加工轮廓(即加工结束后的工件表面轮廓),被加工轮廓不能闭合或自相交。

1. 轮廓线编辑

车削槽加工的轮廓线编辑要求将槽底、槽两侧的轮廓线标示清楚,车削槽加工在精加工之后进行,其毛坯尺寸参考槽侧轮廓线自动识别。下面以件 3 的梯形槽加工为例进行介绍。打开件 3 图形文件,平移工件,使右端编程零点与绘图区坐标系零点重合,然后对加工轮廓进行编辑,如图 5-26 所示。

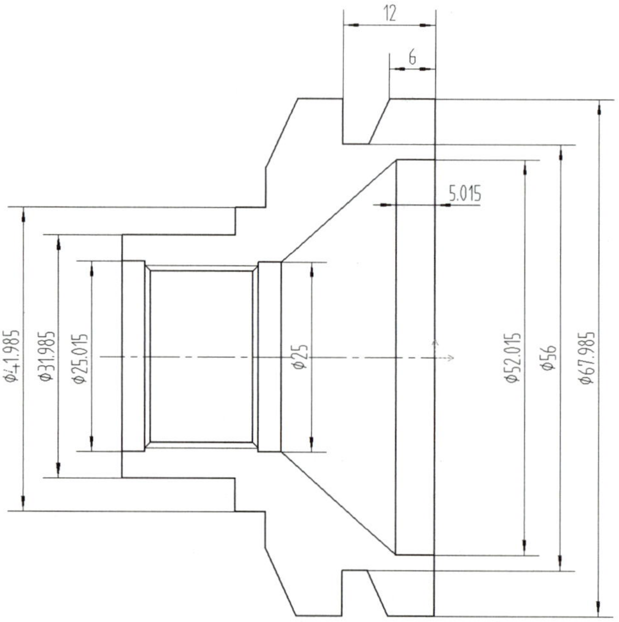

图 5-26　外沟槽轮廓线编辑

2. 加工参数

在菜单区中的“数控车”子菜单区中选取“车削槽加工”菜单项,系统弹出加工参数表,根据工艺文件,参数设置如图 5-27 所示。

车削槽加工时加工参数的含义说明如下。

1)切槽表面类型

外轮廓:外轮廓切槽,或用切槽刀加工外轮廓。

内轮廓:内轮廓切槽,或用切槽刀加工内轮廓。

端面:端面切槽,或用切槽刀加工端面。

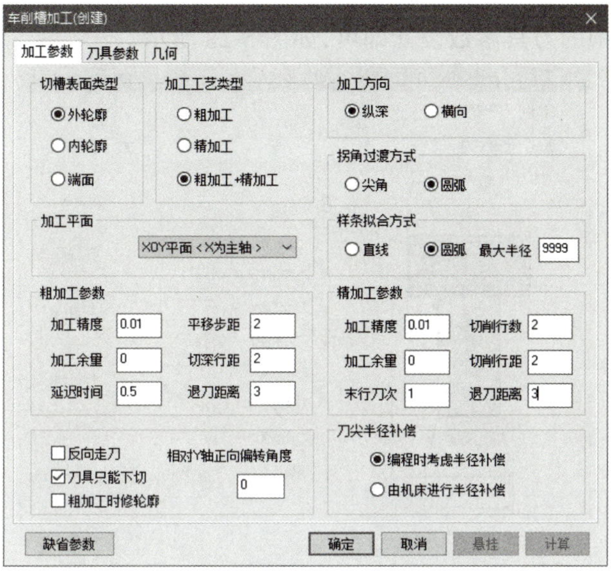

图 5-27 车削槽加工加工参数设置

2)加工工艺类型

粗加工:对槽只进行粗加工。

精加工:对槽只进行精加工。

粗加工+精加工:对槽进行粗加工之后接着做精加工。

3)拐角过渡方式

圆弧:在切削过程遇到拐角时刀具从轮廓的一边到另一边的过程中,以圆弧的方式过渡。

尖角:在切削过程遇到拐角时刀具从轮廓的一边到另一边的过程中,以尖角的方式过渡。

4)粗加工参数

延迟时间:粗加工时刀具在槽的底部停留的时间。

切深行距:粗加工时刀具每一次纵向切槽的切入量(机床 X 向)。

平移步距:粗加工时刀具切到指定的切深平移量后进行下一次切削前的水平平移量(机床 Z 向)。

退刀距离:粗加工中进行下一行切削前退刀到槽外的距离。

加工余量:粗加工时,被加工表面未加工部分的预留量。

5)精加工参数

切削行距:精加工时行与行之间的距离。

切削行数:精加工刀位轨迹的加工行数,不包括最后一行的重复次数。

退刀距离:精加工中切削完一行之后,进行下一行切削前退刀的距离。

加工余量:精加工时被加工表面未加工部分的预留量。

末行刀次:精加工时为提高加工的表面质量,最后一行常常在相同进给量的情况下进行多次车削,该处定义多次切削的次数。

3. 刀具参数

前面已在刀库中设定了刀具参数，此时点“刀库”，选择对应刀具即可。如果未提前设计，此时按工艺文件中的刀具参数设计即可，如图 5-28 所示。

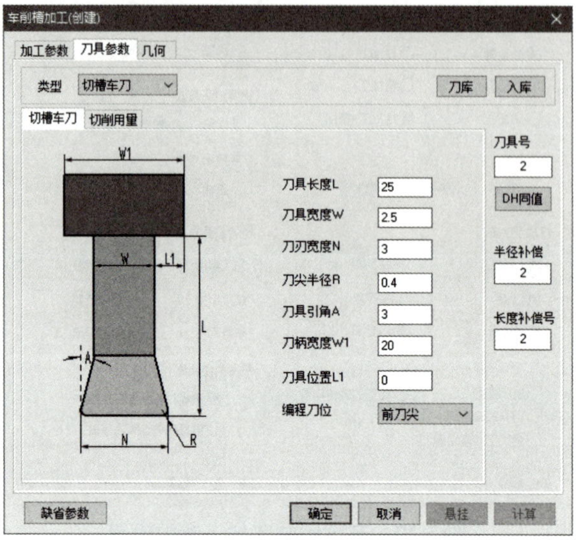

图 5-28　车削精加工刀具参数设置

4. 切削用量

“切削用量”对话框用于指定生成加工程序中相应刀具的切削用量。切削用量虽然可以在导出的程序中修改，但为避免因漏改引起事故，可根据工艺文件中的要求提前设定，参考设置如图 5-29 所示。

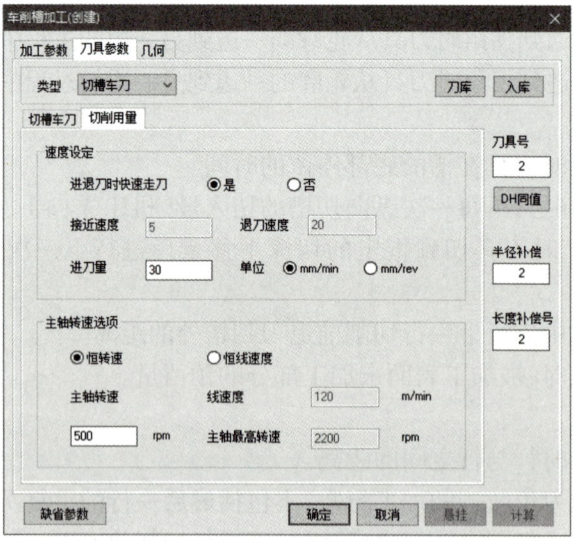

图 5-29　车削槽加工切削用量设置

5. 几何

车削槽加工几何元素拾取和设置与车削粗加工对应项目的含义一致，全部设置完成后，点击“确定”按钮即可生成加工轨迹，如图 5-30 所示。

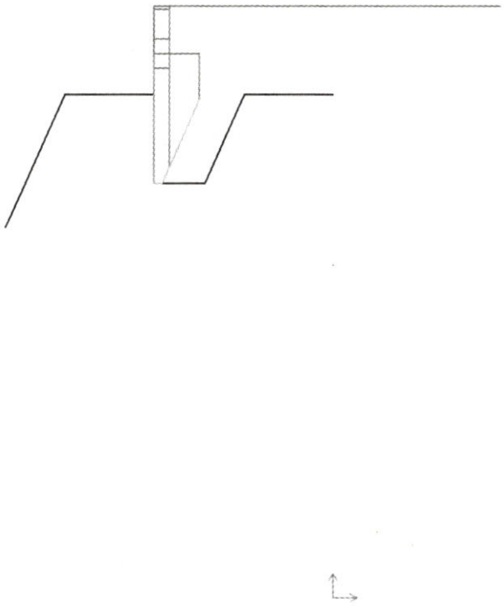

图 5-30　车削槽加工轨迹

六、车螺纹加工

车螺纹加工

该功能用于实现以非固定循环方式加工螺纹，可对螺纹加工中的各种工艺条件、加工方式进行更为灵活的控制。

1. 螺纹参数

在菜单区中的“数控车”子菜单区中选取“车螺纹加工”菜单项，系统弹出加工参数表，在该表中可以对螺纹加工的各项参数进行设置。下面以件 1 右端螺纹加工为例进行介绍，打开件 1 图形文件，平移工件，使右端编程零点与绘图区坐标系零点重合，根据工艺文件，螺纹参数参考设置如图 5-31 所示。需要注意的是，螺纹起点和螺纹终点均以螺纹大径方式进行拾取。

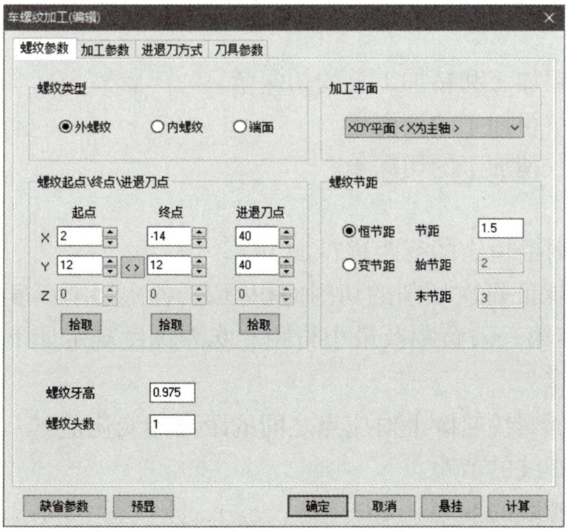

图 5-31　车螺纹加工螺纹参数设置

2. 加工参数

“加工参数”选项卡用于对螺纹加工中的工艺条件和加工方式进行设置，如图 5-32 所示。

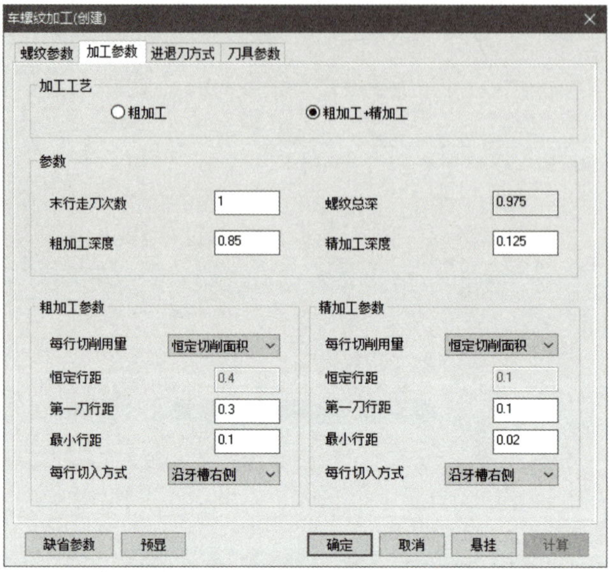

图 5-32　车螺纹加工参数设置

螺纹加工参数的含义说明如下。

1）加工工艺

粗加工：指直接采用粗切方式加工螺纹。

粗加工+精加工：指根据指定的粗加工深度进行粗切后，再采用精切方式（如采用更小的行距）切除剩余余量（精加工深度）。

2）参数

末行走刀次数：为提高加工质量，最后一个切削行有时需要重复走刀多次，此时需要指定重复走刀次数。

螺纹总深：指螺纹粗加工和精加工总的切深量。

粗加工深度：指螺纹粗加工的切深量。

精加工深度：指螺纹精加工的切深量。

3）每行切削用量

恒定行距：指加工时沿恒定的行距进行加工。

恒定切削面积：为保证每次切削的切削面积恒定，各次切削深度将逐步减小，直至等于最小行距。用户需指定第一刀行距及最小行距。吃刀深度规定如下：第 n 刀的吃刀深度为第一刀吃刀深度的 $\sqrt{n}$ 倍。

变节距：指两个相邻螺纹轮廓上对应点之间的距离的变化值。

始节距：指起始端螺纹的节距。

末节距：指终止端螺纹的节距。

4)每行切入方式

沿牙槽中心线:切入时沿牙槽中心线。

沿牙槽右侧:切入时沿牙槽右侧。

左右交替:切入时沿牙槽左右交替。

3. 进退刀方式

车螺纹加工时,进退刀分别用于螺纹加速段和螺纹结束段,大多不与工件接触,一般采用垂直进退刀方式,参考设置如图 5-33 所示。

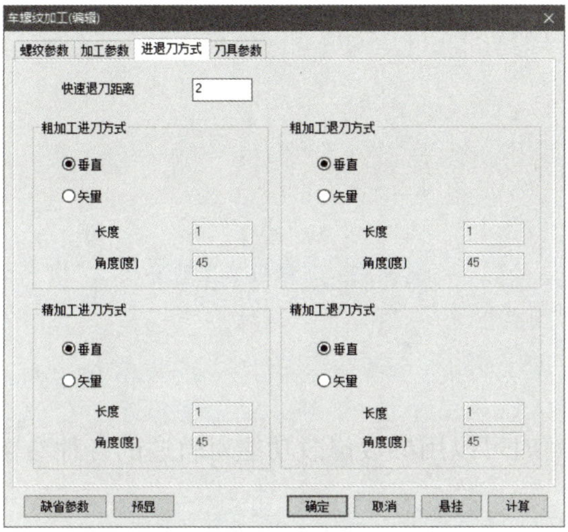

图 5-33 车螺纹加工进退刀方式设置

4. 刀具参数

前面已在刀库中设定了刀具参数,此时点“刀库”,选择对应刀具即可。如果未提前设计,此时按工艺文件中的刀具参数设计即可,如图 5-34 所示。

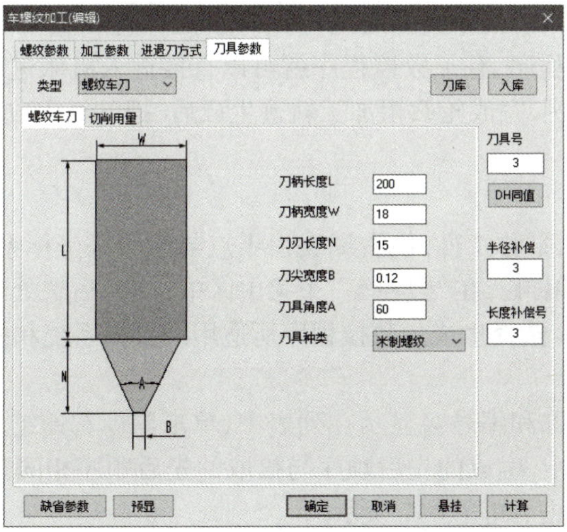

图 5-34 车螺纹加工刀具参数设置

全部设置完成后，点击“确定”按钮即可生成加工轨迹，如图 5-35 所示。

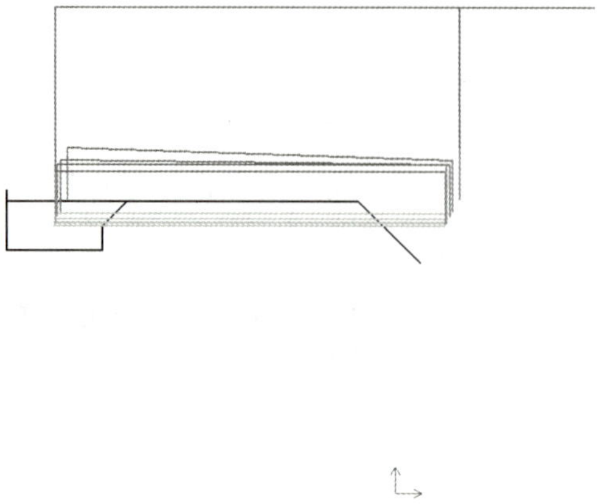

图 5-35　车螺纹加工轨迹

七、轨迹编辑

对生成的轨迹不满意时可以用参数修改功能对轨迹的各种参数进行修改，以生成新的加工轨迹。

在“数控车”子菜单区中选取“参数修改”菜单项，则提示用户拾取要进行参数修改的加工轨迹。拾取轨迹后将弹出该轨迹的参数表供用户修改。参数修改完毕后点击“确定”按钮，即依据新的参数重新生成该轨迹。

八、后置处理

生成代码就是按照当前机床类型的配置要求，把已经生成的加工轨迹转化生成 G 代码数据文件，即 CNC 数控程序，有了数控程序就可以直接输入机床进行数控加工。下面就以件 1 右端轮廓粗加工为例，完成轮廓粗加工轨迹生成后，把已经生成的加工轨迹转化生成 G 代码数据文件。

1. 选择后置处理

打开件 1 图形文件，平移工件，使右端编程零点与绘图区坐标系零点重合，然后对被加工轮廓和毛坯轮廓进行编辑。在“数控车”子菜单区中选取“后置处理”菜单项，则弹出一个对话框，如图 5-36 所示。选择生成的数控程序所适用的数控系统和机床系统信息。

2. 拾取加工轨迹

被拾取到的轨迹名称和编号会显示在列表中，单击鼠标右键结束拾取。被拾取轨迹的代码将生成在一个文件中，生成的先后顺序与拾取的先后顺序相同。按“后置”按钮即可弹出代码“编辑代码”对话框，如图 5-37 所示。

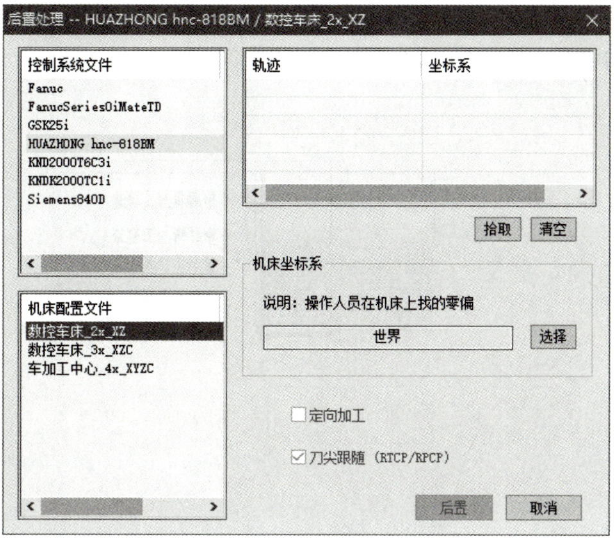

图 5-36　“后置处理”对话框

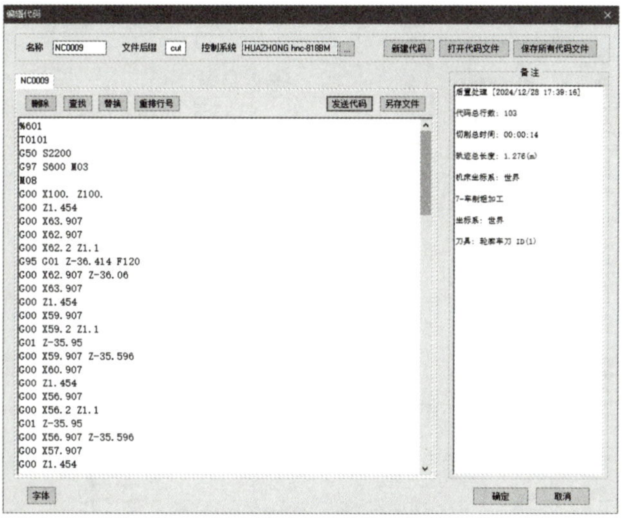

图 5-37　后置处理生成的代码

3. 编辑代码

在“编辑代码”对话框中，可以手动修改代码，设定代码文件名称与后缀名，并保存代码。在右侧的“备注”框中可以看到轨迹与代码的相关信息。可以点击“发送代码”按钮将代码传输给机床，也可以点击“另存文件”按钮，通过 U 盘等介质拷贝到机床中。

九、零件加工程序编制

数控加工自动编程，在准备工作完成后，生成 G 代码非常快捷。加工参数更改后，需重新生成加工轨迹和加工程序。这种编程方法一般不采用固定循环，所以程序篇幅较大，件 1

右端加工轨迹如图 5-38 所示，其轮廓粗加工程序如图 5-39 所示，其总长已达 100 余行，再加上精加工、切槽、切螺纹程序，篇幅会更大，在此不便展开，读者可在本书附赠的课程资源中下载。

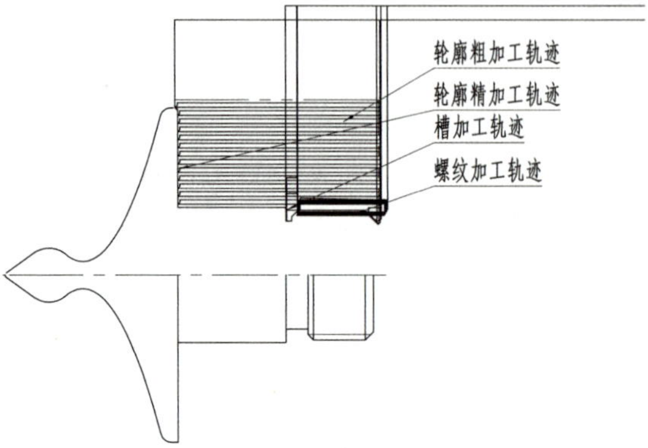

图 5-38　件 1 右端加工轨迹

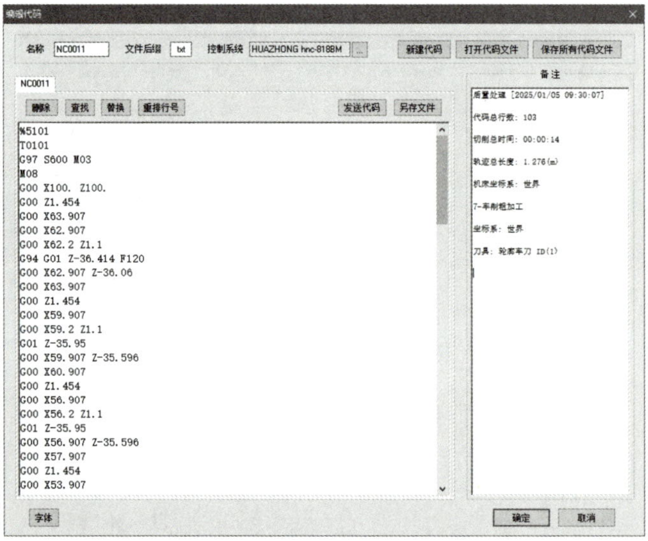

图 5-39　件 1 右端轮廓粗加工程序

做一做：认真阅读图 5-1 所示复杂组合零件的加工程序。

任务三　机床操作

本任务要完成件 1、件 2 的加工至少需要 6 把车刀，而常用数控车床的刀架容量只有 4 把，所以在加工过程中要注意以下几点：

（1）要减少工件的装夹次数，特别是位置精度要求较高时，以及工件的同一端加工，最好在一次装夹中完成，以减少找正的工作量；

（2）减少刀具的装卸，以减少对刀次数；

（3）有些零件需配合后才能加工，为此要合理安排两个工件的加工顺序。

做一做：试操作机床完成图 5-1 所示复杂组合零件的零件加工。

任务四　零件检测

本任务中的各项尺寸大多可以采用通用量具进行检测，只是非圆曲线——椭圆的尺寸没有通用量具。对于非圆曲线的检测，一般是在数控线切割机床上切割出形状相同的样板，采用光隙法来观察曲线的轮廓是否正确。复杂组合零件检测评分表见表 5-10。

表 5-10　复杂组合零件检测评分表

项目	序号	技术要求	配分	评分标准	检测结果	得分	备注
件 1	1	$\phi62^{0}_{-0.03}$	2	每超差 0.01 扣 1 分			
	2	$\phi25^{0}_{-0.03}$	2	每超差 0.01 扣 1 分			
	3	$\phi20\pm0.04$	1	每超差 0.02 扣 0.5 分			
	4	$S\phi10\pm0.02$	2	每超差 0.01 扣 1 分			
	5	5 ± 0.04	1	每超差 0.02 扣 0.5 分			
	6	12 ± 0.04	1	每超差 0.02 扣 0.5 分			
	7	4 ± 0.04	1	每超差 0.02 扣 0.5 分			
	8	36 ± 0.04	1	每超差 0.02 扣 0.5 分			
	9	2-*C*1	1	不合格不得分			
	10	*R*0.5	0.5	不合格不得分			
	11	*R*2	0.5	不合格不得分			
	12	曲线 1	2	过渡不平滑扣 1 分			
	13	锐角倒钝（2 处）	1	每处不合格扣 0.5 分			
	14	72° 锥面	2	过渡不平滑扣 1 分			
	15	M24 × 1.5	2	不合格不得分			
	16	*Ra*1.6（2 处）	1	每超差一处扣 0.5 分			
	17	*Ra*3.2	0.5	每超差一处扣 0.25 分			
件 2	18	$\phi30^{0}_{-0.03}$（A）	2	每超差 0.01 扣 1 分			
	19	$\phi30^{0}_{-0.03}$（B）	2	每超差 0.01 扣 1 分			
	20	$\phi25^{0}_{-0.03}$	2	每超差 0.01 扣 1 分			
	21	$\phi68^{0}_{-0.03}$	2	每超差 0.01 扣 1 分			
	22	$\phi20\pm0.04$	1	每超差 0.02 扣 0.5 分			

续表

项目	序号	技术要求	配分	评分标准	检测结果	得分	备注
件 2	23	$\phi25_{0}^{+0.03}$	2	每超差 0.01 扣 1 分			
	24	21 ± 0.04（孔深）	2	每超差 0.02 扣 1 分			
	25	12 ± 0.04	1	每超差 0.02 扣 0.5 分			
	26	4 ± 0.04	1	每超差 0.02 扣 0.5 分			
	27	3 ± 0.04	1	每超差 0.02 扣 0.5 分			
	28	21 ± 0.04	1	每超差 0.02 扣 0.5 分			
	29	60 ± 0.04	1	每超差 0.02 扣 0.5 分			
	30	3（孔口）	0.5	不合格不得分			
	31	*R*2	0.5	不合格不得分			
	32	2-*C*0.75	1	不合格不得分			
	33	2-*C*1	1	不合格不得分			
	34	锐角倒钝（5 处）	2	每处不合格扣 0.5 分			
	35	M24 × 1.5（外）	2	不合格不得分			
	36	M24 × 1.5（内）	3	不合格不得分			
	37	曲线 2	2	过渡不平滑扣 2 分			
	38	*Ra*1.6（4 处）	2	每超差一处扣 0.5 分			
	39	*Ra*3.2	0.5	每超差一处扣 0.25 分			
	40	$\phi30^{0}_{-0.03}$（A）	2	每超差 0.01 扣 1 分			
	41	$\phi30^{0}_{-0.03}$（B）	2	每超差 0.01 扣 1 分			
	42	$\phi25^{0}_{-0.03}$	2	每超差 0.01 扣 1 分			
	43	$\phi68^{0}_{-0.03}$	2	每超差 0.01 扣 1 分			
	44	$\phi20 \pm 0.04$	1	每超差 0.02 扣 0.5 分			
	45	$\phi25_{0}^{+0.03}$	2	每超差 0.01 扣 1 分			
	46	21 ± 0.04（孔深）	2	每超差 0.02 扣 1 分			
	47	12 ± 0.04	1	每超差 0.02 扣 0.5 分			
	48	4 ± 0.04	1	每超差 0.02 扣 0.5 分			
	49	3 ± 0.04	1	每超差 0.02 扣 0.5 分			
	50	21 ± 0.04	1	每超差 0.02 扣 0.5 分			
	51	62 ± 0.04	1	每超差 0.02 扣 0.5 分			
	52	3（孔口）	0.5	不合格不得分			
	53	*R*2	0.5	不合格不得分			
	54	2-*C*0.75	1	不合格不得分			
	55	2-*C*1	1	不合格不得分			
	56	锐角倒钝（5 处）	2	每处不合格扣 0.5 分			
	57	M24 × 1.5（外）	2	不合格不得分			

续表

项目	序号	技术要求	配分	评分标准	检测结果	得分	备注
件 2	58	M24×1.5(内)	3	不合格不得分			
	59	曲线 2	2	过渡不平滑扣 2 分			
	60	$Ra1.6$(4 处)	2	每超差一处扣 0.5 分			
	61	$Ra3.2$	0.5	每超差一处扣 0.25 分			
件 3	62	$\phi42^{0}_{-0.03}$	2	每超差 0.01 扣 1 分			
	63	$\phi35^{0}_{-0.03}$	2	每超差 0.01 扣 1 分			
	64	$\phi68^{0}_{-0.03}$(2 处)	4	每超差 0.01 扣 1 分			
	65	$\phi25^{+0.03}_{0}$	2	每超差 0.01 扣 1 分			
	66	$\phi52$	2	每超差 0.01 扣 1 分			
	67	$\phi56\pm0.04$	1	每超差 0.02 扣 1 分			
	68	$5^{+0.03}_{0}$	2	每超差 0.01 扣 1 分			
	69	22±0.04	1	每超差 0.02 扣 1 分			
	70	26±0.04	1	每超差 0.02 扣 1 分			
	71	41±0.04	1	每超差 0.02 扣 1 分			
	72	6(2 处)	1	不合格不得分			
	73	12	0.5	不合格不得分			
	74	3(2 处)	1	未完成不得分			
	75	18	0.5	未完成不得分			
	76	15	0.5	未完成不得分			
	77	$\phi25$	0.5	未完成不得分			
	78	2-C0.75	1	不合格不得分			
	79	M24×1.5	3	不合格不得分			
	80	内锥体	3	过渡不平滑扣 2 分			
	81	24° 成形槽	4	不合格不得分			
	82	24° 锥面	1	不合格不得分			
	83	锐角倒钝(6 处)	3	每处不合格扣 0.5 分			
	84	$Ra1.6$(7 处)	3	每超差一处扣 0.5 分			
	85	$Ra3.2$	0.5	每超差一处扣 0.25 分			
配合	86	螺纹配合连接(3 次)	6	不能完全拧入不得分,配合不合适扣 1 分			
	87	$\phi25$ 圆柱配合(3 次)	3	不能配合不得分,配合过紧或过松扣 0.5 分			
	88	配合整体美观协调	4	未整体完成不得分,件 2 只有一件可配合扣 1 分			

做一做:试根据复杂组合零件检测评分表完成图 5-1 所示复杂组合零件的检测。

任务五　过程评价

按照项目五的要求，对本项目进行评价，如表 5-11 所示。

表 5-11　项目五过程评价表

<table>
<tr><td>第　　组</td><td>组长姓名</td><td></td><td>班级</td><td></td></tr>
<tr><td>小组成员</td><td colspan="4"></td></tr>
<tr><td colspan="5">过程评价内容</td></tr>
<tr><td colspan="5">(1)小组讨论，自我评述完成情况及出现的问题，分析导致零件不合格的原因
(2)小组讨论提出改进方案
(3)教师对学生完成情况进行评价说明</td></tr>
<tr><td colspan="5">学生自我总结：

项目完成人签字：
日期：　　年　　月　　日</td></tr>
<tr><td colspan="5">指导老师评语：

指导老师签字：
日期：　　年　　月　　日</td></tr>
</table>

做一做：试对本项目的完成情况进行评价，并进行交流。

课后复习题

1. 如图 5-40 所示的两个零件图：件 1 和件 2。毛坯尺寸和材料：件 1，$\phi 50\times 100$，材料为 45#钢；件 2，$\phi 50\times 52$，材料为 45#钢。

请编写该复杂组合零件的加工工艺和程序，要求加工出来之后能够配合。

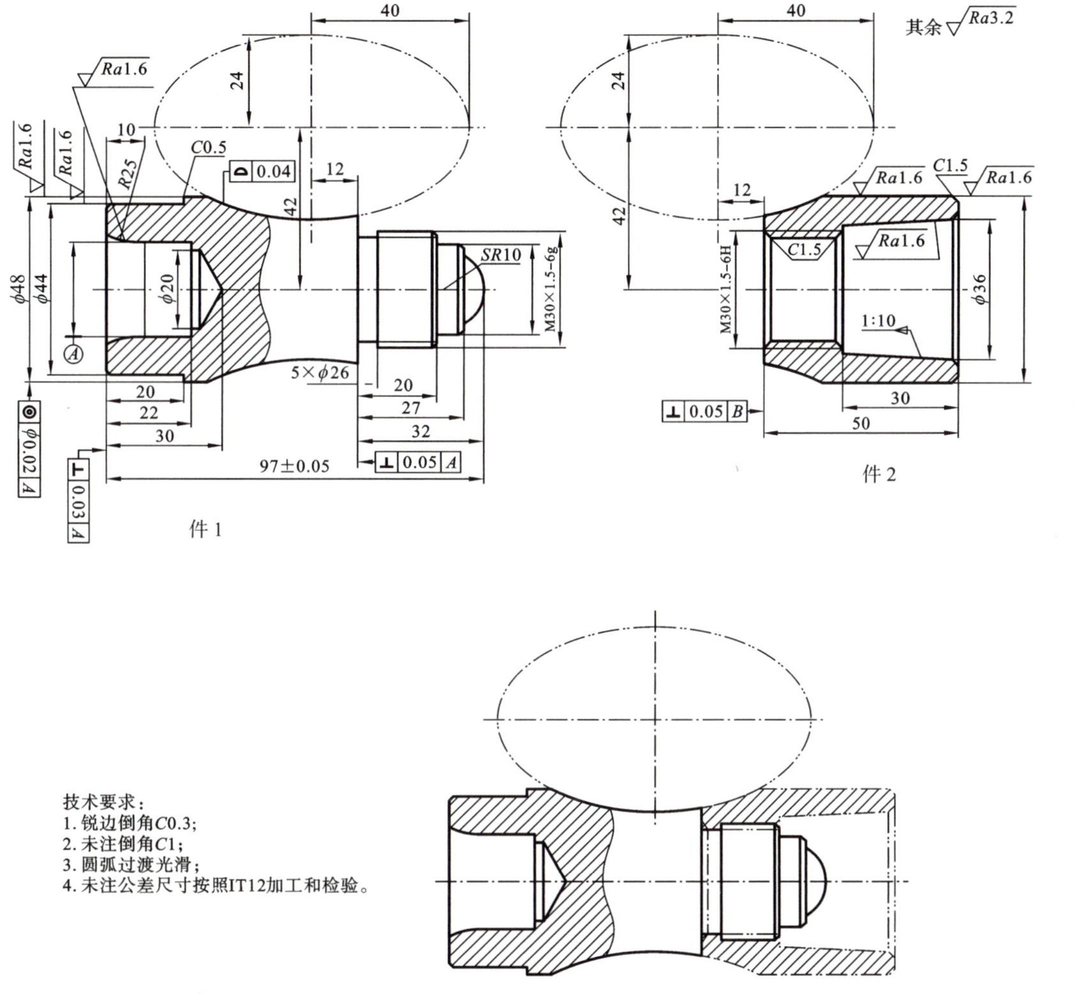

图 5-40

2. 如图 5-41 所示的两个零件图：件 1 和件 2。毛坯尺寸和材料：件 1，$\phi 48\times 100$，材料为 45#钢；件 2，$\phi 48\times 48$，材料为 45#钢。

请编写该复杂组合零件的加工工艺和程序，要求加工出来之后能够配合。

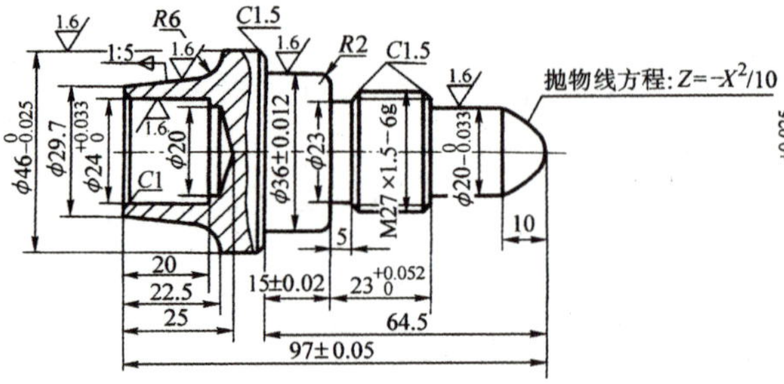

件 1

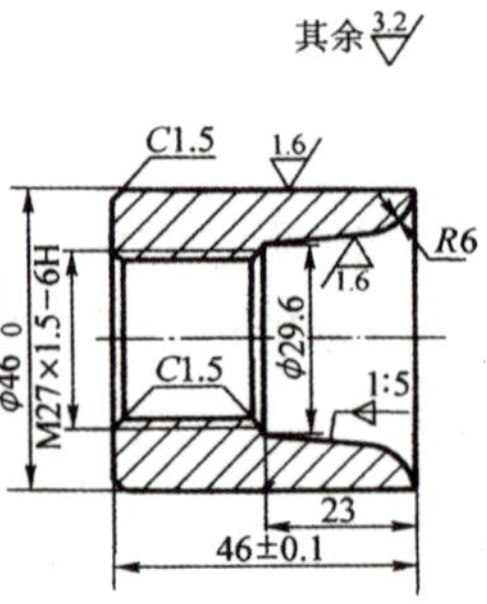

件 2

技术要求
1. 锐边倒角C0.3。
2. 涂色锥面接触面不小于50%。
3. 圆锥与圆弧过渡光滑。
4. 未注公差尺寸按IT12加工和检验。

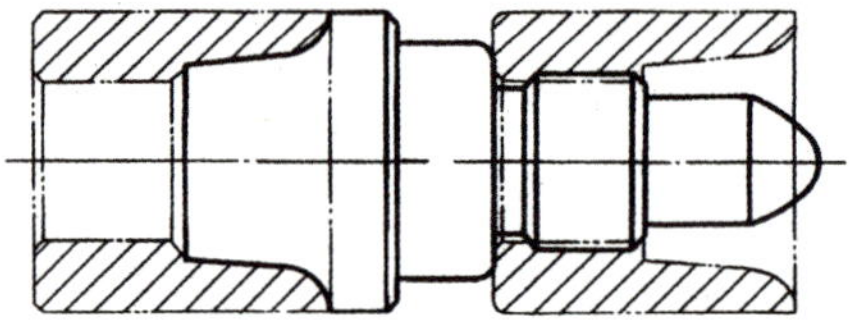

组合件

图 5-41

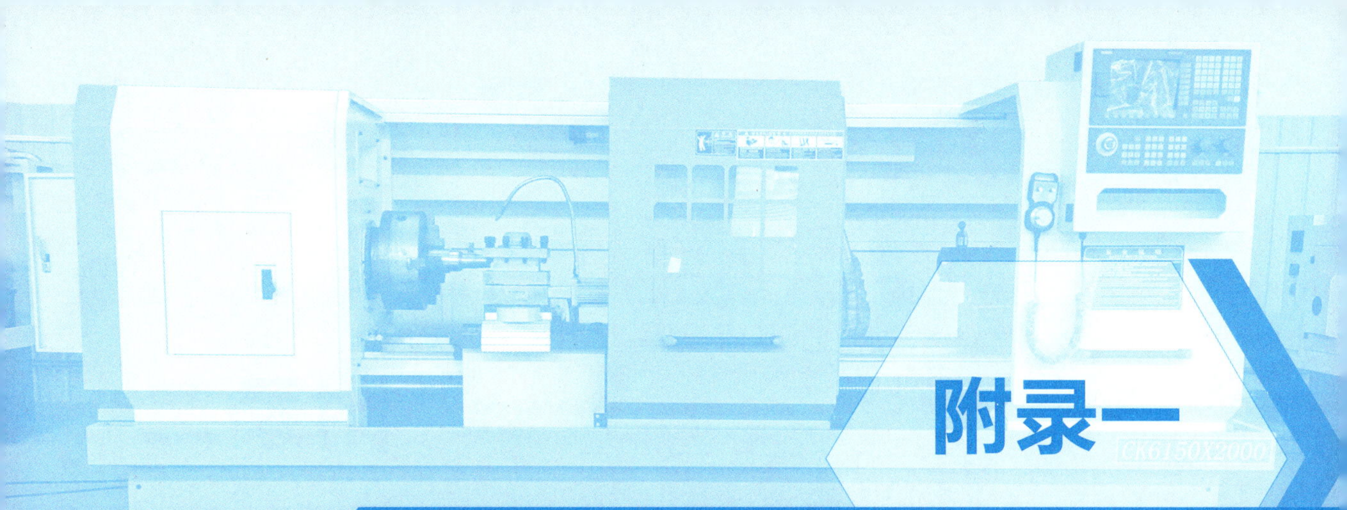

附录一

HNC-818DiT 系统功能菜单结构

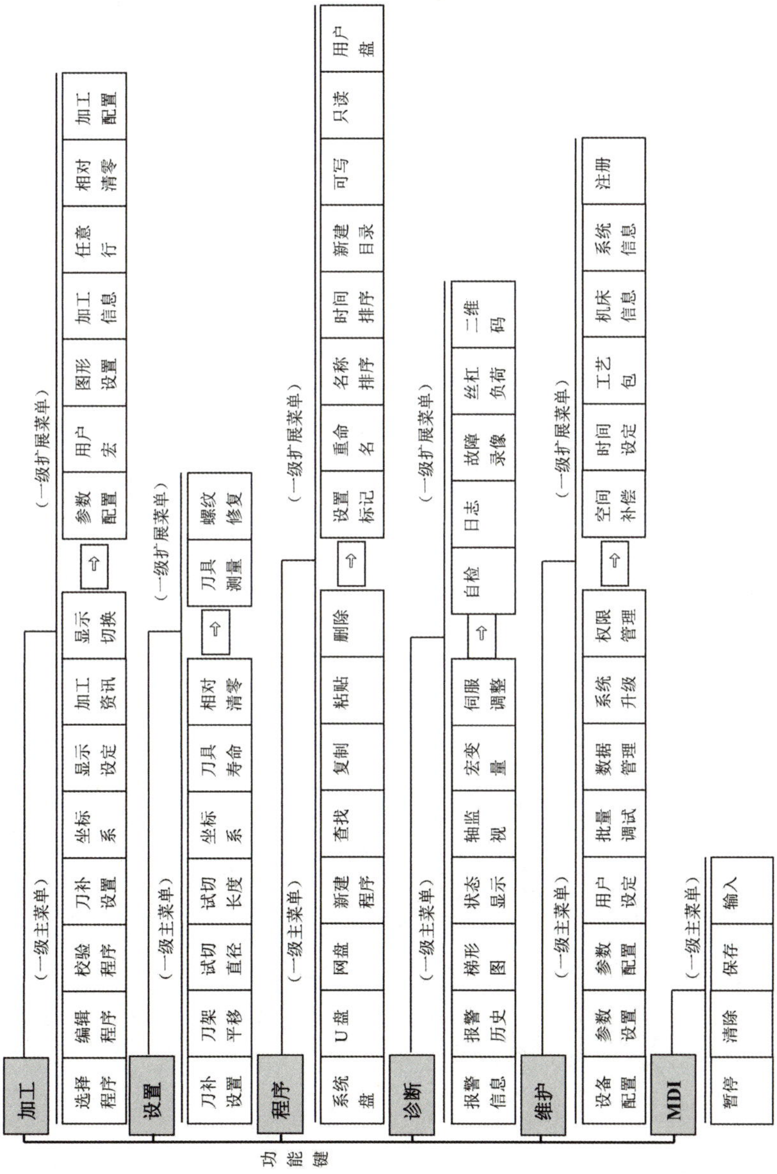

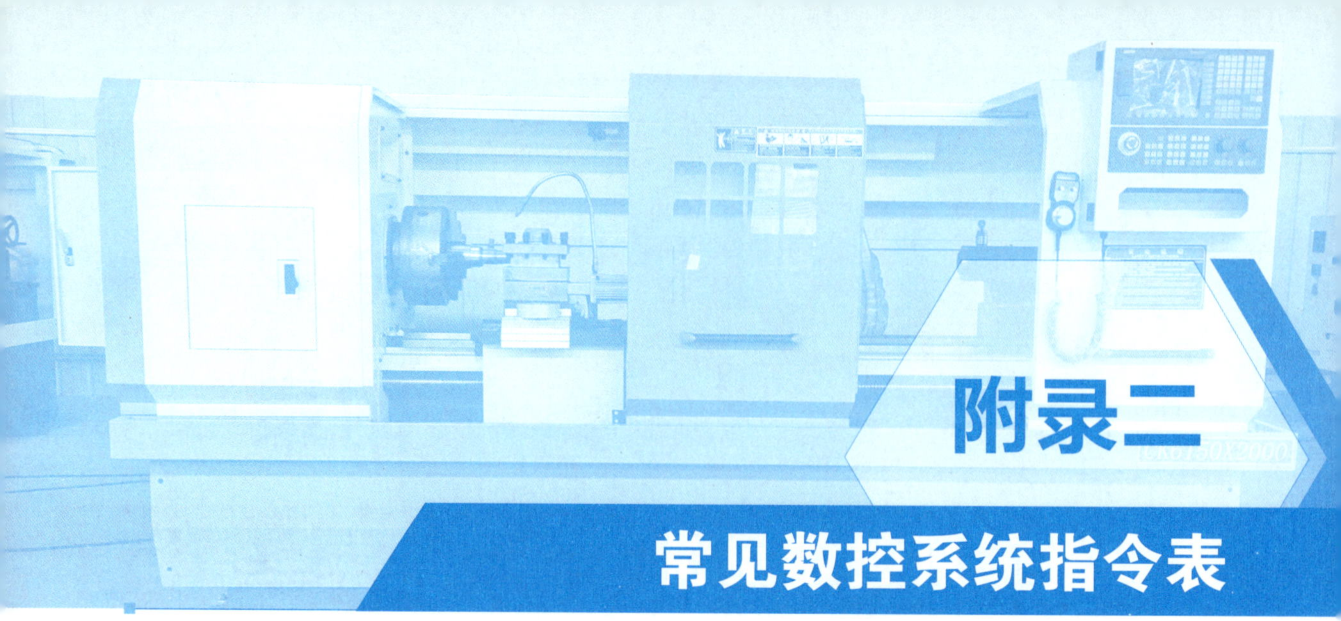

附录二

常见数控系统指令表

1. 华中数控

G 代码

G 代码	组别	功能
G00	1	定位（快速移动）
*G01		直线切削
G02		顺时针切圆弧（CW，顺时针）
G03		逆时针切圆弧（CCW，逆时针）
G04	0	暂停（Dwell）
G20	6	英制输入
*G21		公制输入
G28	0	返回参考点
G29		从参考点返回
G32	1	切螺纹
*G36	17	直径编程
G37		半径编程
*G40	7	取消刀尖半径偏置
G41		刀尖半径偏置（左侧）
G42		刀尖半径偏置（右侧）
*G54	11	坐标系选择
G55		
G56		
G57		
G58		
G59		

续表

G 代码	组别	功能
G71	6	外径/内径车削复合循环
G72		端面车削复合循环
G73		闭环车削复合循环
G76		螺纹切削复合循环
*G80		外径/内径车削固定循环
G81		端面车削固定循环
G82		螺纹切削固定循环
G90	13	绝对编程
G91		相对编程
G92	0	工件坐标系设定
*G94	14	每分钟进给
G95		每转进给
*G96	16	恒线速度切削
G97		

M 代码

M 代码	模态	功能
M00	非模态	程序停
M02	非模态	程序结束（复位）
M03	模态	主轴正转（CW）
M04	模态	主轴反转（CCW）
M05	模态	主轴停
M07	模态	切削液开
M08	模态	切削液开
M09	模态	切削液关
M30	非模态	程序结束并返回程序起点
M98	非模态	子程序调用
M99	非模态	子程序结束

2. FANUC 系统

G 代码

G 代码	组别	功能
G00	1	定位（快速移动）
G01		直线切削
G02		顺时针切圆弧（CW，顺时针）
G03		逆时针切圆弧（CCW，逆时针）
G04	0	暂停（Dwell）
G09		停于精确的位置
G20	6	英制输入
G21		公制输入
G22	4	内部行程限位有效
G23		内部行程限位无效
G27	0	返回参考点检查
G28		返回参考点
G29		从参考点返回
G30		回到第二参考点
G32	1	切螺纹
G40	7	取消刀尖半径偏置
G41		刀尖半径偏置（左侧）
G42		刀尖半径偏置（右侧）
G50	0	修改工件坐标；设置主轴最大的转速（r/min）
G52		设置局部坐标系
G53		选择机床坐标系
G70		精加工循环
G71		内外径粗切循环
G72		台阶粗切循环
G73		成形重复循环
G74		Z 向步进钻削
G75		X 向切槽
G76		切螺纹循环

续表

G 代码	组别	功能
G80	10	取消固定循环
G83		钻孔循环
G84		攻丝循环
G85		正面镗孔循环
G87		侧面钻孔循环
G88		侧面攻丝循环
G89		侧面镗孔循环
G90	1	（内外直径）切削循环
G92		切螺纹循环
G94		（台阶）切削循环
G96	12	恒线速度控制
G97		恒线速度控制取消
G98	5	每分钟进给率
G99		每转进给率

M 代码

M 代码	功能
M00	程序停止
M01	条件程序停止
M02	程序结束
M03	主轴正转
M04	主轴反转
M05	主轴停止
M06	刀具交换
M08	冷却液开
M09	冷却液关
M18	主轴定向解除
M19	主轴定向
M29	刚性攻丝
M30	程序结束并返回程序头
M98	调用子程序
M99	子程序结束返回 / 重复执行

3. SIEMENS 810D 系统

G 代码

指令	功能	说明
G0	快速移动	模态
G1	直线插补	模态
G2	顺时针圆弧插补	模态
G3	逆时针圆弧插补	模态
G5	中间点圆弧插补	模态
G33	恒螺距螺纹切削	模态
G4	暂停时间	程序段
G74	回参考点	程序段
G75	回固定点	程序段
G158	可编程的偏置	程序段
G25	主轴转速下限	程序段
G26	主轴转速上限	程序段
G17	在加工中心孔时要求	平面选择，模态有效
G18	*Z/X* 平面	模态有效，平面选择
G40	刀尖半径补偿方式的取消	模态
G41	调用刀尖半径补偿刀具在轮廓左面移动	模态
G42	调用刀尖半径补偿刀具在轮廓右面移动	模态
G500	取消零点偏置	模态
G54	第一可设零点偏置	模态
G55~G57	第二、三、四可设零点偏置	模态
G53	按程序段方式取消可设零点偏置	程序段
G9	准确定位，单程序段有效	程序段
G70	英制尺寸	模态有效
G71	公制尺寸	模态有效
G90	绝对尺寸	模态有效
G91	相对尺寸	模态有效
G94	进给率 *F*（单位：mm/min）	模态有效
G95	主轴进给率 *F*（单位：mm/r）	模态有效
G96	恒定切削速度 *F*（单位：mm/r）、*S*（单位：m/min）	模态有效
G97	删除恒定切削速度	模态有效
G22	半径尺寸	模态有效
G23	直径尺寸	模态有效

M 代码

M 代码	功能
M0	程序暂停，可以按“启动”按钮继续执行加工任务
M1	程序有条件停止
M2	程序结束，在程序的最后一段被写入
M30、M70	无用
M3	主轴顺时针转
M4	主轴逆时针转
M5	主轴停
M6	更换刀具：机床数据有效时用 M6 直接更换刀具，其他情况下直接用 T 指令进行
M40	自动变换齿轮级
M41~M45	齿轮级 1~5
M8	冷却液开
M9	冷却液关
M17	子程序结束
M41	低速
M42	高速

循环指令集

循环指令	功能
LCYC82	钻削、沉孔加工
LCYC83	深孔钻削
LCYC840	带补偿夹具切削螺纹
LCYC85	镗孔
LCYC93	切槽
LCYC94	凹凸切削
LCYC95	切削加工

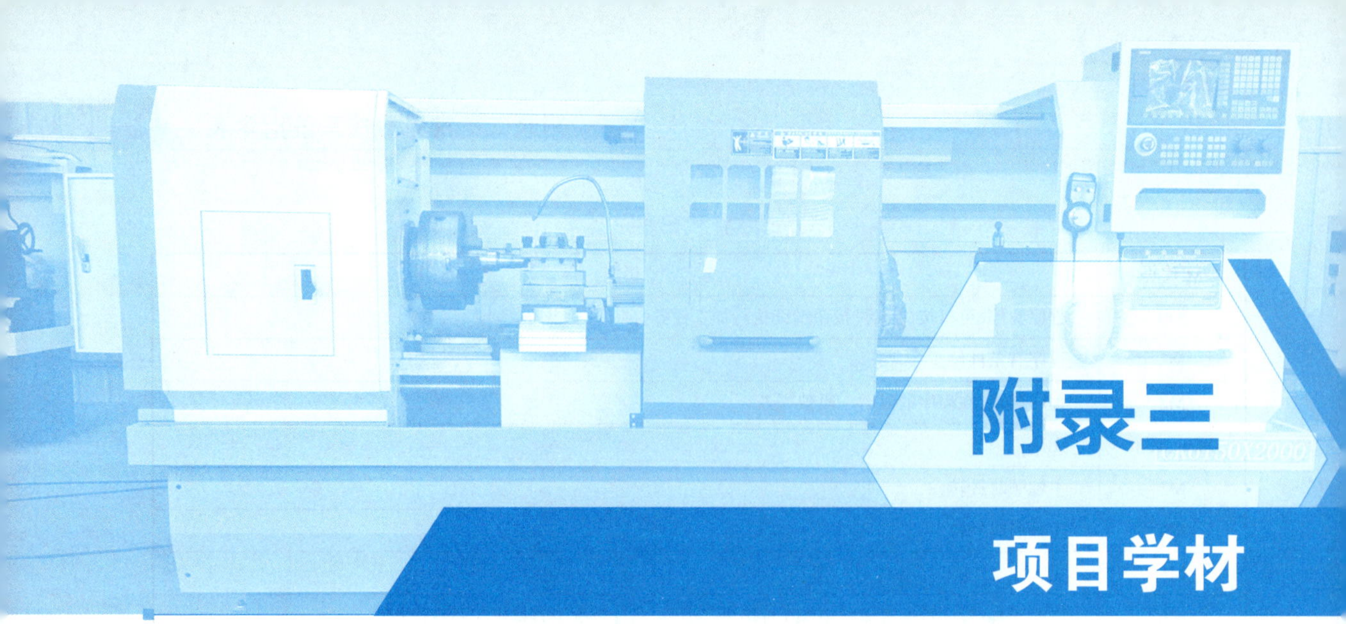

附录三

项目学材

项目一学材

一、引导问题

1. 数控车床与普通车床在结构上有什么区别？

2. 请比较一下数控车床与普通车床的工艺范围。

3. 数控车床零件加工中制定工艺方案的原则有哪些？

4. 简述机床坐标系的规定，说说数控车床的机床坐标系是如何规定的。

5. 说说下列常用指令的格式和含义。

将以下指令的格式填写完整：

G00

G01

G02

G03

G80

说说以下指令的含义：

M03：

M04：

M05：

M30：

T0105：

F100：

S600：

6. 请仔细阅读并思考教材中“数控车床安全操作与保养”的相关内容。

7. 根据指导老师的演示进行机床操作，说说在机床操作、程序校验及对刀操作中应该注意的问题。

二、引导任务实施

1. 根据任务单给出的零件图，对零件的工艺性进行分析。

2. 根据任务单给出的零件图，制定简单轴类零件的加工工艺。
填写表 1-3 和表 1-5。

表 1-3　数控加工刀具使用卡

<table>
<tr><td>班级</td><td colspan="2"></td><td>组号</td><td></td><td>零件名称</td><td></td><td>零件型号</td><td></td></tr>
<tr><td colspan="5">数控加工刀具卡片</td><td>编制</td><td></td><td>校核</td><td></td></tr>
<tr><td>序号</td><td>刀具号</td><td colspan="4">刀具型号、规格、名称</td><td>用途</td><td colspan="2">备注</td></tr>
<tr><td></td><td></td><td colspan="4"></td><td></td><td colspan="2"></td></tr>
<tr><td></td><td></td><td colspan="4"></td><td></td><td colspan="2"></td></tr>
<tr><td></td><td></td><td colspan="4"></td><td></td><td colspan="2"></td></tr>
<tr><td></td><td></td><td colspan="4"></td><td></td><td colspan="2"></td></tr>
</table>

表 1-5　数控加工工序卡

<table>
<tr><td>班级</td><td></td><td colspan="2">编制</td><td></td><td>零件号</td><td colspan="2"></td></tr>
<tr><td colspan="2" rowspan="2">数控加工工序卡片</td><td colspan="2">零件名称</td><td></td><td>程序号</td><td colspan="2"></td></tr>
<tr><td colspan="2">材料</td><td></td><td>使用设备</td><td colspan="2"></td></tr>
<tr><td>工序号</td><td></td><td colspan="2">夹具编号</td><td></td><td>车间</td><td colspan="2"></td></tr>
<tr><td rowspan="2">工步号</td><td rowspan="2">工步内容</td><td colspan="2">刀具名称</td><td colspan="3">切削用量</td><td rowspan="2">备注</td></tr>
<tr><td>编号</td><td>规格</td><td>转速/(r/min)</td><td>进给速度/(mm/min)</td><td>背吃刀量/mm</td></tr>
<tr><td></td><td></td><td></td><td></td><td></td><td></td><td></td><td></td></tr>
<tr><td></td><td></td><td></td><td></td><td></td><td></td><td></td><td></td></tr>
<tr><td></td><td></td><td></td><td></td><td></td><td></td><td></td><td></td></tr>
<tr><td></td><td></td><td></td><td></td><td></td><td></td><td></td><td></td></tr>
<tr><td></td><td></td><td></td><td></td><td></td><td></td><td></td><td></td></tr>
<tr><td></td><td></td><td></td><td></td><td></td><td></td><td></td><td></td></tr>
</table>

3. 根据制定的零件加工工艺方案，列出所需毛坯、量具、工具等并领取。

4. 根据制定的零件加工工艺，编制零件加工程序。

5. 在零件加工过程中听从组长安排，每位同学需按零件加工要求进行对刀、输入程序、校验程序、加工等工作。

三、评价

1. 按“零件检测评分表”对加工的零件进行自检、互检和老师检测。

2. 总结：在数控车床上加工零件时出现了哪些问题？解决的途径是什么？

四、零件检测评分表

表 1-18　推进器零件检测评分表

工件编号				工件得分				
序号	项目	配分	评分标准	自检		互检		备注
				检测结果	得分	检测结果	得分	
1	机床操作	5	操作正确，动作熟练					
2	工件装夹	5	酌情扣分					
3	刀具选择及安装	5	酌情扣分					
4	工量具使用及摆放	5	酌情扣分					
5	$\phi 18 \pm 0.1$	10	每超差 0.01 扣 1 分					
6	$\phi 15 \pm 0.1$	10	每超差 0.01 扣 1 分					
7	65 ± 0.12	8	每超差 0.02 扣 1 分					
8	10	10	每处 4 分，未完成不得分					
9	25	6	每处 3 分，未完成不得分					
10	$R1.5$	4	未完成不得分					
11	锥体	4	样板检测，未完成不得分					
12	锥体 1 : 2	6	样板检测，未完成不得分					
13	$1.5 \times 60°$	3	未完成不得分					
14	$Ra3.2$（2 处）	6	每超差一处扣 2 分					
15	$Ra6.3$	3	每超差一处扣 1 分					
16	安全生产	5	正确安全操作机床					
17	文明生产	5	着装、工作环境、机床保养					
18	总分	100	—	—		—		

五、过程评价

表 1-20　项目一过程评价表

过程评价内容
（1）小组讨论，自我评述完成情况及出现的问题，分析导致零件不合格的原因 （2）小组讨论提出改进方案 （3）教师对学生完成情况进行评价说明
学生自我总结： 项目完成人签字： 日期：　　年　　月　　日

续表

指导老师评语： 指导老师签字： 日期： 年 月 日

项目二学材

一、引导问题

1. 数控车削加工中，粗、精加工对刀具的要求有何不同？

2. 数控车床加工时，轴类零件的长度尺寸如何保证？

3. 数控车床轮廓粗、精车复合循环指令（G71、G72、G73）如何使用？

4. 说说什么是刀尖方位号，对于 90° 外圆车刀来说，其刀尖方位号是多少？

5. 在数控车床上如何加工外沟槽，可否加工 V 形槽或宽度较大的槽？

6. 数控车床的子程序调用指令是什么？使用中需注意什么问题？

7. 简述数控车床加工中 G41、G42、G40 指令的用法。

8. 数控加工中零件超差后利用刀偏表进行尺寸的调整时，如果零件的外圆尺寸偏大 0.04，应如何调整？如果尺寸偏小呢？

二、引导任务实施

1. 根据任务单给出的零件图，对零件的工艺性进行分析。

2. 根据任务单给出的零件图，制定中等复杂轴类零件的加工工艺。

填写表 2-1 和表 2-3。

表 2-1　数控加工刀具使用卡

<table>
<tr><td>班级</td><td></td><td>组号</td><td></td><td>零件名称</td><td></td><td>零件型号</td><td></td></tr>
<tr><td colspan="4">数控加工刀具卡片</td><td>编制</td><td></td><td>校核</td><td></td></tr>
<tr><td>序号</td><td>刀具号</td><td colspan="3">刀具型号、规格、名称</td><td>用途</td><td colspan="2">备注</td></tr>
<tr><td></td><td></td><td colspan="3"></td><td></td><td colspan="2"></td></tr>
<tr><td></td><td></td><td colspan="3"></td><td></td><td colspan="2"></td></tr>
<tr><td></td><td></td><td colspan="3"></td><td></td><td colspan="2"></td></tr>
<tr><td></td><td></td><td colspan="3"></td><td></td><td colspan="2"></td></tr>
</table>

表 2-3　数控加工工序卡

<table>
<tr><td>班级</td><td></td><td colspan="2">编制</td><td></td><td>零件号</td><td colspan="2"></td></tr>
<tr><td colspan="2" rowspan="2">数控加工工序卡片</td><td colspan="2">零件名称</td><td></td><td>程序号</td><td colspan="2"></td></tr>
<tr><td colspan="2">材料</td><td></td><td>使用设备</td><td colspan="2"></td></tr>
<tr><td>工序号</td><td></td><td colspan="2">夹具编号</td><td></td><td>车间</td><td colspan="2"></td></tr>
<tr><td rowspan="2">工步号</td><td rowspan="2">工步内容</td><td colspan="2">刀具名称</td><td colspan="3">切削用量</td><td rowspan="2">备注</td></tr>
<tr><td>编号</td><td>规格</td><td>转速/(r/min)</td><td>进给速度/(mm/min)</td><td>背吃刀量/mm</td></tr>
<tr><td></td><td></td><td></td><td></td><td></td><td></td><td></td><td></td></tr>
<tr><td></td><td></td><td></td><td></td><td></td><td></td><td></td><td></td></tr>
<tr><td></td><td></td><td></td><td></td><td></td><td></td><td></td><td></td></tr>
<tr><td></td><td></td><td></td><td></td><td></td><td></td><td></td><td></td></tr>
<tr><td></td><td></td><td></td><td></td><td></td><td></td><td></td><td></td></tr>
<tr><td></td><td></td><td></td><td></td><td></td><td></td><td></td><td></td></tr>
</table>

3. 根据制定的零件加工工艺方案，列出所需毛坯、量具、工具等并领取。

4. 根据制定的零件加工工艺，编写零件加工程序。

5. 在零件加工过程中听从组长安排，每位同学需按零件加工要求进行对刀、输入程序、校验程序、加工等工作。

三、评价

1. 按“零件检测评分表”对加工的零件进行自检、互检和老师检测。

2. 总结：在数控车床上加工零件中出现了哪些问题？解决的途径是什么？

四、零件检测评分表

表 2-6　主发动机零件检测评分表

工件编号				工件得分				
序号	项目	配分	评分标准	自检		互检		备注
				检测结果	得分	检测结果	得分	
1	机床操作	5	操作正确，动作熟练					
2	工件装夹	5	酌情扣分					
3	刀具选择及安装	5	酌情扣分					
4	工量具使用及摆放	5	酌情扣分					
5	$\phi 23_{-0.1}^{0}$	6	每超差 0.01 扣 1 分					
6	$\phi 18_{-0.1}^{0}$	6	每超差 0.01 扣 1 分					
7	$\phi 30_{-0.1}^{0}$	8	每超差 0.01 扣 1 分					
8	$\phi 36_{-0.1}^{0}$	8	每超差 0.01 扣 1 分					
9	$\phi 28_{-0.1}^{0}$	6	每超差 0.01 扣 1 分					
10	80 ± 0.1	7	每超差 0.02 扣 1 分					
11	20.1	4	每处 4 分，未完成不得分					
12	25.15	4	每处 3 分，未完成不得分					
13	槽宽 3 mm	4	不合格不得分					
14	槽距 3 mm	4	不合格不得分					
15	*C*1	2	未完成不得分					
16	$3 \times 60°$	2	未完成不得分					
17	锥体 1：2	4	样板检测，未完成不得分					
18	*Ra*1.6（3 处）	3	每超差一处扣 2 分					
19	*Ra*3.2	2	每超差一处扣 1 分					
20	安全生产	5	正确操作机床					
21	文明生产	5	着装、工作环境、机床保养					
22	总分	100	—	—		—		

五、过程评价

表 2-8　项目二过程评价表

第　　组	组长姓名		班级	
小组成员				
过程评价内容				
(1)小组讨论,自我评述完成情况及出现的问题,分析导致零件不合格的原因 (2)小组讨论提出改进方案 (3)教师对学生完成情况进行评价说明				
学生自我总结: 项目完成人签字: 日期:　　年　　月　　日				
指导老师评语: 指导老师签字: 日期:　　年　　月　　日				

项目三学材

一、引导问题

1. 在数控车床上加工外螺纹要使用什么指令？使用中需注意什么问题？

2. 数控车床加工螺纹，导致螺纹不合格的因素有哪些？应如何预防？

3. 数控车床上外沟槽车刀、外螺纹车刀如何对刀？

4. 如何避免调头加工接刀对同轴度的影响？

二、引导任务实施

1. 根据任务单给出的零件图，对零件的工艺性进行分析。

2. 根据任务单给出的零件图，制定主发动机零件的加工工艺。
填写表 3-4 和表 3-6。

表 3-4　数控加工刀具使用卡

<table>
<tr><td>班级</td><td></td><td>组号</td><td></td><td>零件名称</td><td></td><td>零件型号</td><td></td></tr>
<tr><td colspan="4">数控加工刀具卡片</td><td>编制</td><td></td><td>校核</td><td></td></tr>
<tr><td>序号</td><td>刀具号</td><td colspan="3">刀具型号、规格、名称</td><td>用途</td><td colspan="2">备注</td></tr>
<tr><td></td><td></td><td colspan="3"></td><td></td><td colspan="2"></td></tr>
<tr><td></td><td></td><td colspan="3"></td><td></td><td colspan="2"></td></tr>
<tr><td></td><td></td><td colspan="3"></td><td></td><td colspan="2"></td></tr>
<tr><td></td><td></td><td colspan="3"></td><td></td><td colspan="2"></td></tr>
<tr><td></td><td></td><td colspan="3"></td><td></td><td colspan="2"></td></tr>
</table>

表 3-6　数控加工工序卡

<table>
<tr><td>班级</td><td></td><td colspan="2">编制</td><td></td><td>零件号</td><td colspan="2"></td></tr>
<tr><td colspan="2" rowspan="2">数控加工工序卡片</td><td colspan="2">零件名称</td><td></td><td>程序号</td><td colspan="2"></td></tr>
<tr><td colspan="2">材料</td><td></td><td>使用设备</td><td colspan="2"></td></tr>
<tr><td>工序号</td><td></td><td colspan="2">夹具编号</td><td></td><td>车间</td><td colspan="2"></td></tr>
<tr><td rowspan="2">工步号</td><td rowspan="2">工步内容</td><td colspan="2">刀具名称</td><td colspan="3">切削用量</td><td rowspan="2">备注</td></tr>
<tr><td>编号</td><td>规格</td><td>转速/(r/min)</td><td>进给速度/(mm/min)</td><td>背吃刀量/mm</td></tr>
<tr><td></td><td></td><td></td><td></td><td></td><td></td><td></td><td></td></tr>
<tr><td></td><td></td><td></td><td></td><td></td><td></td><td></td><td></td></tr>
<tr><td></td><td></td><td></td><td></td><td></td><td></td><td></td><td></td></tr>
<tr><td></td><td></td><td></td><td></td><td></td><td></td><td></td><td></td></tr>
<tr><td></td><td></td><td></td><td></td><td></td><td></td><td></td><td></td></tr>
<tr><td></td><td></td><td></td><td></td><td></td><td></td><td></td><td></td></tr>
</table>

3. 根据制定的零件加工工艺方案，列出所需毛坯、量具、工具等并领取。

4. 根据制定的零件加工工艺，编写零件加工程序。

5. 在零件加工过程中听从组长安排，每位同学需按零件加工要求进行对刀、输入程序、校验程序、加工等工作。

三、评价

1. 按“零件检测评分表”对加工的零件进行自检、互检和老师检测。

2. 总结：在数控车床上加工零件中出现了哪些问题？解决的途径是什么？

四、零件检测评分表

表 3-10　返回舱零件检测评分表

工件编号：				工件得分：				
序号	项目	配分	评 分 标 准	自检		互检		备注
				检测结果	得分	检测结果	得分	
1	机床操作	5	操作正确，动作熟练					
2	工件装夹	5	酌情扣分					
3	刀具选择及安装	5	酌情扣分					
4	工量具使用及摆放	5	酌情扣分					
5	$\phi38^{0}_{-0.062}$	8	每超差 0.01 扣 1 分					
6	$\phi30^{0}_{-0.062}$	8	每超差 0.01 扣 1 分					
7	10 ± 0.1	5	每超差 0.02 扣 1 分					
8	15 ± 0.1	5	每超差 0.02 扣 1 分					
9	100 ± 0.1	8	每超差 0.02 扣 1 分					
10	M24 × 1.5	10	不合格不得分					
11	38	4	未完成不得分					
12	*R*2.5	3	不合格不得分					
13	*R*75	3	不合格不得分					
14	槽 3 × 1.5	6	不合格不得分					
15	*C*1.5	2	未完成不得分					
16	4 × 60°	3	未完成不得分					
17	*Ra*1.6（3 处）	3	每超差一处扣 2 分					
18	*Ra*3.2	2	每超差一处扣 1 分					
19	安全生产	5	正确安全操作机床					
20	文明生产	5	着装、工作环境、机床保养					
21	总分	100	—	—		—		

五、过程评价

表 3-12　项目三过程评价表

过程评价内容
1. 小组讨论，自我评述完成情况及出现的问题，分析导致零件不合格的原因； 2. 小组讨论提出改进方案； 3. 教师对学生完成情况进行评价说明

续表

<table>
<tr><td>学生自我总结：

项目完成人签字：
日期：　　年　　月　　日</td></tr>
<tr><td>指导老师评语：

指导老师签字：
日期：　　年　　月　　日</td></tr>
</table>

项目四学材

一、引导问题

1. 在数控车床上如何加工内孔？粗加工时可使用什么指令？

2. 内孔加工时可否使用 G41、G42、G40 刀具半径补偿指令？其刀尖方位号是多少？

3. 数控车床上加工内孔,选择内孔车刀时应注意哪些问题?

4. 内孔车刀如何对刀?

5. 在数控车床上加工内沟槽应该注意哪些问题?

6. 在数控车床上加工内螺纹要使用什么指令?使用中需注意什么问题?

7. 数控车床上内沟槽车刀、内螺纹车刀如何对刀?

二、引导任务实施

1. 根据任务单给出的零件图,对零件的工艺性进行分析。

2. 根据任务单给出的零件图,制定主发动机零件的加工工艺。
填写表 4-1 和表 4-3。

表 4-1 数控加工刀具使用卡

班级		组号		零件名称		零件型号	
数控加工刀具卡片				编制		校核	
序号	刀具号	刀具型号、规格、名称		用途		备注	

表 4-3 数控加工工序卡

班级		编制			零件号		
数控加工工序卡片		零件名称			程序号		
		材料			使用设备		
工序号		夹具编号			车间		
工步号	工步内容	刀具名称		切削用量			备注
		编号	规格	转速/(r/min)	进给速度/(mm/min)	背吃刀量/mm	

3. 根据制定的零件加工工艺方案,列出所需毛坯、量具、工具等并领取。

4. 根据制定的零件加工工艺,编写零件加工程序。

5. 在零件加工过程中听从组长安排，每位同学需按零件加工要求进行对刀、输入程序、校验程序、加工等工作。

三、评价

1. 按“零件检测评分表”对加工的零件进行自检、互检和老师检测。

2. 总结：在数控车床上加工零件中出现了哪些问题？解决的途径是什么？

四、零件检测评分表

表 4-5　燃料舱零件检测评分表

工件编号				工件得分				
序号	项目	配分	评分标准	自检		互检		备注
				检测结果	得分	检测结果	得分	
1	机床操作	5	操作正确，动作熟练					
2	工件装夹	5	酌情扣分					
3	刀具选择及安装	5	酌情扣分					
4	工量具使用及摆放	5	酌情扣分					
5	$\phi30^{0}_{-0.1}$	10	每超差 0.01 扣 1 分					
6	$\phi24^{0.1}_{0}$	10	每超差 0.01 扣 1 分					
7	$\phi24$	6	每超差 0.01 扣 1 分					

续表

序号	项目	配分	评 分 标 准	自检		互检		备注
				检测结果	得分	检测结果	得分	
8	$20_{0}^{0.2}$	8	每超差 0.02 扣 1 分					
9	$18_{0}^{0.2}$	8	每超差 0.02 扣 1 分					
10	80 ± 0.1	10	每超差 0.02 扣 1 分					
11	槽宽 3 mm	5	未完成不得分					
12	*C*1	3	未完成不得分					
13	1 × 60°	3	未完成不得分					
14	*Ra*1.6	4	每超差一处扣 2 分					
15	*Ra*3.2	3	每超差一处扣 1 分					
16	安全生产	5	正确安全操作机床					
17	文明生产	5	着装、工作环境、机床保养					
18	总分	100	—	—		—		

五、过程评价

表 4-7　项目四过程评价表

过程评价内容
（1）小组讨论，自我评述完成情况及出现的问题，分析导致零件不合格的原因 （2）小组讨论提出改进方案 （3）教师对学生完成情况进行评价说明
学生自我总结： 项目完成人签字： 日期：　　年　　月　　日
指导老师评语： 指导老师签字： 日期：　　年　　月　　日

项目五学材

一、引导问题

1. 数控竞赛与实际生产有哪些区别?

2. 采用自动编程加工时,刀具半径补偿应该如何处理最方便?

3. 刀架可容纳刀具数量少于零件加工所需刀具数量时,应该如何处理?

4. 数控竞赛中的工艺安排与实际加工有何区别?

5. 为什么减少刀具装拆次数是提高加工效率最有效的手段?

二、引导任务实施

1. 根据制定的零件加工工艺方案,列出所需毛坯、量具、工具等并领取。

2. 根据制定的零件加工工艺,编写零件加工程序。

3. 在零件加工过程中听从组长安排,每位同学需按零件加工要求进行对刀、输入程序、校验程序、加工等工作。

三、评价

1. 按“零件检测评分表”对加工的零件进行自检、互检和老师检测。

2. 总结：在数控车床上加工零件中出现了哪些问题？解决的途径是什么？

四、零件检测评分表

表 5-10　复杂组合零件检测评分表

项目	序号	技术要求	配分	评分标准	检测结果	得分	备注
件 1	1	$\phi 62^{0}_{-0.03}$	2	每超差 0.01 扣 1 分			
	2	$\phi 25^{0}_{-0.03}$	2	每超差 0.01 扣 1 分			
	3	$\phi 20 \pm 0.04$	1	每超差 0.02 扣 0.5 分			
	4	$S\phi 10 \pm 0.02$	2	每超差 0.01 扣 1 分			
	5	5 ± 0.04	1	每超差 0.02 扣 0.5 分			
	6	12 ± 0.04	1	每超差 0.02 扣 0.5 分			
	7	4 ± 0.04	1	每超差 0.02 扣 0.5 分			
	8	36 ± 0.04	1	每超差 0.02 扣 0.5 分			
	9	2-*C*1	1	不合格不得分			
	10	*R*0.5	0.5	不合格不得分			
	11	*R*2	0.5	不合格不得分			
	12	曲线 1	2	过渡不平滑扣 1 分			
	13	锐角倒钝（2 处）	1	每处不合格扣 0.5 分			
	14	72° 锥面	2	过渡不平滑扣 1 分			
	15	$M24 \times 1.5$	2	不合格不得分			
	16	*Ra*1.6（2 处）	1	每超差一处扣 0.5 分			
	17	*Ra*3.2	0.5	每超差一处扣 0.25 分			

续表

项目	序号	技术要求	配分	评分标准	检测结果	得分	备注
件 2	18	$\phi30^{0}_{-0.03}$（A）	2	每超差 0.01 扣 1 分			
	19	$\phi30^{0}_{-0.03}$（B）	2	每超差 0.01 扣 1 分			
	20	$\phi25^{0}_{-0.03}$	2	每超差 0.01 扣 1 分			
	21	$\phi68^{0}_{-0.03}$	2	每超差 0.01 扣 1 分			
	22	$\phi20\pm0.04$	1	每超差 0.02 扣 0.5 分			
	23	$\phi25^{+0.03}_{0}$	2	每超差 0.01 扣 1 分			
	24	21 ± 0.04（孔深）	2	每超差 0.02 扣 1 分			
	25	12 ± 0.04	1	每超差 0.02 扣 0.5 分			
	26	4 ± 0.04	1	每超差 0.02 扣 0.5 分			
	27	3 ± 0.04	1	每超差 0.02 扣 0.5 分			
	28	21 ± 0.04	1	每超差 0.02 扣 0.5 分			
	29	60 ± 0.04	1	每超差 0.02 扣 0.5 分			
	30	3（孔口）	0.5	不合格不得分			
	31	*R*2	0.5	不合格不得分			
	32	2-*C*0.75	1	不合格不得分			
	33	2-*C*1	1	不合格不得分			
	34	锐角倒钝（5 处）	2	每处不合格扣 0.5 分			
	35	M24 × 1.5（外）	2	不合格不得分			
	36	M24 × 1.5（内）	3	不合格不得分			
	37	曲线 2	2	过渡不平滑扣 2 分			
	38	*Ra*1.6（4 处）	2	每超差一处扣 0.5 分			
	39	*Ra*3.2	0.5	每超差一处扣 0.25 分			
	40	$\phi30^{0}_{-0.03}$（A）	2	每超差 0.01 扣 1 分			
	41	$\phi30^{0}_{-0.03}$（B）	2	每超差 0.01 扣 1 分			
	42	$\phi25^{0}_{-0.03}$	2	每超差 0.01 扣 1 分			
	43	$\phi68^{0}_{-0.03}$	2	每超差 0.01 扣 1 分			
	44	$\phi20\pm0.04$	1	每超差 0.02 扣 0.5 分			
	45	$\phi25^{+0.03}_{0}$	2	每超差 0.01 扣 1 分			
	46	21 ± 0.04（孔深）	2	每超差 0.02 扣 1 分			
	47	12 ± 0.04	1	每超差 0.02 扣 0.5 分			
	48	4 ± 0.04	1	每超差 0.02 扣 0.5 分			
	49	3 ± 0.04	1	每超差 0.02 扣 0.5 分			
	50	21 ± 0.04	1	每超差 0.02 扣 0.5 分			
	51	62 ± 0.04	1	每超差 0.02 扣 0.5 分			
	52	3（孔口）	0.5	不合格不得分			

续表

项目	序号	技术要求	配分	评分标准	检测结果	得分	备注
件 2	53	$R2$	0.5	不合格不得分			
	54	2-C0.75	1	不合格不得分			
	55	2-C1	1	不合格不得分			
	56	锐角倒钝（5 处）	2	每处不合格扣 0.5 分			
	57	M24 × 1.5（外）	2	不合格不得分			
	58	M24 × 1.5（内）	3	不合格不得分			
	59	曲线 2	2	过渡不平滑扣 2 分			
	60	Ra1.6（4 处）	2	每超差一处扣 0.5 分			
	61	Ra3.2	0.5	每超差一处扣 0.25 分			
件 3	62	$\phi 42^{0}_{-0.03}$	2	每超差 0.01 扣 1 分			
	63	$\phi 35^{0}_{-0.03}$	2	每超差 0.01 扣 1 分			
	64	$\phi 68^{0}_{-0.03}$（2 处）	4	每超差 0.01 扣 1 分			
	65	$\phi 25^{+0.03}_{0}$	2	每超差 0.01 扣 1 分			
	66	$\phi 52^{+0.03}_{0}$	2	每超差 0.01 扣 1 分			
	67	$\phi 56 \pm 0.04$	1	每超差 0.02 扣 1 分			
	68	$5^{+0.03}_{0}$	2	每超差 0.01 扣 1 分			
	69	22 ± 0.04	1	每超差 0.02 扣 1 分			
	70	26 ± 0.04	1	每超差 0.02 扣 1 分			
	71	41 ± 0.04	1	每超差 0.02 扣 1 分			
	72	6（2 处）	1	不合格不得分			
	73	12	0.5	不合格不得分			
	74	3（2 处）	1	未完成不得分			
	75	18	0.5	未完成不得分			
	76	15	0.5	未完成不得分			
	77	$\phi 25$	0.5	未完成不得分			
	78	2-C0.75	1	不合格不得分			
	79	M24 × 1.5	3	不合格不得分			
	80	内锥体	3	过渡不平滑扣 2 分			
	81	24° 成形槽	4	不合格不得分			
	82	24° 锥面	1	不合格不得分			
	83	锐角倒钝（6 处）	3	每处不合格扣 0.5 分			
	84	Ra1.6（7 处）	3	每超差一处扣 0.5 分			
	85	Ra3.2	0.5	每超差一处扣 0.25 分			

续表

项目	序号	技术要求	配分	评分标准	检测结果	得分	备注
配合	86	螺纹配合连接（3 次）	6	不能完全拧入不得分，配合不合适扣 1 分			
	87	ϕ25 圆柱配合（3 次）	3	不能配合不得分，配合过紧或过松扣 0.5 分			
	88	配合整体美观协调	4	未整体完成不得分，件 2 只有一件可配合扣 1 分			

五、过程评价

表 5-11　项目五过程评价表

第　　组	组长姓名		班级	
小组成员				
过程评价内容				
（1）小组讨论，自我评述完成情况及出现的问题，分析导致零件不合格的原因 （2）小组讨论提出改进方案 （3）教师对学生完成情况进行评价说明				
学生自我总结： 项目完成人签字： 日期：　　年　　月　　日				
指导老师评语： 指导老师签字： 日期：　　年　　月　　日				

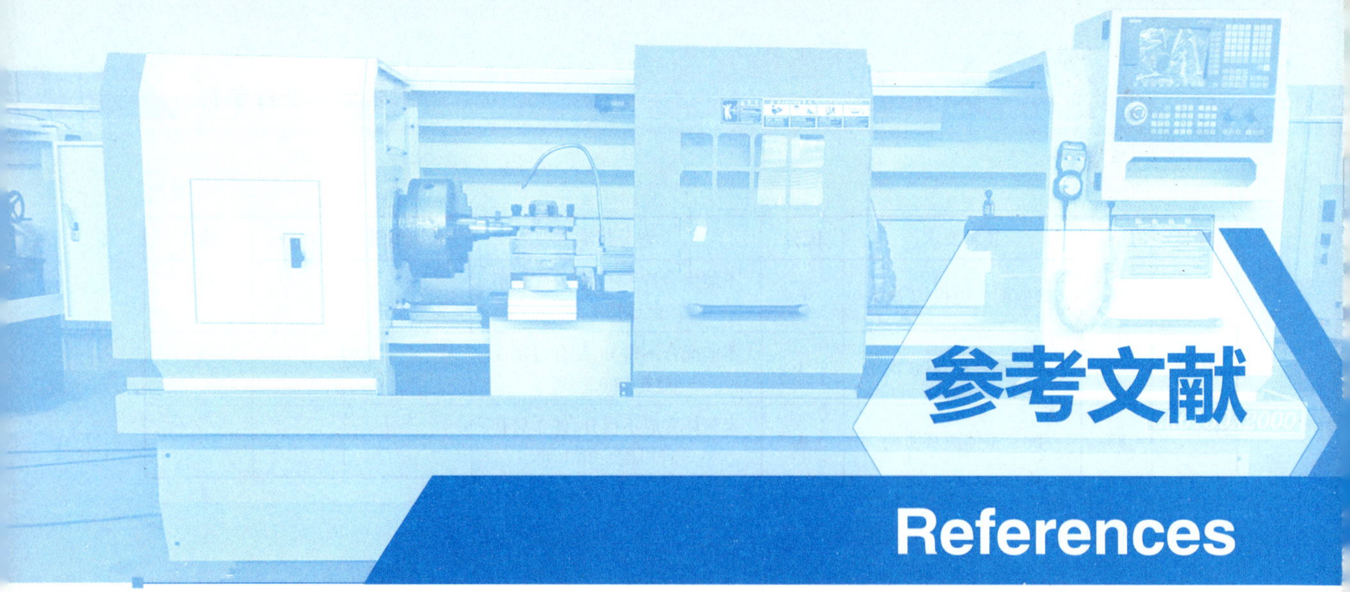

参考文献

References

[1] 张健，闫瑞涛. 零件数控车床加工[M]. 武汉：华中科技大学出版社，2012.

[2] 陈吉红，胡涛，李民，等. 数控机床现代加工工艺[M]. 武汉：华中科技大学出版社，2009.

[3] 张丽萍，郭洋，朱崇高. 数控加工编程与操作[M]. 北京：清华大学出版社，2010.

[4] 孙翰英，庞红，刘秋月. 数控机床零件加工[M]. 北京：清华大学出版社，2010.

[5] 陈乃峰，孙梅，张彤. 数控车削技术[M]. 北京：清华大学出版社，2010.

[6] 周保牛，黄俊桂. 数控编程与加工技术[M]. 北京：机械工业出版社，2009.